实变函数与泛函分析学习指导

张国伟　宋叔尼　编著

科学出版社

北京

内 容 简 介

本书对实变函数与泛函分析以及 Banach 空间中微积分学的一些基本问题和习题进行了详细的分析、解答和讨论，注重通过反例来加深读者对概念和内容的理解. 全书主要内容包括集合与测度、可测函数、Lebesgue 积分、线性赋范空间、内积空间、有界线性算子与有界线性泛函、Banach 空间中的微分和积分，每一章按着知识梗概梳理、典型问题讨论和习题详解与精析来安排内容，解决学习实变函数与泛函分析课程中的难点问题，帮助读者学好这门课程. 书中还有习题精解视频，扫描二维码可以反复学习，巩固掌握重难点.

本书可供数学与应用数学、信息与计算科学、应用统计学专业的本科生使用，也可供相关专业的教师和研究生参考.

图书在版编目（CIP）数据

实变函数与泛函分析学习指导/张国伟，宋叔尼编著. —北京：科学出版社，2021.6
ISBN 978-7-03-068963-4

Ⅰ. ①实… Ⅱ. ①张… ②宋… Ⅲ. ①实变函数–高等学校–教学参考资料 ②泛函分析–高等学校–教学参考资料 Ⅳ. ①O17

中国版本图书馆 CIP 数据核字（2021）第 102819 号

责任编辑：张中兴 梁 清 孙翠勤 / 责任校对：杨聪敏
责任印制：张 伟 / 封面设计：蓝正设计

科 学 出 版 社 出版
北京东黄城根北街 16 号
邮政编码：100717
http://www.sciencep.com
北京虎彩文化传播有限公司 印刷
科学出版社发行 各地新华书店经销
*
2021 年 6 月第 一 版 开本：720×1000 1/16
2023 年 3 月第三次印刷 印张：11 1/4
字数：227 000
定价：49.00 元
（如有印装质量问题，我社负责调换）

前　言

实变函数与泛函分析是为数学类专业本科高年级学生开设的课程，是现代数学研究的基础，不仅是基础数学泛函方向学生所必须掌握的内容，而且也是微分方程、概率论与随机过程、优化与控制论、数理经济等方向需要的基础知识. 这门课程也是学生公认学习困难的课程之一，常有"实变函数学十遍，泛函分析心犯寒"之说.

我们在多年教学过程中，发现了学生们不容易掌握的内容、难以理解的知识点，结合学生在学习过程中提出的很多相关问题，设计了本书的结构和内容. 本书主要内容包括集合与测度、可测函数、Lebesgue 积分、线性赋范空间、内积空间、有界线性算子与有界线性泛函、Banach 空间中的微分和积分，每一章都包含知识梗概梳理、典型问题讨论、习题详解与精析三部分.

在知识梗概梳理模块中，梳理了本章知识梗概，对重要定理、定义、概念进行汇总，帮助学生掌握该章基础知识；在典型问题讨论模块中，不仅从正面来对读者学习中存在的常见问题予以详细阐述、排忧解难，还讲述大量范例，期望通过反例来加深读者对概念和内容的理解；在习题详解与精析模块中，基于课程内容难度较大、难于学习掌握的特点，解答尽量详尽，符合理解习惯的逻辑过程，减少过程的跳跃，避免读者在解题过程中产生疑惑，同时，努力提供多种解决问题的方法，扩展读者的思路，做到前后内容和不同概念之间的融会贯通，同样在本模块引入多处反例，发挥反例的作用，加强对学习的理解. 特别地，同类文献中关于 Banach 空间中微积分学内容的讨论和题目解答几乎没有，这部分知识在现代分析学中却是非常重要的，我们用一定的篇幅，通过正例和反例、分析与证明，对 Banach 空间中微积分学的一些基本内容进行了讨论，帮助读者对这方面知识进行理解. 另外，为帮读者解决学习实变函数与泛函分析课程中的难点问题，帮助读者学好这门课程，笔者为书中的典型习题配上精解视频，扫描二维码可以反复学习，巩固掌握重难点.

感谢东北大学理学院出版立项的资助. 欢迎读者对书中的不足之处给予批评和建议，如有赐教，作者不胜感激，请将内容发至邮箱 gwzhang@mail. neu. edu. cn.

作　者

2020 年 8 月于东北大学

目　　录

第 1 章

集合与测度

一、知识梗概梳理

定理 1.1 设 $\{A_\alpha \mid \alpha \in I\}$ 是一集族, B 是任一集合, 则

$$\left(\bigcup_{\alpha \in I} A_\alpha\right) \cap B = \bigcup_{\alpha \in I}(A_\alpha \cap B), \quad \left(\bigcap_{\alpha \in I} A_\alpha\right) \cup B = \bigcap_{\alpha \in I}(A_\alpha \cup B).$$

定理 1.2 (De Morgan 对偶律) 如果 X 为全集, $\{A_\alpha \mid \alpha \in I\}$ 是 X 的子集族, 则

$$\left(\bigcup_{\alpha \in I} A_\alpha\right)^C = \bigcup_{\alpha \in I} A_\alpha^C, \quad \left(\bigcap_{\alpha \in I} A_\alpha\right)^C = \bigcap_{\alpha \in I} A_\alpha^C.$$

推论 设 X 为全集, $A \subset X$. 如果 $\{A_\alpha \mid \alpha \in I\}$ 是 X 的子集族, 则

$$A \setminus \left(\bigcap_{\alpha \in I} A_\alpha\right) = \bigcup_{\alpha \in I}(A \setminus A_\alpha), \quad A \setminus \left(\bigcup_{\alpha \in I} A_\alpha\right) = \bigcap_{\alpha \in I}(A \setminus A_\alpha).$$

定义 1.1 设 $\{A_n \mid n \in \mathbf{N}\}$ 是一列集合, 简记为 $\{A_n\}$. 称集合 $\bigcap\limits_{n=1}^{\infty}\bigcup\limits_{k=n}^{\infty} A_k$ 为 $\{A_n\}$ 的**上限集**, 记为 $\varlimsup\limits_{n \to \infty} A_n$ 或 $\limsup\limits_{n \to \infty} A_n$; 称集合 $\bigcup\limits_{n=1}^{\infty}\bigcap\limits_{k=n}^{\infty} A_k$ 为 $\{A_n\}$ 的**下限集**, 记为 $\varliminf\limits_{n \to \infty} A_n$ 或 $\liminf\limits_{n \to \infty} A_n$. 如果 $\varliminf\limits_{n \to \infty} A_n = \varlimsup\limits_{n \to \infty} A_n$, 则称集列 $\{A_n\}$ **收敛**, 并称这个集合为集列 $\{A_n\}$ 的**极限集**, 记为 $\lim\limits_{n \to \infty} A_n$.

定理 1.3 设 $\{A_n \mid n \in \mathbf{N}\}$ 是一列集合, 则

$$\varlimsup\limits_{n \to \infty} A_n = \{x \mid \text{存在无穷多个} A_n, \text{使得} x \in A_n\},$$

$$\varliminf\limits_{n \to \infty} A_n = \{x \mid \text{存在} N \in \mathbf{N}, \text{使得当} n \geqslant N \text{时}, x \in A_n\}$$

$$= \{x \mid x \text{至多不属于} \{A_n\} \text{中有限个集}\}.$$

从而 $\varliminf\limits_{n \to \infty} A_n \subset \varlimsup\limits_{n \to \infty} A_n$.

定义 1.2 设 $\{A_n \mid n \in \mathbf{N}\}$ 是一列集合. 如果 $A_1 \supset A_2 \supset \cdots \supset A_n \supset \cdots$, 则称这列

集合为**单调递减集列**, 简称为**递减集列**; 如果 $A_1 \subset A_2 \subset \cdots \subset A_n \subset \cdots$, 则称这列集合为**单调递增集列**, 简称为**递增集列**. 递增集列与递减集列统称为**单调集列**.

单调集列收敛, 如果 $\{A_n\}$ 是递增集列, 那么 $\lim\limits_{n\to\infty} A_n = \bigcup\limits_{n=1}^{\infty} A_n$; 如果 $\{A_n\}$ 是递减集列, 那么 $\lim\limits_{n\to\infty} A_n = \bigcap\limits_{n=1}^{\infty} A_n$.

定义 1.3　设 X 为全集, $A \subset X$, 作 X 上的函数

$$\chi_A(x) = \begin{cases} 1, & x \in A, \\ 0, & x \notin A. \end{cases}$$

称 $\chi_A(x)$ 为集合 A 的**特征函数**.

定理 1.4　设 X 为全集, $A, B \subset X$, $\{A_\alpha \mid \alpha \in I\}$ 是 X 的子集族, 则

(1) $A = X \Leftrightarrow \chi_A(x) \equiv 1, A = \varnothing \Leftrightarrow \chi_A(x) \equiv 0$;

(2) $A \subset B \Leftrightarrow \chi_A(x) \leqslant \chi_B(x), A = B \Leftrightarrow \chi_A(x) = \chi_B(x)$;

(3) $\chi_{\bigcap\limits_{\alpha \in I} A_i}(x) = \min\limits_{\alpha \in I} \chi_{A_\alpha}(x), \ \chi_{\bigcup\limits_{\alpha \in I} A_\alpha}(x) = \max\limits_{\alpha \in I} \chi_{A_\alpha}(x)$;

(4) 如果 $I = \{1, 2, \cdots, n\}$, $\chi_{\bigcap\limits_{i=1}^{n} A_i}(x) = \prod\limits_{i=1}^{n} \chi_{A_i}(x)$, 当 $A_i (i = 1, 2, \cdots, n)$ 互不相交时,

$$\chi_{\bigcup\limits_{i=1}^{n} A_i}(x) = \sum\limits_{i=1}^{n} \chi_{A_i}(x);$$

(5) $\chi_{\overline{\lim\limits_{n\to\infty}} A_n}(x) = \overline{\lim\limits_{n\to\infty}} \chi_{A_n}(x), \ \chi_{\underline{\lim\limits_{n\to\infty}} A_n}(x) = \underline{\lim\limits_{n\to\infty}} \chi_{A_n}(x)$;

(6) $\chi_{A^C}(x) = 1 - \chi_A(x)$.

定义 1.4　设 $X_1, X_2, \cdots, X_n$ 是 n 个非空集合. 称下列有序元素组的集合

$$\{(x_1, x_2, \cdots, x_n) \mid x_1 \in X_1, x_2 \in X_2, \cdots, x_n \in X_n\}$$

为 $X_1, X_2, \cdots, X_n$ 的 Descartes **乘积**, 简称为 $X_1, X_2, \cdots, X_n$ 的**积集**, 记为

$$X_1 \times X_2 \times \cdots \times X_n.$$

特别地, 记

$$\underbrace{X \times X \times \cdots \times X}_{n \uparrow X \text{的积集}} = X^n.$$

定义 1.5　设 X, Y 是两个非空集合, 如果存在一个法则 f, 使得对于任意 $x \in X$, 在 Y 中有唯一确定的元素 y 与之对应, 则称 f 是 X 到 Y 的一个**映射**, 记

为 $f: X \to Y$. y 称为 x 在映射 f 之下的**像**, 记为 $y = f(x)$. X 称为映射 f 的**定义域**, 记为 $\mathscr{D}(f)$.

集合 $\{y \in Y \mid y = f(x), x \in X\}$ 称为映射 f 的**值域**, 记为 $\mathscr{R}(f)$. 当 $Y = \mathbf{R}$ 时, 将映射 f 叫做**函数**. $X \times Y$ 的子集 $\{(x, y) \mid x \in X, y = f(x)\}$ 称为映射 f 的**图像**, 记为 $\mathscr{G}(f)$. 如果 $A \subset X, B \subset Y$, 称 Y 的子集 $\{y \in Y \mid$ 存在 $x \in A$, 使得 $y = f(x)\}$ 为 A 在映射 f 下的**像**, 记为 $f(A)$; 称 X 的子集 $\{x \in X \mid f(x) \in B\}$ 为映射 f 下 B 的**原像**, 记为 $f^{-1}(B)$.

设 X, Y, Z 都是非空集合, 映射 $f: X \to Y$, $g: Y \to Z$. 定义

$$(g \circ f)(x) = g(f(x)), \quad \forall x \in X,$$

则 $g \circ f$ 是 $X \to Z$ 的映射, 称为 f 与 g 的**复合映射**.

定义 1.6　设 X, Y 是两个非空集合, 映射 $f: X \to Y$. 如果 $\forall x_1, x_2 \in X$, 当 $x_1 \neq x_2$ 时, 有 $f(x_1) \neq f(x_2)$, 则称 f 是 X 到 Y 的**单射**; 如果 $\mathscr{R}(f) = f(X) = Y$, 则称 f 是 X 到 Y 的**满射**; 如果 f 既是 X 到 Y 的单射, 又是 X 到 Y 的满射, 则称 f 是 X 到 Y 的**双射**, 或称 f 是 X 到 Y 的**一一对应**.

如果 X 中的集合 $A_1 \subset A_2$, 则 $f(A_1) \subset f(A_2)$; 如果 Y 的子集 $B_1 \subset B_2$, 则 $f^{-1}(B_1) \subset f^{-1}(B_2)$.

定理 1.5　设 X, Y 是两个非空集合, 映射 $f: X \to Y$. 如果集合 $A \subset X$, $B \subset Y$, $\{A_\alpha \mid \alpha \in I\}$ 是 X 的子集族, $\{B_\alpha \mid \alpha \in I\}$ 是 Y 的子集族, 则

(1)　$f^{-1}(f(A)) \supset A$, 当 f 是单射时, $f^{-1}(f(A)) = A$;

(2)　$f\left(f^{-1}(B)\right) \subset B$, 当 f 是满射时, $f\left(f^{-1}(B)\right) = B$;

(3)　$f^{-1}\left(\bigcup_{\alpha \in I} B_\alpha\right) = \bigcup_{\alpha \in I} f^{-1}(B_\alpha)$, $f^{-1}\left(\bigcap_{\alpha \in I} B_\alpha\right) = \bigcap_{\alpha \in I} f^{-1}(B_\alpha)$;

(4)　$f\left(\bigcup_{\alpha \in I} A_\alpha\right) = \bigcup_{\alpha \in I} f(A_\alpha)$, $f\left(\bigcap_{\alpha \in I} A_\alpha\right) \subset \bigcap_{\alpha \in I} f(A_\alpha)$, 当 f 为单射时,

$$f\left(\bigcap_{\alpha \in I} A_\alpha\right) = \bigcap_{\alpha \in I} f(A_\alpha);$$

(5)　$f^{-1}\left(B^C\right) = \left(f^{-1}(B)\right)^C$.

定义 1.7　设 A, B 是两个非空集合, 如果存在一个 A 到 B 的双射 f, 则称集合 A 与集合 B **对等**, 记为 $A \sim B$.

定理 1.6 (Bernstein)　设 A, B 是两个集合. 如果 A 对等于 B 的一个子集, 又 B 对等于 A 的一个子集, 则 A 与 B 对等.

定义 1.8　　如果集合 A 与正整数集合 $\mathbf{N}$ 对等, 那么称 A 是**可数集**或**可列集**. 如果 A 既不是有限集也不是可数集, 则称 A 是**不可数集**.

将有限集和可数集统称为**至多可数集**.

集合 A 是可数集当且仅当 A 中的元素可以排成无限序列的形式

$$A = \{a_1, a_2, \cdots, a_n, \cdots\}.$$

定理 1.7　任一无限集中含有可数子集.

推论　可数集的每个无限子集也是可数集.

定理 1.8　可数个可数集的并集是可数集.

定理 1.9　有理数集 $\mathbf{Q}$ 是可数集.

定理 1.10　区间 $[0,1]$ 是不可数集.

推论　任何区间 I (开区间、闭区间、半开区间、无限区间)都是不可数集.

定理 1.11　如果集合 A 中的元素为直线上互不相交的开区间, 那么 A 是至多可数集.

定义 1.9　设 X 是非空集合, 如果映射

$$d(\cdot, \cdot): X \times X \to \mathbf{R}$$

满足下列条件(称为**度量公理**):

(1) 正定性　$d(x, y) \geqslant 0$, $\forall x, y \in X$, 且 $d(x, y) = 0 \Leftrightarrow x = y$;

(2) 对称性　$d(y, x) = d(x, y)$, $\forall x, y \in X$;

(3) 三角不等式　$d(x, y) \leqslant d(x, z) + d(z, y)$, $\forall x, y, z \in X$.

则称 $d(\cdot, \cdot)$ 是 X 上的**度量函数**或**距离函数**, 非负实数 $d(x, y)$ 称为两点 $x, y \in X$ 之间的**距离**. 定义了距离的集合称为**度量空间**或**距离空间**, 记为 (X, d). 如果不需要特别指明度量, 简记为 X.

如果 X_1 是度量空间 (X, d) 的非空子集, 显然 $d(\cdot, \cdot)$ 也是 X_1 上的度量函数, 这时称 (X_1, d) 是 (X, d) 的子空间.

命题 1.1　$\mathbf{R}^n$ 中的 Euclid 距离满足度量公理.

在 $\mathbf{R}^n$ 中可以定义其他的度量, 如 $\forall x = (x_1, x_2, \cdots, x_n)$, $y = (y_1, y_2, \cdots, y_n) \in \mathbf{R}^n$, 定义 $d_1(x, y) = \sum_{k=1}^{n} |x_k - y_k|$ 或 $d_2(x, y) = \max_{1 \leqslant k \leqslant n} |x_k - y_k|$. 以后我们提到空间 $\mathbf{R}^n$, 除非特别说明, 都是指赋予 Euclid 距离的度量空间.

定义 1.10　设 $\{x_n \mid n \in \mathbf{N}\}$ 是度量空间 (X, d) 中的一个点列, $x_0 \in X$. 如果 $d(x_n, x_0) \to 0$ $(n \to \infty)$, 则称点列 $\{x_n\}$ 收敛于 x_0, 也称 x_0 是点列 $\{x_n\}$ 的**极限**, 记为 $x_n \to x_0 (n \to \infty)$ 或 $\lim\limits_{n \to \infty} x_n = x_0$.

定理 1.12　度量空间 (X,d) 中的极限具有唯一性.

定理 1.13　设度量空间 (X,d) 中的点列 $\{x_n\}$ 收敛于 x_0，则 $\{x_n\}$ 的任意子列 $\{x_{n_k}\}$ 也收敛于 x_0.

命题 1.2　在度量空间 $\mathbf{R}^n$ 中，点列 $x_m=\left(x_1^{(m)},x_2^{(m)},\cdots,x_n^{(m)}\right)$ $(m\in\mathbf{N})$ 收敛于 $x_0=(x_1^{(0)},x_2^{(0)},\cdots,x_n^{(0)})$ 当且仅当 $m\to\infty$ 时，$x_k^{(m)}\to x_k^{(0)}$ $(k=1,2,3,\cdots,n)$.

设 $x_0\in X$，$\delta>0$，度量空间 (X,d) 中的集合
$$B(x_0,\delta)=\left\{x\in X\mid d(x,x_0)<\delta\right\}$$
叫做以 x_0 为**球心**、δ 为半径的**开球**，也称为 x_0 的 δ **邻域**. 如果度量空间 X 中的子集 M 能被包含在一个开球中，则称 M 为**有界集**，否则称为**无界集**. 设 A 是 X 的非空子集，如果存在 x_0 的邻域 $B(x_0,\delta)\subset A$，则称 x_0 是 A 的**内点**，A 的全体内点的集合称为 A 的**内部**，记为 $\mathring{A}$. 如果存在 x_0 的邻域 $B(x_0,\delta)$，使得 $B(x_0,\delta)\bigcap A=\varnothing$，则称 x_0 是 A 的**外点**. 如果 $\forall\delta>0$，有
$$B(x_0,\delta)\bigcap A\neq\varnothing,\quad B(x_0,\delta)\bigcap A^C\neq\varnothing,$$
则称 x_0 是 A 的**边界点**，A 的全体边界点的集合记为 ∂A，称为 A 的**边界**. 如果 $\forall\delta>0$，有
$$B(x_0,\delta)\bigcap\left(A\setminus\{x_0\}\right)\neq\varnothing,$$
则称 x_0 是 A 的**聚点**，A 的全体聚点的集合记为 A'，称为 A 的**导集**. 如果集合 A 的每一点都是它的内点，即 $A=\mathring{A}$，则称 A 为**开集**. 如果 $A'\subset A$，则称 A 为**闭集**. 记 $\overline{A}=A\bigcup A'$，称为 A 的**闭包**. 如果 $x_0\in A$ 但 x_0 不是 A 的聚点，则称 x_0 是 A 的**孤立点**.

空集 $\varnothing$ 以及 X 本身既是开集也是闭集.

定理 1.14　设 (X,d) 是度量空间，A 是 X 的非空子集.

(1) $\overline{A}$ 是闭集，并且 $\overline{A}=A\bigcup\partial A$，另外 $\overline{A}$ 是包含 A 的最小闭集，即当 B 是闭集且 $A\subset B$ 时，$\overline{A}\subset B$；

(2) $\mathring{A}$ 是开集，并且 $\mathring{A}=A\setminus\partial A$，另外 $\mathring{A}$ 是包含于 A 的最大开集，即当 B 是开集且 $A\supset B$ 时，$\mathring{A}\supset B$；

(3) A 是闭集当且仅当 $A=\overline{A}$；

(4) $\partial A=\partial(A^C)=\overline{A}\setminus\mathring{A}=\overline{A}\bigcap\overline{A^C}$；

(5) x 是 A 的外点 $\Leftrightarrow x \in \left(\overset{\circ}{A^C}\right) \Leftrightarrow x \in \left(\overline{A}\right)^C$；

(6) 若 A 是开集，则 A^C 是闭集；

(7) 若 A 是闭集，则 A^C 是开集；

(8) 任意多个开集的并集是开集，有限个开集的交集是开集；

(9) 任意多个闭集的交集是闭集，有限个闭集的并集是闭集；

(10) $x_0 \in A'$ 当且仅当存在 $\{x_n \mid n \in \mathbf{N}\} \subset A$，$x_n \neq x_0 (n = 1, 2, \cdots)$，使得 $x_n \to x_0$.

定理 1.15 设 F 是度量空间 X 中的子集，则 F 是闭集当且仅当对 F 中的任意点列 $\{x_n \mid n \in \mathbf{N}\}$，如果 $n \to \infty$ 时，$x_n \to x_0 \in X$，那么 $x_0 \in F$.

设 $x_0 \in X$，A 是度量空间 (X, d) 中的非空子集，称 $\inf\limits_{x \in A} d(x_0, x)$ 为点 x_0 到集合 A 的距离，记为 $d(x_0, A)$.

定理 1.16 设 $x_0 \in X$，F 是度量空间 (X, d) 中的非空闭子集. 如果 $x_0 \notin F$，则 x_0 到 F 的距离 $d(x_0, F) > 0$.

设 (X, d) 是度量空间，Y 是 X 的非空子集，显然 $d(\cdot, \cdot)$ 也是 Y 上的度量函数，称 (Y, d) 为 (X, d) 的度量子空间，在不产生混淆时简称子空间. 设 $x_0 \in Y$，$\delta > 0$，子空间 (Y, d) 中的开球

$$B_Y(x_0, \delta) = \{x \in Y \mid d(x, x_0) < \delta\} = B(x_0, \delta) \bigcap Y$$

称为 x_0 在子空间中的 δ 邻域. 设 A 是 Y 的非空子集，如果存在 x_0 在子空间中的邻域 $B_Y(x_0, \delta) \subset A$，则称 x_0 是 A 在子空间中的内点，A 在子空间中全体内点的集合称为 A 的**相对内部**，记为 $\overset{\circ}{A}_Y$. 记 $A_Y^C = Y \backslash A$，如果 $x_0 \in Y$ 并且 $\forall \delta > 0$，有

$$B_Y(x_0, \delta) \bigcap A \neq \varnothing, \quad B_Y(x_0, \delta) \bigcap A_Y^C \neq \varnothing,$$

则称 x_0 是 A 在子空间中的边界点，A 在子空间中的全体边界点的集合记为 $\partial_Y A$，称为**相对边界**. 如果 $\forall \delta > 0$，有

$$B_Y(x_0, \delta) \bigcap (A \backslash \{x_0\}) \neq \varnothing,$$

则称 x_0 是 A 在子空间中的聚点，A 在子空间中全体聚点的集合称为 A 的相对导集，记为 A_Y'. 如果集合 A 的每一点都是它在子空间中的内点，即 $A = \overset{\circ}{A}_Y$，则称 A 为相对开集. 如果 $A_Y' \subset A$，则称 A 为相对闭集. 记 $\overline{A}_Y = A \bigcup A_Y'$，称为 A 的**相对闭包**.

空集 $\varnothing$ 以及 Y 本身既是相对开集也是相对闭集.

定理 1.17 设 (Y, d) 为 (X, d) 的度量子空间，A 是 Y 的非空子集.

(1)　$A'_Y = A' \bigcap Y$，$\overline{A}_Y = \overline{A} \bigcap Y$；

(2)　A 是相对闭集当且仅当存在 (X,d) 中的闭集 F 使得 $A = F \bigcap Y$；

(3)　A 是相对开集当且仅当存在 (X,d) 中的开集 G 使得 $A = G \bigcap Y$；

(4)　$\partial_Y A \subset (\partial A) \bigcap Y$.

定义 1.11　设 (X,d) 和 (Y,ρ) 是两个度量空间，$x_0 \in X$，映射 $f: X \to Y$. 如果对任意的点列 $\{x_n\} \subset X$，若 $x_n \to x_0$，即 $d(x_n, x_0) \to 0$，都有 $f(x_n) \to f(x_0)$，即 $\rho(f(x_n), f(x_0)) \to 0$，则称 f **在 x_0 处连续**.

f 在 x_0 处连续等价于 $\forall \varepsilon > 0$，存在 $\delta > 0$，使得当 $d(x, x_0) < \delta$ 时，都有 $\rho(f(x), f(x_0)) < \varepsilon$. 如果 f 在 X 的任一点处连续，则称 f **在 X 上连续**.

定理 1.18　设 (X,d) 和 (Y,ρ) 是两个度量空间，映射 $f: X \to Y$，则 f 在 X 上连续当且仅当对 Y 中的任意开集 G（闭集 F），$f^{-1}(G)$（$f^{-1}(F)$）是 X 中的开集（闭集）.

定义 1.12　设 G 是直线上的非空开集，如果开区间 $(\alpha, \beta) \subset G$ 且 $\alpha, \beta \notin G$，则称 (α, β) 为 G 的一个**构成区间**，其中 α 可为 $-\infty$，β 可为 $+\infty$.

定理 1.19（直线上开集的构造）　直线上的任何非空开集都是至多可数个互不相交的构成区间的并集.

定理 1.20　存在 $\mathbf{R}$ 上的唯一子集族 $\mathscr{L}(\mathbf{R}) \subset 2^{\mathbf{R}}$ 及集函数 $\mu: \mathscr{L}(\mathbf{R}) \to [0, +\infty]$ 满足下面的性质：

(P$_1$)　$\varnothing \in \mathscr{L}(\mathbf{R})$；

(P$_2$)　如果 $A_n \in \mathscr{L}(\mathbf{R})$ $(n \in \mathbf{N})$，则 $\bigcup\limits_{n=1}^{\infty} A_n \in \mathscr{L}(\mathbf{R})$；

(P$_3$)　如果 $A \in \mathscr{L}(\mathbf{R})$，则 $A^C \in \mathscr{L}(\mathbf{R})$；

(P$_4$)　如果 $G \subset \mathbf{R}$ 是开集，则 $G \in \mathscr{L}(\mathbf{R})$；

(Q$_1$)　$\mu(\varnothing) = 0$；

(Q$_2$)　$\mu(\alpha, \beta) = \beta - \alpha$，其中 α 可为 $-\infty$，β 可为 $+\infty$；

(Q$_3$)　（σ-可加性）如果 $A_n \in \mathscr{L}(\mathbf{R})$ $(n \in \mathbf{N})$ 互不相交，则

$$\mu\left(\bigcup_{n=1}^{\infty} A_n\right) = \sum_{n=1}^{\infty} \mu(A_n)；$$

(Q$_4$)　（完全性）设 $A \in \mathscr{L}(\mathbf{R})$，并且 $\mu(A) = 0$，如果 $B \subset A$，则 $B \in \mathscr{L}(\mathbf{R})$；

(Q$_5$)　（平移不变性）如果 $A \in \mathscr{L}(\mathbf{R})$，$A \neq \varnothing$，$x \in \mathbf{R}$，则 $A + x \in \mathscr{L}(\mathbf{R})$，并且 $\mu(A + x) = \mu A$，其中 $A + x = \{y + x \mid y \in A\}$；

(Q$_6$)　（逼近性质）如果 $A \in \mathscr{L}(\mathbf{R})$，则 $\forall \varepsilon > 0$，存在闭集 F 与开集 G，满足

$F \subset A \subset G$，使得 $\mu(G \setminus F) < \varepsilon$.

对于定理 1.20 中给出的集族 $\mathscr{L}(\mathbf{R})$，其中的元素是 $\mathbf{R}$ 的子集，称为 Lebesgue 可测集. 开集和闭集以及全集 $\mathbf{R}$ 都是 Lebesgue 可测集. 集函数

$$\mu : \mathscr{L}(\mathbf{R}) \to [0, +\infty]$$

称为 $\mathscr{L}(\mathbf{R})$ 上的 Lebesgue 测度.

推论　(1) 设 $A_k \in \mathscr{L}(\mathbf{R})$ $(k = 1, 2, \cdots, n)$，则 $\bigcup\limits_{k=1}^{n} A_k \in \mathscr{L}(\mathbf{R})$，并且当 A_k 互不相交时，$\mu\left(\bigcup\limits_{k=1}^{n} A_k\right) = \sum\limits_{k=1}^{n} \mu(A_k)$ (有限可加性);

(2) 设 $A_n \in \mathscr{L}(\mathbf{R})$ $(n \in \mathbf{N})$，则 $\bigcap\limits_{n=1}^{\infty} A_n \in \mathscr{L}(\mathbf{R})$，$\varlimsup\limits_{n \to \infty} A_n \in \mathscr{L}(\mathbf{R})$，$\varliminf\limits_{n \to \infty} A_n \in \mathscr{L}(\mathbf{R})$;

(3) 设 $A_k \in \mathscr{L}(\mathbf{R})$ $(k = 1, 2, \cdots, n)$，则 $\bigcap\limits_{k=1}^{n} A_k \in \mathscr{L}(\mathbf{R})$;

(4) 设 $A, B \in \mathscr{L}(\mathbf{R})$，则 $A \setminus B \in \mathscr{L}(\mathbf{R})$.

定理 1.21　(1) (单调性)如果 $A, B \in \mathscr{L}(\mathbf{R})$, $A \subset B$，那么 $\mu A \leqslant \mu B$;

(2) (可减性) $A, B \in \mathscr{L}(\mathbf{R})$, $A \subset B$，并且 $\mu A < +\infty$，那么 $\mu(B \setminus A) = \mu B - \mu A$;

(3) (次可加性)如果 $A_n \in \mathscr{L}(\mathbf{R})$ $(n \in \mathbf{N})$，那么 $\mu\left(\bigcup\limits_{n=1}^{\infty} A_n\right) \leqslant \sum\limits_{n=1}^{\infty} \mu(A_n)$;

(4) (下连续性)如果 $A_n \in \mathscr{L}(\mathbf{R})$ $(n \in \mathbf{N})$ 是递增集列，那么

$$\mu\left(\lim_{n \to \infty} A_n\right) = \mu\left(\bigcup_{n=1}^{\infty} A_n\right) = \lim_{n \to \infty} \mu(A_n);$$

(5) (上连续性)如果 $A_n \in \mathscr{L}(\mathbf{R})$ $(n \in \mathbf{N})$ 是递减集列，并且 $\mu A_1 < +\infty$，那么

$$\mu\left(\lim_{n \to \infty} A_n\right) = \mu\left(\bigcap_{n=1}^{\infty} A_n\right) = \lim_{n \to \infty} \mu(A_n).$$

定理 1.22　(1) 如果集合 $A \subset \mathbf{R}$ 是至多可数集，那么 $\mu A = 0$;

(2) $\mu[\alpha, \beta] = \mu(\alpha, \beta] = \mu[\alpha, \beta) = \mu(\alpha, \beta) = \beta - \alpha$，其中 $-\infty < \alpha < \beta < +\infty$;

(3) $\mu[\alpha, +\infty) = \mu(-\infty, \beta] = \mu(-\infty, +\infty) = +\infty$，其中 $-\infty < \alpha$, $\beta < +\infty$.

定义 1.13　如果集合 A 可以表示成至多可数多个开集的交集，则称 A 是 G_δ **型集**; 如果集合 B 可以表示成至多可数多个闭集的并集，则称集合 B 是 F_σ **型集**.

G_δ 型集和 F_σ 型集都可测.

定理 1.23　设 $A \in \mathscr{L}(\mathbf{R})$，则存在 G_δ 型集 G 与 F_σ 型集 F 使得

$$F \subset A \subset G, \quad \mu(G \setminus F) = 0.$$

定义 1.14　设 E 是可测集，$P(x)$ 是一个与 E 中的点 x 相关的命题. 如果除去 E 中某个零测度集 N 外，$P(x)$ 在 $E \setminus N$ 上每点都成立，则称 $P(x)$ 在 E 上几乎处处成立，记为 $P(x)$ a.e. 于 E.

定理 1.24　$\mathbf{R}$ 上单调函数的间断点集是至多可数集，所以单调函数几乎处处连续.

引理 1.1　设可测集 $E \subset [a,b]$，定义函数 $f : [a,b] \to \mathbf{R}$ 为

$$f(x) = \mu([a,x] \bigcap E), \quad \forall x \in [a,b],$$

则 $f(x)$ 是 $[a,b]$ 上单调增加的连续函数.

定理 1.25 (测度的介值定理)　设 $E \in \mathscr{L}(\mathbf{R})$，且 $\mu E > 0$，则 $\forall c \in (0, \mu E)$，存在有界可测集 $E_c \subset E$，使得 $\mu(E_c) = c$.

定理 1.26 (Zermelo 选择公理)　设 $S = \{M\}$ 是一族互不相交的非空集合，则存在集合 A 满足 (1) $A \subset \bigcup_{M \in S} M$；(2) $\forall M \in S$，$A \bigcap M$ 是非空的单点集.

设 $E \in \mathscr{L}(\mathbf{R})$，$\mu E > 0$. 根据选择公理，$E$ 中存在不可测子集.

二、典型问题讨论

问题 1.　通过构造双射 $f : (a,b) \to \mathbf{R}$ 为 $f(x) = \tan\left(\dfrac{x-a}{b-a}\pi - \dfrac{\pi}{2}\right)$，说明了区间 (a,b) 对等于实数集 $\mathbf{R}$，即 $(a,b) \sim \mathbf{R}$. 存在的双射不一定是唯一的，实际上，也可以定义双射 $f(x) = \ln\dfrac{x-a}{b-x}$ 或 $f(x) = \dfrac{(b-a)(2x-a-b)}{(x-a)(b-x)}$ 等不同的形式来说明 $(a,b) \sim \mathbf{R}$.

问题 2.　定理 1.11 断言：如果集合 A 中的元素为直线上互不相交的开区间，那么 A 是至多可数集. 在《实变函数与泛函分析(第二版)》(宋叔尼等，2019)中，该定理的证明依赖于选择公理.

问题 3.　由定理 1.14 可知，边界 $\partial A = \partial(A^C) = \overline{A} \bigcap \overline{A^C}$ 是闭集. 在度量空间 (X,d) 中，设 $x_0 \in X$，$\delta > 0$，那么开球 $B(x_0, \delta)$ 是开集. 称

$$\overline{B}(x_0, \delta) = \left\{ x \in X \mid d(x, x_0) \leqslant \delta \right\}$$

为闭球，$\partial B(x_0, \delta) = \left\{ x \in X \mid d(x, x_0) = \delta \right\}$ 为球面，分别记 $B(x_0, \delta)$ 的闭包和边界为 $\overline{B(x_0, \delta)}$ 和 $\partial(B(x_0, \delta))$，易见 $\left(\overline{B(x_0, \delta)}\right)^C = \left\{ x \in X \mid d(x, x_0) > \delta \right\}$ 是开集，因此闭球 $\overline{B}(x_0, \delta)$ 是闭集，并且球面 $\partial B(x_0, \delta) = \overline{B}(x_0, \delta) \bigcap \left(B(x_0, \delta)\right)^C$ 也是闭集. 因为度量空间不一定是线性空间，所以球面可能是空集，并且下面的等式不

问题3详解视频

一定成立：

$$\overline{B(x_0,\delta)} = \bar{B}(x_0,\delta), \quad \partial\big(B(x_0,\delta)\big) = \partial B(x_0,\delta).$$

例如，考虑 $X = [-1,1]\bigcup\{2\}$ 在 Euclid 距离下的度量空间，取 $x_0 = 0$，$\delta = 2$，则开球、闭球、球面、边界和闭包分别为 $B(0,2) = [-1,1]$，$\bar{B}(0,2) = X$，$\partial B(0,2) = \{2\}$，$\partial\big(B(0,2)\big) = \varnothing$，$\overline{B(0,2)} = [-1,1]$，可见这里的开球 $B(0,2)$ 既是开集也是闭集.

问题 4. 在度量空间 (X,d) 中，空集 $\varnothing$ 以及 X 本身既是开集也是闭集. 实际上可能有既开又闭的非空真子集，例如，前面考虑 $X = [-1,1]\bigcup\{2\}$ 在 Euclid 距离下的度量空间，开球 $B(0,2)$ 为既开又闭的非空真子集. 但是在度量空间 **R** 中不存在既开又闭的非空真子集，这可以使用点集拓扑学中的连通性来证明.

问题4详解视频

问题 5. 任意多个开集的交集不一定是开集，任意多个闭集的并集不一定是闭集. 例如，设 $G_n = \left(-\dfrac{1}{n}, 1+\dfrac{1}{n}\right)$ $(n \in \mathbf{N})$，则 G_n 是开集. 但是

$$G = \bigcap_{n=1}^{\infty} G_n = \bigcap_{n=1}^{\infty}\left(-\frac{1}{n}, 1+\frac{1}{n}\right) = [0,1],$$

G 为闭集. 再如设 $F_n = \left[\dfrac{1}{n}, 1-\dfrac{1}{n}\right]$ $(n = 2,3,\cdots)$，则 F_n 是闭集. 但是

$$F = \bigcup_{n=2}^{\infty} F_n = \bigcup_{n=2}^{\infty}\left[\frac{1}{n}, 1-\frac{1}{n}\right] = (0,1),$$

F 是开集.

事实上，显然

$$\bigcap_{n=1}^{\infty}\left(-\frac{1}{n}, 1+\frac{1}{n}\right) \supset [0,1].$$

设 $x \in \bigcap_{n=1}^{\infty}\left(-\dfrac{1}{n}, 1+\dfrac{1}{n}\right)$，则 $\forall n \in \mathbf{N}$，$-\dfrac{1}{n} < x < 1+\dfrac{1}{n}$，令 $n \to \infty$ 可得 $0 \leqslant x \leqslant 1$，故

$$\bigcap_{n=1}^{\infty}\left(-\frac{1}{n}, 1+\frac{1}{n}\right) \subset [0,1].$$

同时，显然

$$\bigcup_{n=2}^{\infty}\left[\frac{1}{n}, 1-\frac{1}{n}\right] \subset (0,1).$$

设 $x \in (0,1)$，则存在 $n_0 \geqslant 2$，使得 $\dfrac{1}{n_0} \leqslant x \leqslant 1-\dfrac{1}{n_0}$，故

$$\bigcup_{n=2}^{\infty}\left[\frac{1}{n},1-\frac{1}{n}\right]\supset(0,1).$$

问题 6. 设 $(\mathbf{R},d)$ 是实数集合在 Euclid 距离下的度量空间，$Y=[-1,1]\bigcup\{2\}$，考虑子空间 (Y,d)，取 $x_0=0$，$\delta=2$，则子空间中的开球 $A=B_Y(0,2)=[-1,1]$，其相对边界 $\partial_Y A=\varnothing$，相对闭包 $\overline{A}_Y=A$，在空间 $(\mathbf{R},d)$ 中的边界 $\partial A=\{-1,1\}$，可见 A 既是相对开集也是相对闭集，并且定理 1.17 的结论(4)可以不是等式.

问题 7. 在定理 1.22 证明"如果集合 $A\subset\mathbf{R}$ 是至多可数集，那么 $\mu A=0$"时，可以首先证明单点集 $\{a\}$ 的测度为 0，再由 σ-可加性，结论得证. 事实上，$\forall\varepsilon>0$，$\{a\}\subset(a-\varepsilon,a+\varepsilon)$，于是根据测度单调性，$\mu(\{a\})\leqslant 2\varepsilon$，故 $\mu(\{a\})=0$. 这与《实变函数与泛函分析(第二版)》(宋叔尼等，2019)中的证明稍有不同.

问题 8. 在度量空间中的开集和闭集既是 G_δ 型集也是 F_σ 型集. 下面仅对闭集加以说明，至于开集，通过取余集即可. 设 A 度量空间 (X,d) 中的闭集，A 本身当然是 F_σ 型集. 对任意的正整数 n，令

$$G_n=\left\{x\in X\,\middle|\,d(x,A)<\frac{1}{n}\right\},$$

则由本章习题的第 17 题可知 G_n 是开集，而从定理 1.16 可得

$$x\in A\Leftrightarrow d(x,A)=0\Leftrightarrow\forall n\in\mathbf{N},x\in G_n,$$

故 $A=\bigcap_{n=1}^{\infty}G_n$，即 A 是 G_δ 型集.

问题 9. 定理 1.23 的证明：对 $\varepsilon_n=\dfrac{1}{n}$ ($n\in\mathbf{N}$)，由逼近性质可知，存在开集 $G_n\supset A$ 及闭集 $F_n\subset A$ 使得 $\mu(G_n\setminus F_n)<\dfrac{1}{n}$，令

$$G=\bigcap_{n=1}^{\infty}G_n,\qquad F=\bigcup_{n=1}^{\infty}F_n,$$

则 G 是 G_δ 型集，F 是 F_σ 型集，并且 $F\subset A\subset G$，而 $G\setminus F\subset G_n\setminus F_n$，故 $\mu(G\setminus F)<\dfrac{1}{n}$，从而 $\mu(G\setminus F)=0$.

注 在《实变函数与泛函分析(第二版)》(宋叔尼等,2019)的定理 1.23 证明中，给出了一个中间结果：设 $A\in\mathscr{L}(\mathbf{R})$，对 $\varepsilon_n=\dfrac{1}{n}$ ($n\in\mathbf{N}$)，由逼近性质可知，存在开集 $G_n\supset A$ 及闭集 $F_n\subset A$ 使得 $\mu(G_n\setminus A)<\dfrac{1}{n}$，$\mu(A\setminus F_n)<\dfrac{1}{n}$. 这个做法是有用的(见本章习题第 26 题的证明).

三、习题详解与精析

1. 设 $A_n = \left[\dfrac{1}{n}, 1-\dfrac{1}{n}\right] (n \in \mathbf{N})$，求 $\displaystyle\bigcup_{n=3}^{\infty} A_n$ 与 $\displaystyle\bigcap_{n=3}^{\infty} A_n$.

解　设 $x \in \displaystyle\bigcup_{n=3}^{\infty} A_n$，则存在正整数 $n_0 \geqslant 3$，使得 $x \in \left[\dfrac{1}{n_0}, 1-\dfrac{1}{n_0}\right] \subset (0,1)$. 另一方

面，若 $x \in (0,1)$，则存在正整数 $n \geqslant 3$，使得 $x > \dfrac{1}{n}$ 并且 $x < 1-\dfrac{1}{n}$，从而 $x \in \displaystyle\bigcup_{n=3}^{\infty} A_n$. 故

$\displaystyle\bigcup_{n=3}^{\infty} A_n = (0,1)$.

因为对任意的正整数 $n \geqslant 3$，都有 $A_n \subset A_{n+1}$，所以 $\displaystyle\bigcap_{n=3}^{\infty} A_n = A_3 = \left[\dfrac{1}{3}, \dfrac{2}{3}\right]$.

2. 设 $A_n = \left(0, 1+\dfrac{1}{n}\right) (n \in \mathbf{N})$，求 $\varlimsup_{n\to\infty} A_n$ 及 $\varliminf_{n\to\infty} A_n$.

解　显然 $\{A_n\}$ 是单调递减集列，所以 $\varlimsup_{n\to\infty} A_n = \varliminf_{n\to\infty} A_n = \lim_{n\to\infty} A_n = \displaystyle\bigcap_{n=1}^{\infty} \left(0, 1+\dfrac{1}{n}\right)$.

设 $x \in \displaystyle\bigcap_{n=1}^{\infty} \left(0, 1+\dfrac{1}{n}\right)$，则对任意的正整数 n，都有 $x \in \left(0, 1+\dfrac{1}{n}\right)$，即 $0 < x < 1+\dfrac{1}{n}$，令

$n \to \infty$ 可得 $0 < x \leqslant 1$. 反之，设 $0 < x \leqslant 1$，则对任意的正整数 n，都有 $x \in \left(0, 1+\dfrac{1}{n}\right)$，

即 $x \in \displaystyle\bigcap_{n=1}^{\infty} \left(0, 1+\dfrac{1}{n}\right)$. 故 $\varlimsup_{n\to\infty} A_n = \varliminf_{n\to\infty} A_n = (0,1]$.

3. 证明 $\left(\varlimsup_{n\to\infty} A_n\right)^C = \varliminf_{n\to\infty} A_n^C$，　$\left(\varliminf_{n\to\infty} A_n\right)^C = \varlimsup_{n\to\infty} A_n^C$.

证明　根据定理 1.2(De Morgan 对偶律)，

$$\left(\varlimsup_{n\to\infty} A_n\right)^C = \left(\bigcap_{n=1}^{\infty}\bigcup_{k=n}^{\infty} A_k\right)^C = \bigcup_{n=1}^{\infty}\bigcap_{k=n}^{\infty} A_k^C = \varliminf_{n\to\infty} A_n^C,$$

$$\left(\varliminf_{n\to\infty} A_n\right)^C = \left(\bigcup_{n=1}^{\infty}\bigcap_{k=n}^{\infty} A_k\right)^C = \bigcap_{n=1}^{\infty}\bigcup_{k=n}^{\infty} A_k^C = \varlimsup_{n\to\infty} A_n^C.$$

4. 证明集列 $\{A_n\}$ 收敛当且仅当 $\{A_n\}$ 的任何子列都收敛.

证明　设 $\left\{A_{n_k}\right\}$ 是 $\{A_n\}$ 的子集列. 如果集列 $\{A_n\}$ 收敛，那么 $\varlimsup_{n\to\infty} A_n = \varliminf_{n\to\infty} A_n$.

(1) 当 $\varlimsup_{k\to\infty} A_{n_k} = \varnothing$ 时, 有 $\varliminf_{k\to\infty} A_{n_k} = \varnothing$, 从而 $\varlimsup_{k\to\infty} A_{n_k} = \varliminf_{k\to\infty} A_{n_k}$.

(2) 当 $\varlimsup_{k\to\infty} A_{n_k} \ne \varnothing$ 时, 设 $x \in \varlimsup_{k\to\infty} A_{n_k}$, 则根据定理 1.3, 存在无穷多个 A_{n_k}, 使得 $x \in A_{n_k}$, 因此存在无穷多个 A_n, 使得 $x \in A_n$, 故 $x \in \varlimsup_{n\to\infty} A_n = \varliminf_{n\to\infty} A_n$. 再使用定理 1.3, 存在 $N \in \mathbf{N}$, 使得当 $n \geqslant N$ 时, $x \in A_n$. 取正整数 k_0, 使 $n_{k_0} \geqslant N$, 于是当 $k \geqslant k_0$ 时, $x \in A_{n_k}$, 故 $x \in \varliminf_{k\to\infty} A_{n_k}$, 那么 $\varlimsup_{k\to\infty} A_{n_k} \subset \varliminf_{k\to\infty} A_{n_k}$, 从而 $\varlimsup_{k\to\infty} A_{n_k} = \varliminf_{k\to\infty} A_{n_k}$.

可见子集列 $\{A_{n_k}\}$ 收敛.

反之, 如果 $\{A_n\}$ 的任何子列都收敛, 而 $\{A_n\}$ 也是自己的子集列, 故 $\{A_n\}$ 收敛.

注　也可以证明等价的命题: 集列 $\{A_n\}$ 不收敛当且仅当 $\{A_n\}$ 存在不收敛的子列. 事实上, 如果 $\{A_n\}$ 不收敛, 则 $\{A_n\}$ 自己就是一个不收敛的子列; 反之, 如果 $\{A_{n_k}\}$ 是 $\{A_n\}$ 的不收敛子集列, 那么 $\varliminf_{k\to\infty} A_{n_k}$ 是 $\varlimsup_{k\to\infty} A_{n_k}$ 的真子集, 而从前面的证明已经有

$$\varliminf_{n\to\infty} A_n \subset \varliminf_{k\to\infty} A_{n_k} \subset \varlimsup_{k\to\infty} A_{n_k} \subset \varlimsup_{n\to\infty} A_n,$$

故 $\varlimsup_{n\to\infty} A_n \ne \varliminf_{n\to\infty} A_n$, 即集列 $\{A_n\}$ 不收敛.

5. 证明定理 1.5.

证明　我们只证明其中的一个结果: $f^{-1}\left(\bigcup_{\alpha\in I} B_\alpha\right) = \bigcup_{\alpha\in I} f^{-1}(B_\alpha)$.

习题5详解视频

不妨设 $f^{-1}\left(\bigcup_{\alpha\in I} B_\alpha\right) \ne \varnothing$. 若 $x \in f^{-1}\left(\bigcup_{\alpha\in I} B_\alpha\right)$, 则 $f(x) \in \bigcup_{\alpha\in I} B_\alpha$, 故存在 $\alpha_0 \in I$, 使得 $f(x) \in B_{\alpha_0}$, 从而 $x \in f^{-1}(B_{\alpha_0}) \subset \bigcup_{\alpha\in I} f^{-1}(B_\alpha)$, 即 $f^{-1}\left(\bigcup_{\alpha\in I} B_\alpha\right) \subset \bigcup_{\alpha\in I} f^{-1}(B_\alpha)$.

反之, 不妨设 $\bigcup_{\alpha\in I} f^{-1}(B_\alpha) \ne \varnothing$. 若 $x \in \bigcup_{\alpha\in I} f^{-1}(B_\alpha)$, 则存在 $\alpha_0 \in I$, 使得 $x \in f^{-1}(B_{\alpha_0})$, 故 $f(x) \in B_{\alpha_0} \subset \bigcup_{\alpha\in I} B_\alpha$, $x \in f^{-1}\left(\bigcup_{\alpha\in I} B_\alpha\right)$, 即 $f^{-1}\left(\bigcup_{\alpha\in I} B_\alpha\right) \supset \bigcup_{\alpha\in I} f^{-1}(B_\alpha)$.

6. 设 $f: X \to Y$, $A, B \subset Y$, 证明 $f^{-1}(A \setminus B) = f^{-1}(A) \setminus f^{-1}(B)$.

证明　不妨设待证等式两边的集合非空.

$$x \in f^{-1}(A \setminus B) \Leftrightarrow f(x) \in A \setminus B \Leftrightarrow f(x) \in A, f(x) \notin B$$

$$\Leftrightarrow x \in f^{-1}(A), x \notin f^{-1}(B) \Leftrightarrow x \in f^{-1}(A) \setminus f^{-1}(B).$$

7. 证明映射 $f:X \to Y$ 为双射的充要条件是 $f(X)=Y$ 并且对任何 $A,B \subset X$，有 $f(A \cap B)=f(A) \cap f(B)$.

证明　首先证明必要性. 设 $f:X \to Y$ 为双射, 则其当然是满射, $f(X)=Y$ 成立. 不妨设待证等式两边的集合非空. 若 $y \in f(A \cap B)$, 那么存在 $x \in A \cap B$, 使得 $y \in f(x)$, 于是 $y \in f(A) \cap f(B)$, 即 $f(A \cap B) \subset f(A) \cap f(B)$. 如果 $y \in f(A) \cap f(B)$, 那么存在 $x_1 \in A, x_2 \in B$, 使得 $y=f(x_1), y=f(x_2)$, 由于 f 又是单射, 可知 $x_1=x_2 \in A \cap B$, 于是 $y \in f(A \cap B)$, 即 $f(A \cap B) \supset f(A) \cap f(B)$.

其次证明充分性. 由于已知 f 是满射, 只需证明 f 是单射即可. 设 $x_1, x_2 \in X$ 且 $x_1 \ne x_2$, 令 $A=\{x_1\}, B=\{x_2\}$, 则 $A \cap B = \varnothing$, 从而 $f(A \cap B)=f(A) \cap f(B)=\varnothing$, 故 $f(x_1) \ne f(x_2)$.

注　在必要性证明中出现的 $f(A \cap B) \subset f(A) \cap f(B)$, 不需要任何条件. 参见定理 1.5(4).

8. 设 $x=(\xi_1, \xi_2)$, $y=(\eta_1, \eta_2) \in \mathbf{R}^2$. 定义度量函数

$$d(x,y)=\left(\left|\xi_1-\eta_1\right|^2+\left|\xi_2-\eta_2\right|^2\right)^{\frac{1}{2}},$$

$$d_1(x,y)=\max\left\{\left|\xi_1-\eta_1\right|, \left|\xi_2-\eta_2\right|\right\},$$

$$d_2(x,y)=\left|\xi_1-\eta_1\right|+\left|\xi_2-\eta_2\right|.$$

分别画出 $\left(\mathbf{R}^2,d\right), \left(\mathbf{R}^2,d_1\right), \left(\mathbf{R}^2,d_2\right)$ 中单位球 $B(\theta,1)$ 的图形, 其中 $\theta=(0,0)$.

解　$\left(\mathbf{R}^2,d\right), \left(\mathbf{R}^2,d_1\right), \left(\mathbf{R}^2,d_2\right)$ 中单位球 $B(\theta,1)$ 分别如图 1.1～图 1.3 所示.

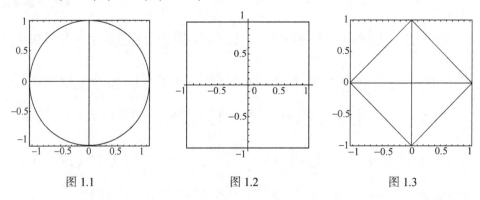

图 1.1　　　　　　　　　图 1.2　　　　　　　　　图 1.3

9. 设 (X,d) 是度量空间, $x_0 \in X$. 令 $f(x)=d(x,x_0), \forall x \in X$, 证明函数 $f:X \to \mathbf{R}$ 连续.

证明　设 $x,y \in X$, 根据度量的三角不等式,

$$d(x,x_0) \leqslant d(x,y)+d(y,x_0), \quad d(y,x_0) \leqslant d(x,y)+d(x,x_0),$$

于是 $d(x,x_0)-d(y,x_0)\leqslant d(x,y)$, $-d(x,y)\leqslant d(x,x_0)-d(y,x_0)$, 从而可得不等式

$$\left|d(x,x_0)-d(y,x_0)\right|\leqslant d(x,y).$$

因此 $\forall \varepsilon>0$, 取 $\delta=\varepsilon$, 当 $d(x,y)<\delta$ 时,

$$\left|f(x)-f(y)\right|=\left|d(x,x_0)-d(y,x_0)\right|\leqslant d(x,y)<\varepsilon,$$

即 $f:X\to \mathbf{R}$ 连续.

注　实际上已经证明了 $f:X\to \mathbf{R}$ 一致连续. 另外 $d(x,y)$ 在 $X\times X$ 上是双变元连续的. 事实上, 对 $(x_1,y_1),(x_2,y_2)\in X\times X$,

$$\left|d(x_1,y_1)-d(x_2,y_2)\right|\leqslant \left|d(x_1,y_1)-d(x_2,y_1)\right|+\left|d(x_2,y_1)-d(x_2,y_2)\right|$$
$$\leqslant d(x_1,x_2)+d(y_1,y_2),$$

于是 $\forall \varepsilon>0$, 取 $\delta=\dfrac{\varepsilon}{2}$, 当 $d(x_1,x_2)<\delta$, $d(y_1,y_2)<\delta$ 时, $\left|d(x_1,y_1)-d(x_2,y_2)\right|<\varepsilon$.

10. 设 (X,d) 是度量空间, A 是 X 的子集. 证明

$$\left|d(x,A)-d(y,A)\right|\leqslant d(x,y),\quad \forall x,y\in X.$$

证明　(方法一) $\forall x,y,z\in A$, $d(x,z)\leqslant d(x,y)+d(y,z)$, 于是

$$\inf_{z\in A}d(x,z)\leqslant d(x,y)+\inf_{z\in A}d(y,z),$$

故 $d(x,A)\leqslant d(x,y)+d(y,A)$. 同样 $d(y,A)\leqslant d(x,y)+d(x,A)$, 因此

$$\left|d(x,A)-d(y,A)\right|\leqslant d(x,y),\quad \forall x,y\in X.$$

(方法二) 因为 $\forall x\in X$, $d(x,A)=\inf\limits_{z\in A}d(x,z)$, 所以 $\forall n\in \mathbf{N}$, 由下确界的定义可知, 存在点列 $\{z_n\}\subset A$, 使得

$$d(x,A)\leqslant d(x,z_n)\leqslant d(x,A)+\frac{1}{n},$$

故 $\lim\limits_{n\to\infty}d(x,z_n)=d(x,A)$. 由于 $\forall y\in X$, $d(y,A)\leqslant d(y,z_n)\leqslant d(x,y)+d(x,z_n)$, 令 $n\to\infty$, 可得 $d(y,A)\leqslant d(x,y)+d(x,A)$. 同理, $d(x,A)\leqslant d(x,y)+d(y,A)$. 因此

$$\left|d(x,A)-d(y,A)\right|\leqslant d(x,y),\quad \forall x,y\in X.$$

注　若设 $f(x)=d(x,A)$, 第 10 题的结论表明 $f:X\to \mathbf{R}$ 一致连续. 如果取 $A=\{x_0\}$ 是 X 的单点集, 那么从第 10 题的结论可直接得到第 9 题.

11. 设 $A\subset B$, 证明 $\overline{A}\subset\overline{B}$, $\overset{\circ}{A}\subset\overset{\circ}{B}$.

证明　首先说明当 $A\subset B$ 时, $A'\subset B'$. 不妨设 $A'\neq\varnothing$, $x_0\in A'$, 于是 $\forall \delta>0$, $\varnothing\neq B(x_0,\delta)\bigcap(A\setminus\{x_0\})\subset B(x_0,\delta)\bigcap(B\setminus\{x_0\})$, 故 $x_0\in B'$, 即 $A'\subset B'$. 因此

$$\overline{A}=A\bigcup A'\subset B\bigcup B'=\overline{B}.$$

如果 $\overset{\circ}{A}\neq\varnothing$，则 $\forall x\in\overset{\circ}{A}$，存在 $\delta>0$，使得 x 的邻域 $B(x,\delta)\subset A\subset B$，故 x 是 B 的内点，即 $x\in\overset{\circ}{B}$. 因此 $\overset{\circ}{A}\subset\overset{\circ}{B}$.

12. 证明　$(A\bigcup B)'=A'\bigcup B'$，$\overline{A\bigcup B}=\overline{A}\bigcup\overline{B}$.

证明　如果 $(A\bigcup B)'\neq\varnothing$，设 $x_0\in(A\bigcup B)'$，则 $\forall\delta>0$，有

$$B(x_0,\delta)\bigcap\big((A\bigcup B)\backslash\{x_0\}\big)=B(x_0,\delta)\bigcap\big((A\backslash\{x_0\})\bigcup(B\backslash\{x_0\})\big)$$
$$=\big(B(x_0,\delta)\bigcap(A\backslash\{x_0\})\big)\bigcup\big(B(x_0,\delta)\bigcap(B\backslash\{x_0\})\big)\neq\varnothing.$$

因此，或者 $B(x_0,\delta)\bigcap\big(A\backslash\{x_0\}\big)\neq\varnothing$，或者 $B(x_0,\delta)\bigcap\big(B\backslash\{x_0\}\big)\neq\varnothing$，即或者 $x_0\in A'$，或者 $x_0\in B'$. 故 $(A\bigcup B)'\subset A'\bigcup B'$.

如果 $A'\bigcup B'\neq\varnothing$，设 $x_0\in A'\bigcup B'$，则或者 $x_0\in A'$，或者 $x_0\in B'$. 于是 $\forall\delta>0$，或者 $B(x_0,\delta)\bigcap\big(A\backslash\{x_0\}\big)\neq\varnothing$，或者 $B(x_0,\delta)\bigcap\big(B\backslash\{x_0\}\big)\neq\varnothing$，即

$$\big(B(x_0,\delta)\bigcap\big(A\backslash\{x_0\}\big)\big)\bigcup\big(B(x_0,\delta)\bigcap\big(B\backslash\{x_0\}\big)\big)$$
$$=B(x_0,\delta)\bigcap\big((A\backslash\{x_0\})\bigcup(B\backslash\{x_0\})\big)=B(x_0,\delta)\bigcap\big((A\bigcup B)\backslash\{x_0\}\big)\neq\varnothing.$$

从而 $x_0\in(A\bigcup B)'$，故 $(A\bigcup B)'\supset A'\bigcup B'$.

另一方面，根据 $(A\bigcup B)'=A'\bigcup B'$，可知

$$\overline{A\bigcup B}=(A\bigcup B)\bigcup(A\bigcup B)'$$
$$=(A\bigcup B)\bigcup(A'\bigcup B')=(A\bigcup A')\bigcup(B\bigcup B')=\overline{A}\bigcup\overline{B}.$$

13. 设 $\mathbf{R}$ 中集合 A 的元素都是孤立点，证明 A 是至多可数集合.

证明　（方法一）设 $x\in A$，因为 x 是 A 的孤立点，所以存在有理数 $a_x<b_x$，使得 (a_x,b_x) 中包含 x，但是不包含 A 中的其他元素. 考虑集合 $\{(a_x,b_x)\,|\,x\in A\}$，由于 a_x,b_x 是有理数，故它是至多可数集合，而它与集合 A 对等，从而 A 也是至多可数集合.

（方法二）设 $x\in A$，由于 x 是 A 的孤立点，故存在常数 $\delta_x>0$，使得 $N(x,\delta_x)$ 中包含 x，但是不包含 A 中的其他元素. 考虑集合 $\left\{N\left(x,\dfrac{\delta_x}{2}\right)\Big|\,x\in A\right\}$，若 $x,y\in A$，$x\neq y$，那么 $|x-y|>\delta_x$，$|x-y|>\delta_y$，从而 $|x-y|>\dfrac{1}{2}(\delta_x+\delta_y)$，可见

$$N\left(x,\frac{\delta_x}{2}\right)\bigcap N\left(y,\frac{\delta_y}{2}\right)=\varnothing.$$

因此，集合 $\left\{ N\left(x,\dfrac{\delta_x}{2}\right) \middle| x \in A \right\}$ 由 $\mathbf{R}$ 中两两不交的开区间构成，根据定理 1.11 知其是至多可数集，从而 A 是至多可数集合.

14. 设 $\mathbf{R}$ 中集合 A 的导集 A' 是非空至多可数集，证明 A 是可数集合.

证明　设 B 是 A 的孤立点集，由上题可知 B 是至多可数集合. 因为 A 中的元素或是聚点或是孤立点，所以 $A = B \cup (A \cap A')$ 是至多可数集合. 但是 A' 是非空的，从而 A 是无限集合(若 A 是有限集合，那么 $A' = \varnothing$)，故 A 是可数集合.

习题14详解视频

15. 设 (X,d) 为度量空间，$x \in X$，$A \subset X$，证明 $x \in \overline{A}$ 当且仅当 $d(x,A) = 0$.

证明　如果 $x \in \overline{A} = A \cup A'$，则对任意的正整数 n，$B\left(x,\dfrac{1}{n}\right) \cap A \neq \varnothing$. 于是可取 $x_n \in B\left(x,\dfrac{1}{n}\right) \cap A$，显然 $d(x_n,x) < \dfrac{1}{n} \to 0 \ (n \to \infty)$，于是 $d(x,A) \leqslant d(x_n,x) \to 0$，故 $d(x,A) = 0$. 反之，如果 $d(x,A) = \inf\limits_{x_0 \in A} d(x_0,x) = 0$，那么根据下确界的定义，对任意的正整数 n，存在 $x_n \in A$，使得 $d(x_n,x) < \dfrac{1}{n} \to 0 \ (n \to \infty)$，即 $x_n \to x$. 当存在 n_0 使得 $x_{n_0} = x$ 时，$x \in A \subset \overline{A}$；当对任意的 n 都有 $x_n \neq x$ 时，根据定理 1.14(10)，可知 $x \in A' \subset \overline{A}$.

注　这里实际上也证明了 $x \in \overline{A}$ 当且仅当存在 A 中的点列 $\{x_n\}$ 使得 $x_n \to x$.

16. 设 (X,d) 为度量空间，A,B 是 X 中的非空集合，记
$$d(A,B) = \inf\left\{ d(x,y) \middle| \ x \in A, y \in B \right\},$$
证明 $d(A,B) = d\left(\overline{A},\overline{B}\right)$.

证明　显然有 $d(A,B) \geqslant d\left(\overline{A},\overline{B}\right)$，所以只需证明 $d(A,B) \leqslant d\left(\overline{A},\overline{B}\right)$ 即可.

(方法一) 设 $x \in A$，$y \in B$，$\overline{x} \in \overline{A}$，$\overline{y} \in \overline{B}$，则
$$d(A,B) \leqslant d(x,y) \leqslant d(x,\overline{x}) + d(\overline{x},\overline{y}) + d(\overline{y},y),$$
于是 $d(A,B) \leqslant d(x,\overline{x}) + d(\overline{x},\overline{y}) + d(\overline{y},B)$，从而根据第 15 题可得
$$d(A,B) \leqslant d(\overline{x},A) + d(\overline{x},\overline{y}) + d(\overline{y},B) = d(\overline{x},\overline{y}),$$
故 $d(A,B) \leqslant d\left(\overline{A},\overline{B}\right)$.

(方法二) 如果 $d\left(\overline{A},\overline{B}\right) < d(A,B)$，根据下确界的定义，存在 $x \in \overline{A}$，$y \in \overline{B}$ 使得 $d(x,y) < d(A,B)$. 取 r 满足 $d(x,y) < r < d(A,B)$，由本章习题第 15 题的注可知，存在点列 $\{x_n\} \subset A$，$\{y_n\} \subset B$，使得 $x_n \to x$，$y_n \to y$. 从而 $d(x,y) < r < d(x_n,y_n)$，

再用本章习题第 9 题的注中 $d(x,y)$ 在 $X \times X$ 上的双变元连续性, 令 $n \to \infty$,
$d(x,y) < r \leqslant d(x,y)$, 矛盾.

（方法三）根据下确界的定义可知, $\forall \varepsilon > 0$, 存在 $\bar{x} \in \bar{A}$, $\bar{y} \in \bar{B}$, 满足不等式
$d(\bar{x}, \bar{y}) < d(\bar{A}, \bar{B}) + \dfrac{\varepsilon}{3}$. 由于 $\bar{x} \in A \bigcup A'$, 故存在 $x \in A$ 使得 $d(\bar{x}, x) < \dfrac{\varepsilon}{3}$. 同理, 存在
$y \in B$ 使得 $d(y, \bar{y}) < \dfrac{\varepsilon}{3}$. 因此

$$d(A,B) \leqslant d(x,y) \leqslant d(x,\bar{x}) + d(\bar{x},\bar{y}) + d(\bar{y},y)$$
$$< d(\bar{A},\bar{B}) + \frac{\varepsilon}{3} + \frac{\varepsilon}{3} + \frac{\varepsilon}{3} = d(\bar{A},\bar{B}) + \varepsilon.$$

再由 ε 的任意性, 可得 $d(A,B) \leqslant d(\bar{A}, \bar{B})$.

17. 设 E 是度量空间 (X,d) 中的集合, $r > 0$, $G = \left\{ x \in X \mid d(x,E) < r \right\}$, 证明
$E \subset G$, 并且 G 是开集.

证明　当 $x \in E$ 时, $d(x,E) = 0$, 故 $E \subset G$. $\forall x \in G$, 取 $\delta = r - d(x,E) > 0$, 由
于当 $y \in B(x,\delta)$ 时, $d(y,E) \leqslant d(y,x) + d(x,E) < \delta + d(x,E) = r$, 故 $y \in G$, 这说明
$B(x,\delta) \subset G$, 即 x 是 G 的内点, 从而 G 是开集.

18. 设 F_1 和 F_2 是度量空间 (X,d) 中的两个闭集. 如果 $F_1 \bigcap F_2 = \varnothing$, 证明存在
两个开集 G_1 和 G_2, 使得 $G_1 \bigcap G_2 = \varnothing$, 并且 $G_1 \supset F_1$, $G_2 \supset F_2$.

证明　（方法一）设 F_1 和 F_2 中有一个是空集, 例如 $F_1 = \varnothing$, 则取 $G_1 = \varnothing$, $G_2 = X$
即满足要求. 设 F_1 和 F_2 均非空集, 对于 $x \in F_1$, $y \in F_2$, 根据定理 1.16 可知,
$d(x,F_2) > 0$ 和 $d(y,F_1) > 0$. 记 $G_1 = \bigcup\limits_{x \in F_1} B\left(x, \dfrac{1}{2}d(x,F_2)\right)$, $G_2 = \bigcup\limits_{y \in F_2} B\left(y, \dfrac{1}{2}d(y,F_1)\right)$,
由于它们都是一些开球的并, 故 G_1 和 G_2 都是开集, 并且 $G_1 \supset F_1$, $G_2 \supset F_2$. 下面只
需说明 $G_1 \bigcap G_2 = \varnothing$ 即可. 如果 $G_1 \bigcap G_2 \neq \varnothing$, 取 $z \in G_1 \bigcap G_2$, 则存在 $x \in F_1$, $y \in F_2$,
使得 $z \in B\left(x, \dfrac{1}{2}d(x,F_2)\right)$, $z \in B\left(y, \dfrac{1}{2}d(y,F_1)\right)$. 但是

$$d(x,y) \leqslant d(x,z) + d(z,y) < \frac{1}{2}d(x,F_2) + \frac{1}{2}d(y,F_1)$$
$$\leqslant \frac{1}{2}d(x,y) + \frac{1}{2}d(y,x) = d(x,y),$$

习题18详解视频

这导致了矛盾.

（方法二）不妨设 F_1 和 F_2 是度量空间 (X,d) 中的两个非空闭集, 则根据第 20
题, 存在 X 上的连续函数 f, 使得当 $x \in F_1$ 时, $f(x) = 0$; 当 $x \in F_2$ 时, $f(x) = 1$.

再令 $G_1 = f^{-1}\left(-\infty, \dfrac{1}{2}\right)$, $G_2 = f^{-1}\left(\dfrac{1}{2}, +\infty\right)$, 于是 $G_1 \bigcap G_2 = \varnothing$, 并且 $G_1 \supset F_1$, $G_2 \supset F_2$. 由定理 1.18 可知, G_1 和 G_2 都是 X 中的开集.

注 对于度量空间 (X,d) 中两个不相交的闭集 F_1 和 F_2, 距离 $d(F_1, F_2)$ 可能为 0. 例如 $\mathbf{R}^2$ 中集合 $F_1 = \left\{(x,y) \in \mathbf{R}^2 \middle| y \geqslant \dfrac{1}{x}, x > 0\right\}$ 和 $F_2 = \left\{(x,y) \in \mathbf{R}^2 \middle| y \geqslant -\dfrac{1}{x}, x < 0\right\}$, F_1 和 F_2 即是两个不相交的闭集, 但是其距离 $d(F_1, F_2) = 0$ (图 1.4). 实际上, 对任意 n, 取点列 $z_n^{(1)} = \left(\dfrac{1}{n}, n\right) \in F_1$, $z_n^{(2)} = \left(-\dfrac{1}{n}, n\right) \in F_2$, 则

$$d\left(z_n^{(1)}, z_n^{(2)}\right) = \frac{2}{n} \to 0 \quad (n \to \infty),$$

所以 $d(F_1, F_2) = 0$. 或者考虑 $\mathbf{R}$ 中的集合

$$F_1 = \left\{x_n = n + \frac{1}{n} \middle| n \in \mathbf{N}\right\},$$

$$F_2 = \left\{y_n = n + \frac{1}{n+1} \middle| n \in \mathbf{N}\right\}.$$

由于数列 $\{x_n\}$ 和 $\{y_n\}$ 不收敛, 那么集合 F_1 和 F_2 没有聚点, 即 F_1 和 F_2 是 $\mathbf{R}$ 中不相交的闭集. 但是

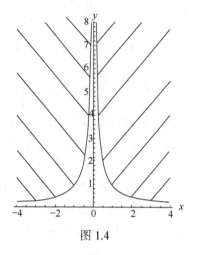

图 1.4

$$d(x_n, y_n) = |x_n - y_n| = \frac{1}{n(n+1)} \to 0 \ (n \to \infty),$$

所以 $d(F_1, F_2) = 0$.

值得注意: 如果 F_1 和 F_2 是有限维空间 $\mathbf{R}^n$ 中不相交的非空有界闭集, 那么 $d(F_1, F_2) > 0$. 事实上, 因为 $d(F_1, F_2) = \inf\{d(x,y) \mid x \in F_1, y \in F_2\}$, 所以 $\forall n \in \mathbf{N}$, 存在点列 $\{x_n\} \subset F_1$, $\{y_n\} \subset F_2$, 使得 $d(F_1, F_2) \leqslant d(x_n, y_n) \leqslant d(F_1, F_2) + \dfrac{1}{n}$. 而 F_1 和 F_2 是有限维空间 $\mathbf{R}^n$ 中的有界闭集, 于是存在子列 $\{x_{n_k}\}$, $\{y_{n_k}\}$, 满足

$$x_{n_k} \to x_0 \in F_1, \quad y_{n_k} \to y_0 \in F_2 \quad (k \to \infty),$$

在 $d(F_1, F_2) \leqslant d\left(x_{n_k}, y_{n_k}\right) \leqslant d(F_1, F_2) + \dfrac{1}{n_k}$ 中令 $k \to \infty$, 由第 9 题的注以及 F_1 和 F_2 不

相交可知, $d(F_1, F_2) = d(x_0, y_0) > 0$.

19. 设 $\{F_n\}$ 是 $\mathbf{R}$ 中一列单调递减的非空有界闭集, 证明 $\bigcap\limits_{n=1}^{\infty} F_n \neq \varnothing$. 如果 $\{F_n\}$ 是一列无界闭集, 上述结论是否成立?

证明　取 $x_n \in F_n$, 因为 $\{F_n\}$ 是 $\mathbf{R}$ 中有界闭集列, 所以 $\{x_n\}$ 是有界的实数列, 于是 $\{x_n\}$ 有收敛的子列 $\{x_{n_k}\}$, 记 $\lim\limits_{k \to \infty} x_{n_k} = x_0$. 对任意给定的 n, 存在 k_0 使得 $n_{k_0} \geqslant n$, 而 $\{F_n\}$ 是单调递减的集列, 于是当 $k \geqslant k_0$ 时, $x_{n_k} \in F_n$. 由于 F_n 是闭集, 根据定理 1.15 可知 $x_0 \in F_n$, 由 n 的任意性可知 $x_0 \in \bigcap\limits_{n=1}^{\infty} F_n$, 即 $\bigcap\limits_{n=1}^{\infty} F_n \neq \varnothing$.

习题19详解视频

设 $F_n = [n, +\infty)$, 则 $\{F_n\}$ 是 $\mathbf{R}$ 中单调递减的非空无界闭集列, 但是 $\bigcap\limits_{n=1}^{\infty} F_n = \varnothing$.

实际上, 若 $\bigcap\limits_{n=1}^{\infty} F_n \neq \varnothing$, 取 $x \in \bigcap\limits_{n=1}^{\infty} F_n$, 则 $\forall n$, $x \in [n, +\infty)$, 即实数 $x \geqslant n$, 矛盾.

注　可将该题与数学分析中的闭区间套定理相比较.

20. 设 A, B 是度量空间 (X, d) 中两个不相交的非空闭子集, 证明存在 X 上的连续函数 f, 使得当 $x \in A$ 时, $f(x) = 0$; 当 $x \in B$ 时, $f(x) = 1$.

证明　如果 $d(x, A) + d(x, B) = 0$, 那么 $d(x, A) = 0$, $d(x, B) = 0$. 而 A, B 是闭集, 所以由第 15 题可知 $x \in A \bigcap B$, 但 A, B 不相交, 故 $d(x, A) + d(x, B) > 0$, $\forall x \in X$. 从而 $\forall x \in X$, 可以定义 X 上的函数

$$f(x) = \frac{d(x, A)}{d(x, A) + d(x, B)},$$

习题20详解视频

由第 15 题, 当 $x \in A$ 时, $f(x) = 0$; 当 $x \in B$ 时, $f(x) = 1$. 根据第 10 题的注可知 f 在 X 上连续.

21. 设 (X, d) 是度量空间, 令

$$\tilde{d}(x, y) = \frac{d(x, y)}{1 + d(x, y)}, \quad \forall x, y \in X.$$

证明 $(X, \tilde{d})$ 是度量空间且是有界空间.

证明　显然 $\forall x, y \in X$, $\tilde{d}(x, y) \geqslant 0$ 以及 $\tilde{d}(y, x) = \tilde{d}(x, y)$, 且 $\tilde{d}(x, y) = 0 \Leftrightarrow x = y$. 由于实函数 $\dfrac{t}{1+t}$ 在 $[0, +\infty)$ 上是单增函数, 故 $\forall x, y, z \in X$,

$$\tilde{d}(x, y) = \frac{d(x, y)}{1 + d(x, y)} \leqslant \frac{d(x, z) + d(z, y)}{1 + d(x, z) + d(z, y)}$$

$$= \frac{d(x,z)}{1+d(x,z)+d(z,y)} + \frac{d(z,y)}{1+d(x,z)+d(z,y)}$$

$$\leqslant \frac{d(x,z)}{1+d(x,z)} + \frac{d(z,y)}{1+d(z,y)} = \tilde{d}(x,z) + \tilde{d}(z,y).$$

从而 $\tilde{d}(\cdot,\cdot)$ 是 X 上的度量函数, 即 $(X,\tilde{d})$ 是度量空间. 取 $x_0 \in X$, 可见 $\forall x \in X$,

$$\tilde{d}(x,x_0) = \frac{d(x,x_0)}{1+d(x,x_0)} \leqslant 1,$$

因此 $(X,\tilde{d})$ 是有界空间.

22. 如果 $\mu E = 0$, 是否一定有 $\mu \overline{E} = 0$?

解 不一定. 例如对于 **R** 中的单点集 $\{a\}$, $\mu(\overline{\{a\}}) = \mu(\{a\}) = 0$. 但是, 如果 E 是 $(0,1)$ 中的有理点集合, 那么 $\mu E = 0$, 而 $\mu \overline{E} = \mu([0,1]) = 1$.

23. 如果 E_1 和 E_2 都是可测集, 并且 E_1 是 E_2 的真子集, 是否一定有 $\mu E_1 < \mu E_2$?

解 不一定. 例如当 $-\infty < \alpha < \beta < +\infty$ 时, $E_1 = (\alpha, \beta)$ 是 $E_2 = [\alpha, \beta]$ 的真子集, 由定理 1.22, $\mu[\alpha, \beta] = \mu(\alpha, \beta) = \beta - \alpha$.

24. 如果 E 是无界可测集, 是否一定有 $\mu E = +\infty$ 或 $\mu E > 0$?

解 不一定. 例如 E 是 **R** 中的有理数集合, 它是可数无界可测集, $\mu E = 0$.

25. 证明可数个零测度集的并集是零测度集.

证明 设 $A_n \in \mathscr{L}(\mathbf{R})$ $(n \in \mathbf{N})$, $\mu(A_n) = 0$, 那么根据测度的次可加性,

$$\mu\left(\bigcup_{n=1}^{\infty} A_n\right) \leqslant \sum_{n=1}^{\infty} \mu(A_n) = 0.$$

26. 如果 $A \in \mathscr{L}(\mathbf{R})$ 是有界集, 证明 $\forall \varepsilon > 0$, 存在有界开集 $G \supset A$, 使得 $\mu(G \setminus A) < \varepsilon$.

证明 因为 $A \in \mathscr{L}(\mathbf{R})$ 是有界集, 所以存在开区间 $(a,b) \supset A$. 使用本章问题 9 注中的方法, $\forall \varepsilon > 0$, 由逼近性质可知, 存在开集 $G_0 \supset A$ 使得 $\mu(G_0 \setminus A) < \varepsilon$. 记 $G = G_0 \bigcap (a,b)$, 则 G 是有界开集, 并且 $G \supset A$. 又因为 $G \setminus A \subset G_0 \setminus A$, 所以就有 $\mu(G \setminus A) \leqslant \mu(G_0 \setminus A) < \varepsilon$.

27. 构造一个闭集 $F \subset [0,1]$, 使得 F 中没有内点, 并且 $\mu F = \frac{1}{2}$.

习题27详解视频

解 首先在 $[0,1]$ 中间挖掉长度为 $\frac{1}{4}$ 的开区间 $\left(\frac{3}{8}, \frac{5}{8}\right)$, 然后

在余下的两个闭区间中间各挖掉长度为 $\dfrac{1}{4^2}$ 的开区间 $\left(\dfrac{5}{32},\dfrac{7}{32}\right)$ 和 $\left(\dfrac{25}{32},\dfrac{27}{32}\right)$，再在

余下的四个闭区间中间各挖掉长度为 $\dfrac{1}{4^3}$ 的开区间(有 4 个). 依此下去，在第 n 次

挖掉的开区间长度为 $\dfrac{1}{4^n}$ (有 2^{n-1} 个). 于是得到一列开区间，其并为

$$G=\left(\frac{3}{8},\frac{5}{8}\right)\cup\left(\frac{5}{32},\frac{7}{32}\right)\cup\left(\frac{25}{32},\frac{27}{32}\right)\cup\cdots,$$

因此 $\mu G=\dfrac{1}{4}+\dfrac{2}{4^2}+\cdots+\dfrac{2^{n-1}}{4^n}+\cdots=\dfrac{1}{4}+\dfrac{1}{8}+\cdots+\dfrac{1}{2^{n+1}}+\cdots=\dfrac{1}{2}$. 令 $F=[0,1]\setminus G$，由于

G 是开集，故 F 是闭集. 若 F 中有内点，则 F 中存在长度为 $\delta>0$ 的开区间. 而

第一次保留下来的两个区间长度均为 $\dfrac{1}{2}\left(1-\dfrac{1}{4}\right)=\dfrac{1}{2}\left(1-\dfrac{1}{2^2}\right)$，第二次保留下来的四

个区间长度均为 $\dfrac{1}{2}\left(\dfrac{1}{2}\left(1-\dfrac{1}{2^2}\right)-\dfrac{1}{4^2}\right)=\dfrac{1}{2^2}\left(1-\dfrac{1}{2^2}-\dfrac{1}{2^3}\right)$，从而第 n 次保留下来的 2^n

个区间长度均为 $\dfrac{1}{2^n}\left(1-\dfrac{1}{2^2}-\dfrac{1}{2^3}-\cdots-\dfrac{1}{2^{n+1}}\right)=\dfrac{1}{2^n}-\dfrac{1}{2^{n+2}}\left(1+\dfrac{1}{2}+\cdots+\dfrac{1}{2^{n-1}}\right)$，故 $\forall n$，

有

$$\delta\leqslant\frac{1}{2^n}-\frac{1}{2^{n+2}}\left(1+\frac{1}{2}+\cdots+\frac{1}{2^{n-1}}\right)=\frac{1}{2^n}-\frac{1}{2^{n+1}}\left(1-\frac{1}{2^n}\right)\to 0,$$

这与 $\delta>0$ 矛盾.

注 $\forall r\in(0,1)$，在第 n 次挖掉的开区间长度为 $\dfrac{1-r}{3^n}$ (有 2^{n-1} 个)时，可以构造

一个闭集 $F\subset[0,1]$，使得 F 中没有内点，并且 $\mu F=r$. 由于 $\mu F>0$，可以将 F 看

成是一个胖的 Cantor 集.

28. 证明：存在闭集 $F\subset \mathbf{R}\setminus\mathbf{Q}$，使得 $\mu F>0$.

证明 (方法一) 设 $\mathbf{Q}=\{x_1,x_2,\cdots,x_n,\cdots\}$，取 $\varepsilon>0$，令

$$G=\bigcup_{n=1}^{\infty}N\left(x_n,\frac{\varepsilon}{2^{n+1}}\right),$$

则 G 是开集，且 $G\supset\mathbf{Q}$，$\mu G\leqslant\displaystyle\sum_{n=1}^{\infty}\frac{\varepsilon}{2^n}=\varepsilon$. 记 $F=G^C$，于是 F 是闭集，并且

$F=G^C\subset\mathbf{Q}^C=\mathbf{R}\setminus\mathbf{Q}$，$\mu F=+\infty$.

(方法二) 记 $E=[0,1]\setminus\mathbf{Q}$，则 $E\subset\mathbf{R}\setminus\mathbf{Q}$. 假设对于任意闭集 $F\subset E$，都有

$\mu F=0$. 根据定理 1.23，存在 F_σ 型集 F_0 和 G_δ 型集 G_0，使得 $F_0\subset E\subset G_0$，并且

$\mu(G_0 \setminus F_0)=0$. 于是利用测度的可减性和单调性, 有

$$0 \leqslant \mu E - \mu F_0 = \mu(E \setminus F_0) \leqslant \mu(G_0 \setminus F_0)=0,$$

故 $\mu F_0 = \mu E = \mu([0,1]\setminus \mathbf{Q})=1-\mu([0,1]\bigcap \mathbf{Q})=1$. 令 $F_0 = \bigcup_{n=1}^{\infty} F_n$, 其中 $F_n \subset E(n\in \mathbf{N})$ 是

闭集, 根据假设, $\mu F_0 \leqslant \sum_{n=1}^{\infty} \mu F_n = 0$, 即 $\mu F_0 = 0$, 矛盾.

从而存在闭集 $F \subset E \subset \mathbf{R}\setminus \mathbf{Q}$, 使得 $\mu F > 0$.

注　方法一是构造性的, 尽管 G 覆盖了全部有理点, 但未能覆盖全体实数. 从证明可见, 题目中的 $\mathbf{Q}$ 可以替换成 $\mathbf{R}$ 中的任意可数集.

29. 如果 $E \in \mathscr{L}(\mathbf{R})$, 证明 $\forall \varepsilon > 0$, 存在开集 G_1 和 G_2, 满足 $G_1 \supset E$, $G_2 \supset E^C$, 并且 $\mu(G_1 \bigcap G_2) < \varepsilon$.

证明　$\forall \varepsilon > 0$, 由逼近性质可知, 存在开集 $G \supset E$ 及闭集 $F \subset E$ 使得 $\mu(G \setminus F) < \varepsilon$. 令 $G_1 = G$, $G_2 = F^C$, 则 G_1 和 G_2 是开集, $G_1 \supset E$, $G_2 \supset E^C$. 又因为 $G \setminus F = G \bigcap F^C = G_1 \bigcap G_2$, 故 $\mu(G_1 \bigcap G_2)=\mu(G \setminus F) < \varepsilon$.

30. 设 E_1 和 E_2 均为可测集, 证明

$$\mu(E_1 \bigcup E_2) + \mu(E_1 \bigcap E_2) = \mu(E_1) + \mu(E_2).$$

证明　(方法一) 因为 $E_1 \bigcap (E_2 \setminus E_1)=\varnothing$, $(E_2 \setminus E_1)\bigcap(E_1 \bigcap E_2)=\varnothing$, 所以根据测度的有限可加性,

$$\mu(E_1 \bigcup E_2) + \mu(E_1 \bigcap E_2)$$
$$= \mu(E_1 \bigcup(E_2 \setminus E_1)) + \mu(E_1 \bigcap E_2)$$
$$= \mu(E_1) + \mu(E_2 \setminus E_1) + \mu(E_1 \bigcap E_2)$$
$$= \mu(E_1) + \mu((E_2 \setminus E_1)\bigcup(E_1 \bigcap E_2))=\mu(E_1)+\mu(E_2).$$

(方法二) 若 $\mu(E_1)=+\infty$, 由测度的单调性知 $\mu(E_1 \bigcup E_2)=+\infty$, 则等式成立. 若 $\mu(E_1)<+\infty$, 则 $\mu(E_1 \bigcap E_2)<+\infty$, 而 $E_1 \bigcup E_2 = E_1 \bigcup(E_2 \setminus(E_1 \bigcap E_2))$, 并且 E_1 与 $E_2 \setminus(E_1 \bigcap E_2)$ 不相交, 所以根据测度的有限可加性和可减性,

$$\mu(E_1 \bigcup E_2) = \mu(E_1 \bigcup(E_2 \setminus(E_1 \bigcap E_2)))$$
$$= \mu(E_1) + \mu(E_2 \setminus(E_1 \bigcap E_2)) = \mu(E_1)+\mu(E_2)-\mu(E_1 \bigcap E_2).$$

从而等式成立.

注　与概率论中随机事件之和的概率公式相对照.

31. 设 E_1 和 E_2 是 $[0,1]$ 中的可测集, 并且 $\mu E_1 + \mu E_2 > 1$, 证明 $\mu(E_1 \bigcap E_2)>0$.

证明　(方法一) $\mu(E_1 \bigcup E_2) \leqslant \mu([0,1])=1$. 由上一题可知

$$\mu(E_1 \cap E_2) = \mu(E_1) + \mu(E_2) - \mu(E_1 \cup E_2) > 1 - 1 = 0.$$

(方法二) 如果 $\mu(E_1 \cap E_2) = 0$，那么由上题可知

$$1 \geqslant \mu(E_1 \cup E_2) = \mu(E_1) + \mu(E_2) > 1,$$

产生矛盾.

32. 设 A 是 $[0,1]$ 中的可测集，并且 $\mu A = 1$，证明对 $[0,1]$ 中的任意可测集 B，有 $\mu(A \cap B) = \mu B$.

证明 (方法一) $\mu(E_1 \cup E_2) \leqslant \mu([0,1]) = 1$. 由第 30 题可知

$$\mu(B) \geqslant \mu(A \cap B) = \mu(A) + \mu(B) - \mu(A \cup B) \geqslant 1 + \mu(B) - 1 = \mu(B).$$

因此 $\mu(A \cap B) = \mu B$.

(方法二) 由 $1 = \mu(A) \leqslant \mu(A \cup B) \leqslant 1$ 知 $\mu(A \cup B) = 1$，从而由第 30 题可得

$$1 = \mu(A \cup B) = \mu(A) + \mu(B) - \mu(A \cap B) = 1 + \mu(B) - \mu(A \cap B),$$

故 $\mu(A \cap B) = \mu B$.

33. 设 $\{E_n \mid n \in \mathbf{N}\}$ 是 $[0,1]$ 中的可测集列，$\mu(E_n) = 1 \ (\forall n \in \mathbf{N})$，证明

$$\mu\left(\bigcup_{n=1}^{\infty} E_n\right) = 1, \quad \mu\left(\bigcap_{n=1}^{\infty} E_n\right) = 1.$$

证明 由 $1 = \mu(E_n) \leqslant \mu\left(\bigcup_{n=1}^{\infty} E_n\right) \leqslant \mu([0,1]) = 1$ 可得 $\mu\left(\bigcup_{n=1}^{\infty} E_n\right) = 1$.

而 $\mu\left(\bigcap_{n=1}^{\infty} E_n\right) \leqslant 1$，另一方面，由定理 1.2 的推论，

$$[0,1] = \left(\bigcap_{n=1}^{\infty} E_n\right) \cup \left([0,1] \setminus \left(\bigcap_{n=1}^{\infty} E_n\right)\right) = \left(\bigcap_{n=1}^{\infty} E_n\right) \cup \left(\bigcup_{n=1}^{\infty}([0,1] \setminus E_n)\right),$$

根据测度的可减性有 $\mu([0,1] \setminus E_n) = 1 - \mu(E_n) = 0$，再利用测度的次可加性，有

$$1 = \mu\left(\left(\bigcap_{n=1}^{\infty} E_n\right) \cup \left(\bigcup_{n=1}^{\infty}([0,1] \setminus E_n)\right)\right) \leqslant \mu\left(\bigcap_{n=1}^{\infty} E_n\right) + \sum_{n=1}^{\infty} \mu([0,1] \setminus E_n) = \mu\left(\bigcap_{n=1}^{\infty} E_n\right),$$

故 $\mu\left(\bigcap_{n=1}^{\infty} E_n\right) = 1$. 或者由于 $\mu(E_n) = 1 \ (\forall n \in \mathbf{N})$，根据第 32 题，可知

$$\mu\left(\bigcap_{k=1}^{n} E_k\right) = \mu(E_n) = 1 \quad (\forall n \in \mathbf{N}).$$

令 $F_n = \bigcap\limits_{k=1}^{n} E_k \ (n \in \mathbf{N})$，那么 $\mu(F_n) = 1 \ (\forall n \in \mathbf{N})$．因为 $\{F_n\}$ 是单调递减集列，所以

利用测度的上连续性，$\mu\left(\bigcap\limits_{n=1}^{\infty} E_n\right) = \mu\left(\lim\limits_{n \to \infty} F_n\right) = \lim\limits_{n \to \infty} \mu(F_n) = 1$．

34. 设 $\{A_n \mid n \in \mathbf{N}\}$ 是一列可测集，证明

(1) (测度的下半连续性) $\mu\left(\varliminf\limits_{n \to \infty} A_n\right) \leqslant \varliminf\limits_{n \to \infty} \mu(A_n)$；

(2) (测度的上半连续性) 当 $\mu\left(\bigcup\limits_{n=1}^{\infty} A_n\right) < +\infty$ 时，$\mu\left(\varlimsup\limits_{n \to \infty} A_n\right) \geqslant \varlimsup\limits_{n \to \infty} \mu(A_n)$；

(3) (测度的连续性) 当极限集 $A = \lim\limits_{n \to \infty} A_n$ 存在，并且 $\mu\left(\bigcup\limits_{n=1}^{\infty} A_n\right) < +\infty$ 时，

$\mu A = \lim\limits_{n \to \infty} \mu(A_n)$；

(4) 当 $\sum\limits_{n=1}^{\infty} \mu(A_n) < +\infty$ 时，$\mu\left(\varlimsup\limits_{n \to \infty} A_n\right) = \mu\left(\varliminf\limits_{n \to \infty} A_n\right) = 0$．

证明 (1) 因为 $\left\{\bigcap\limits_{k=n}^{\infty} A_k\right\}$ 是单调递增的集列，所以根据测度的下连续性，有

$$\mu\left(\varliminf\limits_{n \to \infty} A_n\right) = \mu\left(\bigcup\limits_{n=1}^{\infty} \bigcap\limits_{k=n}^{\infty} A_k\right) = \lim\limits_{n \to \infty} \mu\left(\bigcap\limits_{k=n}^{\infty} A_k\right) \leqslant \varliminf\limits_{n \to \infty} \mu(A_n).$$

(2) 因为 $\left\{\bigcup\limits_{k=n}^{\infty} A_k\right\}$ 是单调递减的集列，并且 $\mu\left(\bigcup\limits_{n=1}^{\infty} A_n\right) < +\infty$，所以根据测度的

上连续性，有

$$\mu\left(\varlimsup\limits_{n \to \infty} A_n\right) = \mu\left(\bigcap\limits_{n=1}^{\infty} \bigcup\limits_{k=n}^{\infty} A_k\right) = \lim\limits_{n \to \infty} \mu\left(\bigcup\limits_{k=n}^{\infty} A_k\right) \geqslant \varlimsup\limits_{n \to \infty} \mu(A_n).$$

(3) 如果极限集 $A = \lim\limits_{n \to \infty} A_n$ 存在，并且 $\mu\left(\bigcup\limits_{n=1}^{\infty} A_n\right) < +\infty$，则由前面(1)和(2)的结

果，$\varlimsup\limits_{n \to \infty} \mu(A_n) \leqslant \mu\left(\varlimsup\limits_{n \to \infty} A_n\right) = \mu A = \mu\left(\varliminf\limits_{n \to \infty} A_n\right) \leqslant \varliminf\limits_{n \to \infty} \mu(A_n)$，故 $\mu A = \lim\limits_{n \to \infty} \mu(A_n)$．

(4) 根据测度的单调性和次可加性，

$$0 \leqslant \mu\left(\varliminf\limits_{n \to \infty} A_n\right) \leqslant \mu\left(\varlimsup\limits_{n \to \infty} A_n\right) = \mu\left(\bigcap\limits_{n=1}^{\infty} \bigcup\limits_{k=n}^{\infty} A_k\right) \leqslant \mu\left(\bigcup\limits_{k=n}^{\infty} A_k\right) \leqslant \sum\limits_{k=n}^{\infty} \mu(A_k),$$

而级数 $\sum\limits_{n=1}^{\infty} \mu(A_n) < +\infty$，当 $n \to \infty$ 时，$\sum\limits_{k=n}^{\infty} \mu(A_k) \to 0$．故

$$\mu\left(\varlimsup_{n\to\infty}A_n\right)=\mu\left(\varliminf_{n\to\infty}A_n\right)=0.$$

35. 设 G 是开集, E 是零测度集, 证明 $\overline{G}=\overline{(G\setminus E)}$.

证明　显然 $\overline{G}\supset\overline{(G\setminus E)}$, 于是只需证明 $G\subset\overline{(G\setminus E)}$ 即可.

若 $x\in\left(\overline{(G\setminus E)}\right)^{C}$, 由于 $x\in\left(\overline{(G\setminus E)}\right)^{C}$ 是开集, 那么存在 $\delta>0$, 使得 x 的邻域 $N(x,\delta)\subset\left(\overline{(G\setminus E)}\right)^{C}$, 从而 $(G\setminus E)\cap N(x,\delta)=\varnothing$. 故 $G\cap N(x,\delta)\subset E$, 根据测度的单调性 $\mu\big(G\cap N(x,\delta)\big)=0$. 因为 $G\cap N(x,\delta)$ 是开集, 如果 $G\cap N(x,\delta)\neq\varnothing$, 那么在其中存在开区间, 这与 $\mu\big(G\cap N(x,\delta)\big)=0$ 矛盾. 因此 $G\cap N(x,\delta)=\varnothing$, $x\notin G$.

这就说明 $G\subset\overline{(G\setminus E)}$.

36. 设 $E\in\mathscr{L}(\mathbf{R})$, $\mu E>0$, 证明存在 $x_1,x_2\in E$, 使得 $x_1-x_2\in\mathbf{R}\setminus\mathbf{Q}$, 同时存在 $y_1,y_2\in E$, 使得 $0\neq y_1-y_2\in\mathbf{Q}$.

证明　(1) 取 $x_1\in E$, 若 $\forall x\in E$, $x_1-x\in\mathbf{Q}$, 令 $A=\{x_1-x\,|\,x\in E\}$, 则 $A\subset\mathbf{Q}$, 那么 A 是至多可数集合. 但是 $A\sim E$, 这与 $\mu E>0$ 矛盾. 因此存在 $x_2\in E$, 使得 $x_1-x_2\in\mathbf{R}\setminus\mathbf{Q}$.

(2) 根据测度的介值定理, 不妨设 E 有界. 令 $\mathbf{Q}\cap[0,1]=\{r_n\,|\,n\in\mathbf{N}\}$, $E_n=E+r_n$, 可见 E_n 一致有界. 若 $\{E_n\}$ 互不相交, 由 E_n 一致有界和测度的平移不变性,

$$+\infty>\mu\left(\bigcup_{n=1}^{\infty}E_n\right)=\sum_{n=1}^{\infty}\mu(E_n)=\sum_{n=1}^{\infty}\mu(E)=+\infty,$$

矛盾. 于是存在 $m\neq n$, 使得 $E_m\cap E_n\neq\varnothing$, 则存在 $y_1,y_2\in E$, 使得 $y_1+r_m=y_2+r_n$, 故 $0\neq r_m-r_n=y_2-y_1\in\mathbf{Q}$.

第2章 可 测 函 数

定义 2.1 设 $E \in \mathscr{L}(\mathbf{R})$，$\{E_i \mid i=1,2,\cdots,n\}$ 是 E 中互不相交的可测子集，并且 $E = \bigcup_{i=1}^{n} E_i$，$f(x)$ 是定义在 E 上的函数，且 $f(x) = c_i$，当 $x \in E_i (i=1,2,\cdots,n)$，其中 $c_i \in \mathbf{R}(i=1,2,\cdots,n)$，则称 $f(x)$ 是 E 上的**简单函数**.

任意简单函数都可以用特征函数来表示. 设 $f(x)$ 是可测集 E 上的简单函数
$$f(x) = c_i, \quad \text{当 } x \in E_i (i=1,2,\cdots,n),$$
其中 $E_i \in \mathscr{L}(\mathbf{R})(i=1,2,\cdots,n)$，$E_i \bigcap E_j = \varnothing\,(i \neq j)$，且 $\bigcup_{i=1}^{n} E_i = E$，则 $f(x)$ 可以表示为
$$f(x) = \sum_{i=1}^{n} c_i \chi_{E_i}(x).$$

定理 2.1 设 $f(x)$ 与 $g(x)$ 是可测集 E 上的简单函数，则 $f(x) \pm g(x)$，$f(x)g(x)$ 都是 E 上的简单函数；又当 $g(x) \neq 0$ 时，$\dfrac{f(x)}{g(x)}$ 也是 E 上的简单函数.

定义 2.2 设 $E \in \mathscr{L}(\mathbf{R})$. 对广义实函数 $f: E \to \overline{\mathbf{R}} = [-\infty, +\infty]$，如果 $\forall c \in \mathbf{R}$，集合 $E[f > c] = \{x \in E \mid f(x) > c\} = f^{-1}(c, +\infty]$ 是可测集，则称 $f(x)$ 是 E 上的 Lebesgue **可测函数**，简称为**可测函数**，或称 $f(x)$ **在 E 上可测**.

定义在零测度集上的函数都是可测函数.

定理 2.2 设 $E \in \mathscr{L}(\mathbf{R})$，函数 $f: E \to \overline{\mathbf{R}}$，则 $f(x)$ 是 E 上的可测函数与下列任一条件等价：

(1) $\forall c \in \mathbf{R}$，$E[f \geqslant c] = \{x \in E \mid f(x) \geqslant c\}$ 是可测集；

(2) $\forall c \in \mathbf{R}$，$E[f < c] = \{x \in E \mid f(x) < c\}$ 是可测集；

(3) $\forall c \in \mathbf{R}$，$E[f \leqslant c] = \{x \in E \mid f(x) \leqslant c\}$ 是可测集；

(4) $\forall a,b \in \mathbf{R}$ 且 $a < b$，$E[a \leqslant f < b] = \{x \in E \mid a \leqslant f(x) < b\}$ 和 $E[f = +\infty]$ 都是可测集，其中 $E[f = +\infty] = \{x \in E \mid f(x) = +\infty\}$；

(5) $\forall a,b \in \mathbf{R}$ 且 $a<b$，$E[a<f\leqslant b]=\{x\in E\mid a<f(x)\leqslant b\}$ 和 $E[f=-\infty]$ 都是可测集，其中 $E[f=-\infty]=\{x\in E\mid f(x)=-\infty\}$．

定理 2.3　(1) 设 $f(x)$ 是 E 上的可测函数，E_0 是 E 的可测子集. 如果将 $f(x)$ 看作定义在 E_0 上的函数，即将 $f(x)$ 限制在 E_0 上，记为 $f\big|_{E_0}(x)$，那么 $f\big|_{E_0}(x)$ 是 E_0 上的可测函数；

(2) 设 $E=\bigcup\limits_{i=1}^{\infty}E_i$，其中 $E_i(i\in\mathbf{N})$ 都是可测集. 如果 $f(x)$ 在 $E_i(i\in\mathbf{N})$ 上都可测，则 $f(x)$ 是 E 上的可测函数.

定理 2.4　可测集上的单调函数是可测的.

定理 2.5　设 $f(x),g(x)$ 都是 E 上的可测函数，则 $f(x)\pm g(x)$，$kf(x)$（k 为任意实数），$f(x)g(x)$ 以及 $\dfrac{f(x)}{g(x)}$（在 E 上 $g(x)\neq 0$）都是 E 上的可测函数.

定理 2.6　设在可测集 E 上 $f(x)\overset{\text{a.e.}}{=}g(x)$. 如果 $f(x)$ 是可测函数，那么 $g(x)$ 也是可测函数.

定理 2.7　设 $\{f_n(x)\mid n\in\mathbf{N}\}$ 是 E 上一列可测函数，那么

(1) 如果记 $M(x)=\sup\limits_n f_n(x)$，$m(x)=\inf\limits_n f_n(x)$，则 $M(x)$ 和 $m(x)$ 都是 E 上的可测函数；

(2) 如果记 $g(x)=\varlimsup\limits_{n\to\infty}f_n(x)$，$h(x)=\varliminf\limits_{n\to\infty}f_n(x)$，则 $g(x)$ 和 $h(x)$ 都是 E 上的可测函数. 特别当 $\{f_n(x)\}$ 收敛，即 $g(x)=h(x)$ 时，极限函数 $f(x)=\lim\limits_{n\to\infty}f_n(x)$ 可测.

推论 1　设 $\{f_n(x)\mid n\in\mathbf{N}\}$ 是 E 上可测函数列，且在 E 上几乎处处收敛于函数 $f(x)$，即 $\lim\limits_{n\to\infty}f_n(x)\overset{\text{a.e.}}{=}f(x)$，则 $f(x)$ 是 E 上的可测函数.

称函数 $f^+(x)=\max\{f(x),0\}$，$f^-(x)=\max\{-f(x),0\}$，分别为 $f(x)$ 的**正部**和**负部**. $f^+(x)$ 与 $f^-(x)$ 都是非负函数，且

$$f(x)=f^+(x)-f^-(x)，\quad |f(x)|=f^+(x)+f^-(x).$$

推论 2　设 $f(x)$ 是可测集 E 上的函数.

(1) $f(x)$ 可测当且仅当 $f^+(x)$ 与 $f^-(x)$ 都在 E 上可测；

(2) 如果 $f(x)$ 可测，那么 $|f(x)|$ 在 E 上可测.

引理 2.1　设 $f(x)$ 是 E 上的非负可测函数，则存在 E 上非负递增的简单函数列 $\{\varphi_n(x)\mid n\in\mathbf{N}\}$：$0\leqslant\varphi_1(x)\leqslant\varphi_2(x)\leqslant\cdots\leqslant\varphi_n(x)\leqslant\cdots$，使得 $\forall x\in E$，

$$\lim_{n\to\infty} \varphi_n(x) = f(x).$$

定理 2.8 设 $E \in \mathscr{L}(\mathbf{R})$，则 $f(x)$ 是 E 上的可测函数当且仅当 $f(x)$ 可以表示成一列简单函数 $\{\varphi_n(x) \mid n \in \mathbf{N}\}$ 的极限 $f(x) = \lim_{n\to\infty} \varphi_n(x)$.

定义 2.3 设 $E \in \mathscr{L}(\mathbf{R})$，$x_0 \in E$，函数 $f: E \to \mathbf{R}$. 如果 $\forall \varepsilon > 0$，存在 $\delta > 0$，当 $x \in N(x_0, \delta) \bigcap E$ 时，$|f(x) - f(x_0)| < \varepsilon$，则称 $f(x)$ 在点 x_0 处连续. 如果 $f(x)$ 在 E 每一点连续，就称 $f(x)$ **在 E 上连续**. E 上连续函数的全体记为 $C(E)$.

当 x_0 是 E 的孤立点时，$f(x)$ 必定在 x_0 处连续. $f(x)$ 在点 x_0 处连续等价于集 E 中任意一列收敛于 x_0 的点列 $\{x_n \mid n \in \mathbf{N}\}$，有 $\lim_{n\to\infty} f(x_n) = f(x_0)$.

定理 2.9 可测集上的连续函数是可测的.

定理 2.10 (Lusin) 设 $f(x)$ 是 E 上几乎处处有限的可测函数，则 $\forall \varepsilon > 0$，存在闭集 $F_\varepsilon \subset E$，满足 $\mu(E \setminus F_\varepsilon) < \varepsilon$，使得 $f(x)$ 限制在 F_ε 上是连续函数，即 $f \in C(F_\varepsilon)$.

引理 2.2 (Tietze 扩张定理) 设 $F \subset \mathbf{R}$ 是非空闭集. 如果 $f \in C(F)$，则存在 $g \in C(\mathbf{R})$，使得 $g|_F(x) = f(x)$，即 $\forall x \in F$，$g(x) = f(x)$，并且

$$\sup_{x \in \mathbf{R}} |g(x)| = \sup_{x \in F} |f(x)|.$$

推论 设 $f(x)$ 是 E 上几乎处处有限的可测函数，则 $\forall \varepsilon > 0$，存在 $g \in C(\mathbf{R})$，使得 $\mu E[f \neq g] < \varepsilon$，并且 $\sup_{x \in \mathbf{R}} |g(x)| \leqslant \sup_{x \in E} |f(x)|$.

定理 2.11 (Fréchet) 设 $f(x)$ 是可测集 E 上几乎处处有限的函数，则 $f(x)$ 可测当且仅当存在函数列 $\{f_n \mid n \in \mathbf{N}\} \subset C(\mathbf{R})$，使得在 E 上，$f_n(x) \xrightarrow{\text{a.e.}} f(x)$.

定理 2.12 (Egoroff) 设 $E \in \mathscr{L}(\mathbf{R})$，$\mu E < +\infty$. 如果 $f_n(x)$ $(n \in \mathbf{N})$ 和 $f(x)$ 都是 E 上几乎处处有限的可测函数，并且 $\lim_{n\to\infty} f_n(x) \xrightarrow{\text{a.e}} f(x)$，则 $\forall \delta > 0$，存在可测集 $E_\delta \subset E$，满足 $\mu(E \setminus E_\delta) < \delta$，使得在 E_δ 上 $f_n(x)$ 一致收敛到 $f(x)$.

定义 2.4 设 $E \in \mathscr{L}(\mathbf{R})$，$f_n(x)$ $(n \in \mathbf{N})$ 和 $f(x)$ 都是 E 上几乎处处有限的可测函数. 如果 $\forall \varepsilon > 0$，成立 $\lim_{n\to\infty} \mu E[|f_n - f| \geqslant \varepsilon] = 0$，则称 $\{f_n(x)\}$ **依测度收敛于** $f(x)$，记为 $f_n(x) \xrightarrow{\mu} f(x)$.

定理 2.13 (Lebesgue) 设 $E \in \mathscr{L}(\mathbf{R})$，$\mu E < +\infty$. 如果 $f_n(x)$ $(n \in \mathbf{N})$ 和 $f(x)$ 都是 E 上几乎处处有限的可测函数，并且 $\lim_{n\to\infty} f_n(x) \xrightarrow{\text{a.e}} f(x)$，则 $f_n(x) \xrightarrow{\mu} f(x)$.

定理 2.14 (Riesz) 设 $E \in \mathscr{L}(\mathbf{R})$，$\{f_n(x) \mid n \in \mathbf{N}\}$ 是 E 上的一列可测函数. 如果 $f_n(x) \xrightarrow{\mu} f(x)$，则存在 $\{f_n(x)\}$ 的子序列 $\{f_{n_k}(x)\}$，使得 $f_{n_k}(x) \xrightarrow{\text{a.e.}} f(x)$ $(k \to \infty)$.

二、典型问题讨论

问题 1. 简单函数可以用特征函数来线性表示, 所以简单函数是可测函数. 事实上, 设 $f(x)$ 是可测集 E 上的简单函数, 于是

$$f(x) = \sum_{i=1}^{n} c_i \chi_{E_i}(x),$$

其中

$$E_i \in \mathscr{L}(\mathbf{R}) \, (i=1,2,\cdots,n), \quad E_i \bigcap E_j = \varnothing \, (i \neq j), \quad \text{且} \bigcup_{i=1}^{n} E_i = E.$$

由于可测集 $E_i (i=1,2,\cdots,n)$ 上的特征函数是 $\mathbf{R}$ 上的可测函数, 于是根据定理 2.5, $\sum_{i=1}^{n} c_i \chi_{E_i}(x)$ 是 $\mathbf{R}$ 上的可测函数. 再利用定理 2.3(1)可知, $f(x)$ 是可测集 E 上的可测函数.

问题 2. 定理 2.7 的推论 1 可如下证明: 记 $E_0 = \{x \mid x \in E \text{ 且 } f_n(x) \text{ 不收敛到 } f(x)\}$, 则 $\mu E_0 = 0$. 当 $x \in E_1 = E \setminus E_0$ 时, $\lim\limits_{n \to \infty} f_n(x) = f(x)$. 由定理 2.7 知 $f(x)$ 在 E_1 上可测. 而 $f(x)$ 在零测度集 E_0 上可测, 所以由定理 2.3(2)可得, $f(x)$ 是 $E = E_0 \bigcup E_1$ 上的可测函数. 这里的证明与《实变函数与泛函分析(第二版)》(宋叔尼等, 2019)中稍有不同.

问题 3. 设 $f(x)$ 是 $E \in \mathscr{L}(\mathbf{R})$ 上几乎处处有限的可测函数, 记 $\text{supp} f = E[f \neq 0]$, 称为 $f(x)$ 的**支集**. 如果闭包 $\overline{\text{supp} f}$ 是有界的, 则称 $f(x)$ 具有紧支集. 在 Lusin 定理(定理 2.10)的推论中, 如果 $0 < \mu(\text{supp} f) < +\infty$, 则可取 $g(x)$ 具有紧支集. 事实上, $\forall \varepsilon > 0$, 当 $\varepsilon < \mu(\text{supp} f)$ 时, 由定理 1.25(测度的介值定理), 存在有界可测集 $E_\varepsilon \subset \text{supp} f$, 使得 $\mu(E_\varepsilon) = \mu(\text{supp} f) - \dfrac{\varepsilon}{3}$. 根据 Lusin 定理, 存在闭集 F_ε 满足 $F_\varepsilon \subset E_\varepsilon$, $\mu(E_\varepsilon \setminus F_\varepsilon) < \dfrac{\varepsilon}{3}$, 并且 $f \in C(F_\varepsilon)$. 由第 1 章习题的第 26 题, 存在有界开集 G_ε, 满足 $G_\varepsilon \supset F_\varepsilon$, $\mu(G_\varepsilon \setminus F_\varepsilon) < \dfrac{\varepsilon}{3}$. 定义

$$\varphi(x) = \begin{cases} f(x), & x \in F_\varepsilon, \\ 0, & x \in G_\varepsilon^C. \end{cases}$$

于是 $\varphi \in C\left(F_\varepsilon \bigcup G_\varepsilon^C\right)$. 根据引理 2.2, 存在 $g \in C(\mathbf{R})$, 使得 $g\big|_{F_\varepsilon \bigcup G_\varepsilon^C}(x) = \varphi(x)$, 并且

$$\sup_{x\in\mathbf{R}}|g(x)| = \sup_{x\in F_\varepsilon\cup G_\varepsilon^C}|\varphi(x)| = \sup_{x\in F_\varepsilon}|\varphi(x)| = \sup_{x\in F_\varepsilon}|f(x)| \leqslant \sup_{x\in E_\varepsilon}|f(x)| \leqslant \sup_{x\in E}|f(x)|.$$

显然 $\operatorname{supp} g \subset \overline{G_\varepsilon}$, 并且 $E[f \neq g] \subset (E_\varepsilon \setminus F_\varepsilon) \cup (\operatorname{supp} f \setminus E_\varepsilon) \cup (G_\varepsilon \setminus \operatorname{supp} f)$, 从前面的结果可得 $\mu E[f \neq g] < \varepsilon$.

问题 4. 定理 2.11 的证明: 如果 $f(x)$ 是可测函数, 由 Lusin 定理的推论可知, $\forall n \in \mathbf{N}$, 存在 $f_n \in C(\mathbf{R})$, 使得 $\mu E[f \neq f_n] < 2^{-n}$. 令

$$A = \varlimsup_{n\to\infty} E[f \neq f_n] = \bigcap_{n=1}^{\infty}\bigcup_{k=n}^{\infty} E[f \neq f_k],$$

因为

$$\mu\left(\bigcup_{k=1}^{\infty} E[f \neq f_k]\right) \leqslant \sum_{k=1}^{\infty}\mu E[f \neq f_k] \leqslant \sum_{k=1}^{\infty}\frac{1}{2^k} = 1,$$

应用第 1 章习题的第 34 题(4), $\mu A = 0$. 又因为

$$E \setminus A = E \setminus \left(\bigcap_{n=1}^{\infty}\bigcup_{k=n}^{\infty} E[f \neq f_k]\right) = \bigcup_{n=1}^{\infty}\bigcap_{k=n}^{\infty} E[f = f_k] = \varliminf_{n\to\infty} E[f = f_n],$$

即 $\forall x \in E \setminus A$, 存在 $n_0 \in \mathbf{N}$, 使得当 $n \geqslant n_0$ 时, $f_n(x) = f(x)$, 所以在 $E \setminus A$ 上,

$$f_n(x) \to f(x) \quad (n \to \infty).$$

从而当 $n \to \infty$ 时, $f_n(x) \overset{\text{a.e.}}{\to} f(x)$.

反之, 设存在函数列 $\{f_n\} \subset C(\mathbf{R})$, 使得在 E 上, $f_n(x) \overset{\text{a.e.}}{\to} f(x)$. 由于 $f_n(x)$ 在 E 上也是连续的, 从而可测, 于是根据定理 2.7 的推论 1 知, $f(x)$ 是 E 上的可测函数.

注 在证明过程中也可由测度的单调性和次可加性,

$$\mu A = \mu\left(\varlimsup_{n\to\infty} E[f \neq f_n]\right) = \mu\left(\bigcap_{n=1}^{\infty}\bigcup_{k=n}^{\infty} E[f \neq f_k]\right)$$

$$\leqslant \mu\left(\bigcup_{k=n}^{\infty} E[f \neq f_k]\right) \leqslant \sum_{k=n}^{\infty}\mu E[f \neq f_k] \leqslant \sum_{k=n}^{\infty}\frac{1}{2^k} \to 0 \quad (n \to \infty),$$

即可得 $\mu A = 0$. 或者由于 $\mu E[f \neq f_n] < 2^{-n}\ (\forall n \in \mathbf{N})$, 从测度的上连续性和次可加性得到

$$\mu A = \mu\left(\bigcap_{n=1}^{\infty}\bigcup_{k=n}^{\infty} E[f \neq f_k]\right) = \lim_{n\to\infty}\mu\left(\bigcup_{k=n}^{\infty} E[f \neq f_k]\right)$$

$$\leqslant \lim_{n\to\infty}\sum_{k=n}^{\infty}\mu E[f \neq f_k] \leqslant \lim_{n\to\infty}\sum_{k=n}^{\infty} 2^{-k} = 0.$$

问题 5. Egoroff 定理的结论不能改成: 存在可测集 $E_0 \subset E$, 满足 $\mu(E \setminus E_0) = 0$, 使得在 E_0 上 $f_n(x)$ 一致收敛到 $f(x)$. 例如, 考虑函数列 $f_n(x) = x^n$ ($0 \leqslant x \leqslant 1$), 对任意的可测集 $E_0 \subset E = [0,1]$, 如果 $\mu(E \setminus E_0) = 0$, 有 $\sup\limits_{x \in E_0} |f_n(x)| = 1$. 事实上, 因为 $\mu(E \setminus E_0) = 0$, 所以对任意正整数 $m > 1$, $\left(1 - \dfrac{1}{m}, 1\right) \bigcap E_0 \neq \varnothing$. 否则存在正整数 $m_0 > 1$, 使得 $\left(1 - \dfrac{1}{m_0}, 1\right) \subset E \setminus E_0$, 从而 $\mu(E \setminus E_0) \geqslant \dfrac{1}{m_0}$, 矛盾. 因此对任意正整数 $m > 1$, 取 $x_m \in \left(1 - \dfrac{1}{m}, 1\right) \bigcap E_0$, 而 $f_n(x_m) = x_m^n \to 1 (m \to \infty)$, 故 $\sup\limits_{x \in E_0} |f_n(x)| = 1$.

问题 6. 定理 2.14 的证明: 因为 $f_n(x) \xrightarrow{\mu} f(x)$, 于是 $\forall \varepsilon > 0$, 有

$$\lim_{n \to \infty} \mu E\big[|f_n - f| \geqslant \varepsilon\big] = 0.$$

从而 $\forall k \in \mathbf{N}$, 存在 $n_k \in \mathbf{N}$, 使得 $n_1 < n_2 < n_3 < \cdots$, 并且

$$\mu E\left[|f_{n_k} - f| \geqslant \frac{1}{2^k}\right] < \frac{1}{2^k}, \quad \forall k \in \mathbf{N}.$$

令

$$E_k = E\left[|f_{n_k} - f| \geqslant \frac{1}{2^k}\right] \quad (k \in \mathbf{N}),$$

于是

$$\sum_{k=1}^{\infty} \mu E_k = \sum_{k=1}^{\infty} \mu\left(E\left[|f_{n_k} - f| \geqslant \frac{1}{2^k}\right]\right) \leqslant \sum_{k=1}^{\infty} \frac{1}{2^k} = 1,$$

应用第 1 章习题的第 34 题(4), $\mu\left(\varlimsup\limits_{k \to \infty} E_k\right) = 0$. 因为 $\forall x \in E \setminus \left(\varlimsup\limits_{k \to \infty} E_k\right)$, 存在 $k_0 \in \mathbf{N}$, 使得

$$x \notin \bigcup_{i=k_0}^{\infty} E\left[|f_{n_i} - f| \geqslant \frac{1}{2^i}\right],$$

所以当 $k \geqslant k_0$ 时,

$$x \notin E\left[|f_{n_k} - f| \geqslant \frac{1}{2^k}\right],$$

即当 $k \geqslant k_0$ 时,

$$\left| f_{n_k}(x) - f(x) \right| < \frac{1}{2^k} \to 0 \quad (k \to \infty).$$

因此在 $E \setminus \left(\overline{\lim\limits_{k \to \infty}} E_k \right)$ 上，$f_{n_k}(x)$ 收敛于 $f(x)$，即 $f_{n_k}(x) \xrightarrow{\text{a.e.}} f(x)(k \to \infty)$.

注　在证明过程中，也可由测度的单调性和次可加性，

$$\mu\left(\overline{\lim\limits_{k \to \infty}} E_k \right) = \mu\left(\bigcap_{k=1}^{\infty} \bigcup_{i=k}^{\infty} E\left[\left| f_{n_i} - f \right| \ge \frac{1}{2^i} \right] \right) \le \mu\left(\bigcup_{i=k}^{\infty} E\left[\left| f_{n_i} - f \right| \ge \frac{1}{2^i} \right] \right)$$

$$\le \sum_{i=k}^{\infty} \mu E\left[\left| f_{n_i} - f \right| \ge \frac{1}{2^i} \right] \le \sum_{i=k}^{\infty} \frac{1}{2^i} \to 0 \quad (i \to \infty),$$

可得 $\mu\left(\overline{\lim\limits_{k \to \infty}} E_k \right) = 0$. 或者，由于 $\mu(E_k) < \frac{1}{2^k} (\forall k \in \mathbf{N})$，使用测度的上连续性和次可加性，

$$\mu\left(\overline{\lim\limits_{k \to \infty}} E_k \right) = \mu\left(\bigcap_{k=1}^{\infty} \bigcup_{i=k}^{\infty} E\left[\left| f_{n_i} - f \right| \ge \frac{1}{2^i} \right] \right) = \lim_{k \to \infty} \mu\left(\bigcup_{i=k}^{\infty} E\left[\left| f_{n_i} - f \right| \ge \frac{1}{2^i} \right] \right)$$

$$\le \sum_{i=k}^{\infty} \mu E\left[\left| f_{n_i} - f \right| \ge \frac{1}{2^i} \right] \le \sum_{i=k}^{\infty} \frac{1}{2^i} \to 0 \quad (k \to \infty).$$

三、习题详解与精析

1. 设 $\varphi_k(x) \ (k = 1, 2, 3, \cdots, n)$ 都是可测集 E 上的简单函数，证明

$$\psi(x) = \max_{1 \le k \le n} \left\{ \varphi_k(x) \right\}, \quad \gamma(x) = \min_{1 \le k \le n} \left\{ \varphi_k(x) \right\}$$

都是 E 上的简单函数.

解　当 $n = 2$ 时，设

$$\varphi_1(x) = \sum_{i=1}^{m_1} a_i \chi_{A_i}(x), \quad E = \bigcup_{i=1}^{m_1} A_i, \quad A_i \cap A_p = \varnothing \ (i \ne p);$$

$$\varphi_2(x) = \sum_{j=1}^{m_2} b_j \chi_{B_j}(x), \quad E = \bigcup_{j=1}^{m_2} B_j, \quad B_j \cap B_q = \varnothing \ (j \ne q).$$

显然

$$E = \left(\bigcup_{i=1}^{m_1} A_i \right) \cap \left(\bigcup_{j=1}^{m_2} B_j \right) = \bigcup_{i=1}^{m_1} \bigcup_{j=1}^{m_2} (A_i \cap B_j),$$

其中 $\left\{ A_i \cap B_j \mid i = 1, 2, 3, \cdots, m_1; j = 1, 2, 3, \cdots, m_2 \right\}$ 是 $m_1 \times m_2$ 个互不相交的可测集.
因为

$$\max\left\{\varphi_1(x),\varphi_2(x)\right\}=\max\left\{\sum_{i=1}^{m_1}a_i\chi_{A_i}(x),\sum_{j=1}^{m_2}b_j\chi_{B_j}(x)\right\}$$

$$=\max\left\{\sum_{i=1}^{m_1}\sum_{j=1}^{m_2}a_i\chi_{A_i\cap B_j}(x),\sum_{i=1}^{m_1}\sum_{j=1}^{m_2}b_j\chi_{A_i\cap B_j}(x)\right\}=\sum_{i=1}^{m_1}\sum_{j=1}^{m_2}\max\left\{a_i,b_j\right\}\chi_{A_i\cap B_j}(x),$$

所以 $\max\left\{\varphi_1(x),\varphi_2(x)\right\}$ 是 E 上的简单函数. 归纳假设 $\max_{1\leqslant k\leqslant n-1}\left\{\varphi_k(x)\right\}$ 是 E 上的简单函数. 由于

$$\psi(x)=\max_{1\leqslant k\leqslant n}\left\{\varphi_k(x)\right\}=\left\{\max_{1\leqslant k\leqslant n-1}\left\{\varphi_k(x)\right\},\varphi_n(x)\right\},$$

故 $\psi(x)=\max_{1\leqslant k\leqslant n}\left\{\varphi_k(x)\right\}$ 是 E 上的简单函数.

同理可得 $\gamma(x)=\min_{1\leqslant k\leqslant n}\left\{\varphi_k(x)\right\}$ 是 E 上的简单函数.

注 设 $f(x)$ 是 $\mathbf{R}$ 上的实函数, $g(x)$ 是 E 上的简单函数, 那么 $f(g(x))$ 是 E 上的简单函数. 事实上, 设 $g(x)=\sum_{i=1}^{n}a_i\chi_{A_i}(x)$, $E=\bigcup_{i=1}^{n}A_i$, $A_i\cap A_j=\varnothing\,(i\neq j)$, 于是当 $x\in A_i$ 时, $f(g(x))=f(a_i)$, 故

$$f(g(x))=f\left(\sum_{i=1}^{n}a_i\chi_{A_i}(x)\right)=\sum_{i=1}^{n}f(a_i)\chi_{A_i}(x).$$

2. 设 $E\in\mathscr{L}(\mathbf{R})$, 证明 $f(x)$ 是 E 上可测函数的充要条件是 $\forall r\in\mathbf{Q}$, 集合 $E[f>r]$ 是可测集.

证明 根据可测函数的定义, 必要性显然.

反之, $\forall c\in\mathbf{R}$, 存在数列 $\{r_n\}\subset\mathbf{Q}$, 使得 $r_n>c$, $r_n\to c$ (实际上可取 $\{r_n\}$ 为所有大于 c 的有理数). 于是

$$E[f>c]=\bigcup_{n=1}^{\infty}E[f>r_n].$$

而 $E[f>r_n]$ 是可测集, 故 $E[f>c]$ 是可测集, 即 $f(x)$ 是 E 上的可测函数.

注 在此题的证明中, 也可以取数列 $\{r_n\}\subset\mathbf{Q}$, 使得 $r_n<c$, $r_n\to c$. 于是有

$$E[f\geqslant c]=\bigcap_{n=1}^{\infty}E[f>r_n].$$

3. 设 $f(x)$ 和 $g(x)$ 都是 E 上的可测函数, 证明集合 $E[f\neq g]$ 是可测集.

证明 根据 $E[f\neq g]=E[f>g]\bigcup E[f<g]=E[f-g>0]\bigcup E[f-g<0]$ 即可得结论.

4. 设 $f(x)$ 是 E 上的可测函数, G 和 F 分别是 $\mathbf{R}$ 中的开集和闭集, 证明

$f^{-1}(G)$ 和 $f^{-1}(F)$ 都是可测集; 反之, 如果对 $\mathbf{R}$ 中的任意开集 G(或任意闭集 F), $f^{-1}(G)$(或 $f^{-1}(F)$)与 $E[f=+\infty]$ 都是可测集, 证明 $f(x)$ 是 E 上的可测函数.

证明 因为 G 是 $\mathbf{R}$ 中的开集, 所以可设 $G=\bigcup\limits_{n=1}^{\infty}(\alpha_n,\beta_n)$, 其中 $\{(\alpha_n,\beta_n)\}$ 是 G 的构成区间. 如果 $\alpha_n=-\infty,\beta_n=+\infty$, 则其他的区间实际上是空集, 并且 $f^{-1}(\alpha_n,\beta_n)=\mathbf{R}$ 是可测集; 如果 $-\infty=\alpha_n<\beta_n<+\infty$, 则 $f^{-1}(\alpha_n,\beta_n)=E[f<\beta_n]$ 是可测集; 如果 $-\infty<\alpha_n<\beta_n=+\infty$, 则 $f^{-1}(\alpha_n,\beta_n)=E[f>\alpha_n]$ 是可测集; 如果 $-\infty<\alpha_n<\beta_n<+\infty$, 则 $f^{-1}(\alpha_n,\beta_n)=E[f>\alpha_n]\backslash E[f\geqslant\beta_n]$ 是可测集. 因此

$$f^{-1}(G)=\bigcup_{n=1}^{\infty}f^{-1}(\alpha_n,\beta_n)$$

是可测集. 因为 F 是 $\mathbf{R}$ 中的闭集, 所以 F^C 是开集, 于是根据前面的结论可知, $f^{-1}(F^C)=(f^{-1}(F))^C$ 是可测集, 从而 $f^{-1}(F)$ 是可测集.

反之, 如果对于 $\mathbf{R}$ 中的任意开集 G, $f^{-1}(G)$ 与 $E[f=+\infty]$ 都是可测集, 则 $\forall c\in\mathbf{R}$, $E[f>c]=(f^{-1}(c,+\infty))\bigcup(E[f=+\infty])$ 是可测集, 故 $f(x)$ 是 E 上的可测函数. 如果对 $\mathbf{R}$ 中的任意闭集 F, $f^{-1}(F)$ 与 $E[f=+\infty]$ 都是可测集, 那么对于 $\mathbf{R}$ 中的任意开集 G, 由于 G^C 是闭集, 于是 $f^{-1}(G^C)=(f^{-1}(G))^C$ 是可测集, 从而 $f^{-1}(G)$ 是可测集, 从前面已经证明的结论可知, $f(x)$ 是 E 上的可测函数.

注 对于 G_δ 和 F_σ 型集, 此题的结论也成立, 即: 设 $f(x)$ 是 E 上的可测函数, G 和 F 分别是 $\mathbf{R}$ 中的 G_δ 和 F_σ 型集, 那么 $f^{-1}(G)$ 和 $f^{-1}(F)$ 都是可测集; 反之, 如果对 $\mathbf{R}$ 中的任意 G_δ 型集 G(或任意 F_σ 型集), $f^{-1}(G)$(或 $f^{-1}(F)$)与 $E[f=+\infty]$ 都是可测集, 那么 $f(x)$ 是 E 上的可测函数.

事实上, 如果 G 和 F 分别是 $\mathbf{R}$ 中的 G_δ 和 F_σ 型集, 则

$$G=\bigcap_{n=1}^{\infty}G_n,\quad F=\bigcup_{n=1}^{\infty}F_n,$$

其中 G_n 和 F_n 分别是开集和闭集. 当 $f(x)$ 是 E 上的可测函数时, 本章习题的第 4 题已经证明 $f^{-1}(G_n)$ 和 $f^{-1}(F_n)$ 都是可测集, 而

$$f^{-1}(G)=f^{-1}\left(\bigcap_{n=1}^{\infty}G_n\right)=\bigcap_{n=1}^{\infty}f^{-1}(G_n),\quad f^{-1}(F)=f^{-1}\left(\bigcup_{n=1}^{\infty}F_n\right)=\bigcup_{n=1}^{\infty}f^{-1}(F_n),$$

从而 $f^{-1}(G)$ 和 $f^{-1}(F)$ 都是可测集. 反之, 如果 G 和 F 分别是 $\mathbf{R}$ 中的开集和闭集,

那么它们本身分别是 G_δ 和 F_σ 型集, 于是 $f^{-1}(G)$ (或 $f^{-1}(F)$)是可测集, 再由第 4 题可知, $f(x)$ 是 E 上的可测函数.

5. 设 $R(x)$ 是 $(0,1]$ 上的 Riemann 函数, 即对 $x \in (0,1]$,

$$R(x) = \begin{cases} \dfrac{1}{n}, & x = \dfrac{m}{n}, \\ 0, & x\text{ 为无理数}, \end{cases}$$

习题5详解视频

其中 m 和 n 为互质的正整数且 $m \leqslant n$. 证明 $R(x)$ 是 $(0,1]$ 上的可测函数.

证明　（方法一）记 $E = (0,1]$, 于是 $\forall c \in \mathbf{R}$, 当 $c \geqslant 1$ 时, $E[R > c] = \varnothing$ 是可测集; 当 $0 \leqslant c < 1$ 时, $E[R > c] \subset \mathbf{Q}$ 是零测度集; 当 $c < 0$ 时, $E[R > c] = E$ 是可测集. 从而 $R(x)$ 是 $(0,1]$ 上可测函数.

（方法二）实际上, 函数 $R(x)$ 在 $(0,1]$ 中的有理数点之外均为 0, 于是 $R(x) \overset{\text{a.e.}}{=} 0$, 利用定理 2.6 和定理 2.9 可知, $R(x)$ 是 $(0,1]$ 上的可测函数.

注　根据数学分析中的知识可知, 函数 $R(x)$ 在 $(0,1]$ 的无理数点处连续, 在 $(0,1]$ 的有理数点处不连续. 虽然 Riemann 函数有无穷多的不连续点, 但是 $R(x)$ 在 $(0,1]$ 上 Riemann 可积, 并且积分值为 0.

6. 设 $f(x)$ 是定义在 $\mathbf{R}$ 上的实函数. 如果 $f^2(x)$ 是可测函数, 并且 $\mathbf{R}[f > 0]$ 是可测集, 证明 $f(x)$ 是可测函数.

证明　$\forall c \in \mathbf{R}$, 当 $c = 0$ 时, 已知 $\mathbf{R}[f > 0]$ 是可测集; 由于 $f^2(x)$ 是可测函数, 从而当 $c > 0$ 时,

$$\mathbf{R}[f > c] = \mathbf{R}[f > 0] \setminus \mathbf{R}\left[f^2 \leqslant c^2 \right]$$

是可测集; 另外, 当 $c < 0$ 时,

$$\mathbf{R}[f > c] = \mathbf{R}[f > 0] \bigcup \mathbf{R}\left[f^2 < c^2 \right]$$

也是可测集. 从而 $f(x)$ 是可测函数.

7. 设 $f(x)$ 是定义在 $[a,b]$ 上的实函数. 如果对任意区间 $[c,d] \subset (a,b)$, $f(x)$ 在 $[c,d]$ 可测, 证明 $f(x)$ 是 $[a,b]$ 上的可测函数.

证明　因为

$$(a,b) = \bigcup_{n=1}^{\infty} \left[a + \frac{1}{n}, b - \frac{1}{n} \right],$$

而 $f(x)$ 在 $\left[a + \dfrac{1}{n}, b - \dfrac{1}{n} \right]$ $(n \in \mathbf{N})$ 上可测, 不妨设 $\left[a + \dfrac{1}{n}, b - \dfrac{1}{n} \right]$ 均不是空集, 根据定理 2.3(2)可知, $f(x)$ 是 (a,b) 上的可测函数. 而有限集合 $\{a,b\}$ 是零测度集, 故 $f(x)$ 是 $\{a,b\}$ 上的可测函数. 因此 $f(x)$ 是 $[a,b]$ 上的可测函数.

8. 设 $f(x)$ 在 $\mathbf{R}$ 上连续或单调, $g(x)$ 是 E 上几乎处处有限的可测函数, 证明 $f(g(x))$ 是 E 上的可测函数.

证明 首先考虑 $f(x)$ 在 $\mathbf{R}$ 上连续, 不妨设 $g(x)$ 在 E 上处处有限. 由于 $g(x)$ 是可测函数, 根据定理 2.8, 存在 E 上的简单函数列 $\{\varphi_n(x)\}$, 使得 $\varphi_n(x) \to g(x)$. 于是从 $f(x)$ 的连续性可知, $f(\varphi_n(x)) \to f(g(x))$. 而从本章习题第 1 题的注又可知

习题8详解视频

$\{f(\varphi_n(x))\}$ 是简单函数列, 再用定理 2.8 即得, $f(g(x))$ 是 E 上的可测函数. 或者, 由于 $\forall c \in \mathbf{R}$, $E[f \circ g > c] = g^{-1}\left(f^{-1}(c, +\infty)\right)$, 根据定理 1.18, $f^{-1}(c, +\infty)$ 是 $\mathbf{R}$ 中的开集, 故从本章习题第 4 题的结论可知, $E[f \circ g > c]$ 是可测集, 即得 $f(g(x))$ 是 E 上的可测函数.

其次不妨考虑 $f(x)$ 在 $\mathbf{R}$ 上单调增加, $g(x)$ 在 E 上处处有限. $\forall c \in \mathbf{R}$, 如果 $E[f \circ g > c] \neq \varnothing$, 令 $b = \inf\{y \in \mathbf{R} \mid f(y) > c\} \geqslant -\infty$.

(1) 若 $b \in \{y \in \mathbf{R} \mid f(y) > c\}$, 那么 $E[f \circ g > c] = E[g \geqslant b]$. 事实上, 对于任意的 $x \in E[f \circ g > c]$, $f(g(x)) > c$, 于是 $g(x) \in \{y \in \mathbf{R} \mid f(y) > c\}$, 从而 $g(x) \geqslant b$ (下确界), 即 $x \in E[g \geqslant b]$. 反之, 若 $x \in E[g \geqslant b]$, 那么 $g(x) \geqslant b$, 由 $f(x)$ 的单调性, $f(g(x)) \geqslant f(b) > c$.

(2) 若 $b \notin \{y \in \mathbf{R} \mid f(y) > c\}$ (包括了 $b = -\infty$), 那么 $E[f \circ g > c] = E[g > b]$. 事实上, 对于任意的 $x \in E[f \circ g > c]$, $f(g(x)) > c$, $g(x) \in \{y \in \mathbf{R} \mid f(y) > c\}$, 从而 $g(x) > b$. 反之, 若 $x \in E[g > b]$, 那么 $g(x) > b$. 由下确界的定义, 存在 $y_1 \in \{y \in \mathbf{R} \mid f(y) > c\}$, 使得 $g(x) > y_1$, 由 $f(x)$ 的单调性, $f(g(x)) \geqslant f(y_1) > c$.

总之, $E[f \circ g > c]$ 是可测集, 故 $f(g(x))$ 是 E 上的可测函数.

注 由本题可知, $|g(x)|^p$ $(p > 0)$ 是 E 上的可测函数. 泛函分析中需要这个结论. 另外, 如果 $f(x)$ 是 $\mathbf{R}$ 上几乎处处有限的可测函数, $g(x)$ 在 E 上连续或单调, 但是 $f(g(x))$ 不一定是 E 上的可测函数, 可参考汪林的《实分析中的反例》.

9. 设 $E \in \mathscr{L}(\mathbf{R})$, $f: E \times [a, b] \to \mathbf{R}$. 如果函数 $f(x, y)$ 关于 x 可测, 关于 y 连续, 证明 $\varphi(x) = \max\limits_{a \leqslant y \leqslant b} f(x, y)$ 是 E 上的可测函数.

证明 (方法一) 设 $\{y_n\}$ 是 $[a, b]$ 中的有理数集, 记 $g_n(x) = f(x, y_n)$, 则 $\{g_n(x)\}$ 为可测函数列. 同时 $\forall c \in \mathbf{R}$,

$$E[\varphi \leqslant c] = \bigcap_{n=1}^{\infty} E[g_n \leqslant c]$$

成立. 事实上, 当 $x \in E[\varphi \leqslant c]$ 时, $\max\limits_{a \leqslant y \leqslant b} f(x, y) \leqslant c$, 故 $g_n(x) \leqslant c (\forall n \in \mathbf{N})$. 反

之，当 $x \in \bigcap\limits_{n=1}^{\infty} E[g_n \leqslant c]$ 时，$\forall n \in \mathbf{N}$，$f(x, y_n) \leqslant c$. 对任意的 $y \in [a, b]$，存在子列 $\{y_{n_k}\}$ 满足 $y_{n_k} \to y$，在 $f(x, y_{n_k}) \leqslant c$ 中，令 $k \to \infty$，由 $f(x, y)$ 关于 y 连续可得，$f(x, y) \leqslant c$，$\forall y \in [a, b]$，故 $\varphi(x) \leqslant c$.

(方法二) 设 $\{y_n\}$ 是 $[a, b]$ 中的有理数集，记 $g_n(x) = f(x, y_n)$，则 $\{g_n(x)\}$ 为可测函数列. 于是 $\varphi(x) = \max\limits_{a \leqslant y \leqslant b} f(x, y) = \sup\limits_n g_n(x)$. 事实上，对于 $x \in E$，$\forall n \in \mathbf{N}$，$\max\limits_{a \leqslant y \leqslant b} f(x, y) \geqslant g_n(x)$. 另外，存在 $y_0 \in [a, b]$，使得 $\max\limits_{a \leqslant y \leqslant b} f(x, y) = f(x, y_0)$. 于是存在子列 $\{y_{n_k}\}$ 满足 $y_{n_k} \to y_0$，从而 $\lim\limits_{k \to \infty} g_{n_k}(x) = f(x, y_0)$. 故 $\forall \varepsilon > 0$，存在 k_0，使得 $g_{n_{k_0}}(x) > f(x, y_0) - \varepsilon$，这说明 $\varphi(x) = f(x, y_0) = \sup\limits_n g_n(x)$. 最后由定理 2.7 可知 $\varphi(x)$ 是 E 上的可测函数.

注　类似地可讨论 $\psi(x) = \min\limits_{a \leqslant y \leqslant b} f(x, y)$.

10. 设 $f(x)$ 是可测集 E 上几乎处处有限的函数. 如果 $\forall \varepsilon > 0$，存在 $g \in C(E)$，使得 $\mu E[f \neq g] < \varepsilon$，证明 $f(x)$ 是 E 上的可测函数.

证明　$\forall n \in \mathbf{N}$，存在 $g_n \in C(E)$，使得 $\mu E[f \neq g_n] < \dfrac{1}{n}$. 记 $E_n = E[f \neq g_n]$ 以及 $A = \bigcap\limits_{n=1}^{\infty} E_n$，$B_n = E \setminus E_n$，$B = \bigcup\limits_{n=1}^{\infty} B_n = E \setminus \left(\bigcap\limits_{n=1}^{\infty} E_n \right)$. 故 $E = A \cup B$，$\mu A \leqslant \mu(E_n) < \dfrac{1}{n}$，从而 $\mu A = 0$. 而 $\forall c \in \mathbf{R}$，

$$B[f > c] = \bigcup\limits_{n=1}^{\infty} B_n[f > c] = \bigcup\limits_{n=1}^{\infty} B_n[g_n > c]$$

是可测集，于是 $E[f > c] = A[f > c] \cup B[f > c]$ 是可测集，故 $f(x)$ 是 E 上的可测函数.

注　本题实际上是 Lusin 定理推论的逆命题.

11. 设 $f(x)$ 是 E 上几乎处处有限的可测函数，$\mu E < +\infty$，证明 $\forall \varepsilon > 0$，存在有界的可测函数 $g(x)$，使得 $\mu E[f \neq g] < \varepsilon$.

证明　$\forall n \in \mathbf{N}$，记 $E_n = E\big[|f| > n\big]$，$A = E\big[|f| = +\infty\big]$，则 $\{E_n\}$ 是单调递减的集列，并且 $A = \bigcap\limits_{n=1}^{\infty} E_n = \lim\limits_{n \to \infty} E_n$. 由 $\mu E < +\infty$ 和测度的上连续性，$\lim\limits_{n \to \infty} \mu(E_n) = \mu A = 0$. 于是 $\forall \varepsilon > 0$，存在 $n_0 \in \mathbf{N}$，使得 $\mu\left(E_{n_0}\right) < \varepsilon$. 令 $g(x) = f(x) \chi_{E \setminus E_{n_0}}(x)$，即

$$g(x) = \begin{cases} f(x), & x \in E \setminus E_{n_0}, \\ 0, & x \in E_{n_0}, \end{cases}$$

故 $g(x)$ 是可测函数, 并且 $|g(x)| \leqslant n_0$, $E[f \neq g] \subset E_{n_0}$, 从而 $\mu E[f \neq g] < \varepsilon$.

12. 设 $f(x)$ 和 $f_n(x)$ $(n \in \mathbf{N})$ 都是 E 上的函数, k 是正整数, 证明 E 中使 $f_n(x)$ 收敛于 $f(x)$ 的点集可以表示为

$$\bigcap_{k=1}^{\infty} \varliminf_{n \to \infty} E\left[|f_n - f| < \frac{1}{k}\right].$$

证明　设 $x \in E$ 是 $f_n(x)$ 收敛于 $f(x)$ 的点, 则 $\forall k \in \mathbf{N}$, 存在 $N \in \mathbf{N}$, 使得当 $n \geqslant N$ 时, $|f_n(x) - f(x)| < \frac{1}{k}$, 故根据定理 1.3, $x \in \varliminf_{n \to \infty} E\left[|f_n - f| < \frac{1}{k}\right] (\forall k \in \mathbf{N})$, 从而 $x \in \bigcap_{k=1}^{\infty} \varliminf_{n \to \infty} E\left[|f_n - f| < \frac{1}{k}\right]$.

反之, 设 $x \in \bigcap_{k=1}^{\infty} \varliminf_{n \to \infty} E\left[|f_n - f| < \frac{1}{k}\right]$, 则 $\forall k \in \mathbf{N}$, $x \in \varliminf_{n \to \infty} E\left[|f_n - f| < \frac{1}{k}\right]$. 因为 $\forall \varepsilon > 0$, 存在 $k \in \mathbf{N}$ 使得 $\frac{1}{k} < \varepsilon$, 根据定理 1.3, 存在 $N \in \mathbf{N}$, 使得当 $n \geqslant N$ 时, $|f_n(x) - f(x)| < \frac{1}{k} < \varepsilon$, 并且 $x \in E$. 可见 $x \in E$ 是 $f_n(x)$ 收敛于 $f(x)$ 的点.

注　E 中使 $f_n(x)$ 不收敛于 $f(x)$ 的点集可以表示为

$$\bigcup_{k=1}^{\infty} \varlimsup_{n \to \infty} E\left[|f_n - f| \geqslant \frac{1}{k}\right].$$

事实上, 根据定理 1.2 的推论,

$$E \setminus \left(\bigcap_{k=1}^{\infty} \varliminf_{n \to \infty} E\left[|f_n - f| < \frac{1}{k}\right]\right) = \bigcup_{k=1}^{\infty} \left(E \setminus \left(\varliminf_{n \to \infty} E\left[|f_n - f| < \frac{1}{k}\right]\right)\right)$$

$$= \bigcup_{k=1}^{\infty} \left(E \setminus \left(\bigcup_{n=1}^{\infty} \bigcap_{m=n}^{\infty} E\left[|f_m - f| < \frac{1}{k}\right]\right)\right) = \bigcup_{k=1}^{\infty} \bigcap_{n=1}^{\infty} \left(E \setminus \left(\bigcap_{m=n}^{\infty} E\left[|f_m - f| < \frac{1}{k}\right]\right)\right)$$

$$= \bigcup_{k=1}^{\infty} \bigcap_{n=1}^{\infty} \bigcup_{m=n}^{\infty} \left(E \setminus E\left[|f_m - f| < \frac{1}{k}\right]\right) = \bigcup_{k=1}^{\infty} \bigcap_{n=1}^{\infty} \bigcup_{m=n}^{\infty} E\left[|f_m - f| \geqslant \frac{1}{k}\right]$$

$$= \bigcup_{k=1}^{\infty} \left(\bigcap_{n=1}^{\infty} \bigcup_{m=n}^{\infty} E\left[|f_m - f| \geqslant \frac{1}{k}\right]\right) = \bigcup_{k=1}^{\infty} \varlimsup_{n \to \infty} E\left[|f_n - f| \geqslant \frac{1}{k}\right].$$

13. 设 $\{f_n(x) \mid n \in \mathbf{N}\}$ 是 E 上的可测函数列, 证明它的收敛点集和发散点集都是可测集合.

证明 根据 Cauchy 收敛原理, 其收敛点集为

$$\bigcap_{k=1}^{\infty}\left(\bigcup_{N=1}^{\infty}\bigcap_{n,m=N}^{\infty}E\left[|f_n-f_m|<\frac{1}{k}\right]\right)=\bigcap_{k=1}^{\infty}\left(\bigcup_{N=N}^{\infty}\left(\bigcap_{n=N}^{\infty}\bigcap_{m=N}^{\infty}E\left[|f_n-f_m|<\frac{1}{k}\right]\right)\right),$$

它是可测集合. 类似于本章习题第 12 题注的方法, 可知发散点集也是可测集合.

14. 设函数 $f(x)$ 在 $[a,b]$ 上可微, 证明 $f'(x)$ 是 $[a,b]$ 上的可测函数.

证明 因为 $f(x)$ 在 $[a,b]$ 上可微, 所以 $f(x)$ 在 $[a,b]$ 上连续, 故 $f(x)$ 在 $[a,b]$ 上可测, 而且 $f\left(x+\dfrac{1}{n}\right)$ 在 $\left[a,b-\dfrac{1}{n}\right]\left(n>\dfrac{1}{b-a}\right)$ 上可测. 令

$$\varphi_n(x)=\frac{f\left(x+\dfrac{1}{n}\right)-f(x)}{\dfrac{1}{n}},$$

则对任意正整数 $n_0>\dfrac{1}{b-a}$, 当 $n\geqslant n_0$ 时, $\varphi_n(x)$ 在 $\left[a,b-\dfrac{1}{n_0}\right]$ 上可测, 并且有

$\lim\limits_{n\to\infty}\varphi_n(x)=f'(x)$. 从定理 2.7 可知, $f'(x)$ 在 $\left[a,b-\dfrac{1}{n_0}\right]$ 上可测, 于是根据定理

2.3, $f'(x)$ 在 $\bigcup\limits_{n=n_0}^{\infty}\left[a,b-\dfrac{1}{n}\right]=[a,b)$ 上可测. 而单点集 $\{b\}$ 是零测度集, 因此 $f'(x)$ 是 $[a,b]$ 上的可测函数.

15. 设函数 $f(x)$ 在 $\mathbf{R}$ 上连续, 如果 $f(x)\overset{\text{a.e.}}{=}C$ (常数), 证明 $f(x)\equiv C$.

证明 如果存在 $x_0\in\mathbf{R}$ 使得 $f(x_0)\neq C$, 不妨设 $f(x_0)>C$, 于是根据 $f(x)$ 的连续性, 存在 $\delta>0$, 使得当 $x\in(x_0-\delta,x_0+\delta)$ 时, $|f(x)-f(x_0)|<f(x_0)-C$, 则当 $x\in(x_0-\delta,x_0+\delta)$ 时, $f(x)>C$. 但是 $\mu(x_0-\delta,x_0+\delta)=2\delta>0$, 与 $f(x)\overset{\text{a.e.}}{=}C$ 矛盾.

16. 设 $\{f_n(x)\mid n\in\mathbf{N}\}$ 是可测集 E 上的函数列, 证明:

(1) 如果 $f_n(x)\overset{\text{a.e.}}{\to}f(x)$ 且 $f_n(x)\overset{\text{a.e.}}{\to}g(x)$, 则 $f(x)\overset{\text{a.e.}}{=}g(x)$;

(2) 如果 $f_n(x)\overset{\text{a.e.}}{\to}f(x)$ 且 $f(x)\overset{\text{a.e.}}{=}g(x)$, 则 $f_n(x)\overset{\text{a.e.}}{\to}g(x)$.

证明 (1) 记 E_1 和 E_2 分别是 E 中使得 $\{f_n(x)\}$ 不收敛到 $f(x)$ 和不收敛到 $g(x)$ 的点集, 于是 $\mu(E_1)=\mu(E_2)=0$. 令 $E_0=E_1\bigcup E_2$, 那么 $\mu(E_0)\leqslant\mu(E_1)+\mu(E_2)=0$. 在 $E\setminus E_0$ 上, $f_n(x)\to f(x)$ 且 $f_n(x)\to g(x)$, 根据极限的唯一性可知,

当 $x \in E \setminus E_0$ 时, $f(x) = g(x)$, 而 E_0 是零测度集, 故 $f(x) \overset{\text{a.e.}}{=} g(x)$.

(2) 记 E_1 是 E 中使得 $\{f_n(x)\}$ 不收敛到 $f(x)$ 的点集, $E_2 = E[f \neq g]$, 于是 $\mu(E_1) = \mu(E_2) = 0$. 令 $E_0 = E_1 \bigcup E_2$, 那么 $\mu(E_0) \leqslant \mu(E_1) + \mu(E_2) = 0$. 在 $E \setminus E_0$ 上, $f_n(x) \to f(x)$ 且 $f(x) = g(x)$, 根据极限的唯一性可知, 当 $x \in E \setminus E_0$ 时, $f(x) = g(x)$, 而 E_0 是零测度集, 故 $f(x) \overset{\text{a.e.}}{\to} g(x)$.

17. 设 $\{f_n(x)\}$ 和 $\{g_n(x)\}$ 都是定义在可测集 E 上的函数列, 且 $f_n(x) \overset{\text{a.e.}}{\to} f(x)$, $g_n(x) \overset{\text{a.e.}}{\to} g(x)$. 如果 $f_n(x) \overset{\text{a.e.}}{\leqslant} g_n(x)$ $(n = 1, 2, 3, \cdots)$, 证明 $f(x) \overset{\text{a.e.}}{\leqslant} g(x)$.

证明 记 E_1 和 E_2 分别是 E 中使得 $\{f_n(x)\}$ 不收敛到 $f(x)$ 和 $\{g_n(x)\}$ 不收敛到 $g(x)$ 的点集, $E_3^{(n)}$ 是 E 中使得 $f_n(x) \leqslant g_n(x)$ $(n \in \mathbf{N})$ 不成立的点集, 于是 $\mu(E_1) = \mu(E_2) = \mu\left(E_3^{(n)}\right) = 0$ $(\forall n \in \mathbf{N})$. 令 $E_0 = E_1 \bigcup E_2 \bigcup \left(\bigcup_{n=1}^{\infty} E_3^{(n)}\right)$, 那么

$$\mu(E_0) \leqslant \mu(E_1) + \mu(E_2) + \sum_{n=1}^{\infty} \mu\left(E_3^{(n)}\right) = 0.$$

在 $E \setminus E_0$ 上, $f_n(x) \to f(x)$ 且 $g_n(x) \to g(x)$, 同时 $f_n(x) \leqslant g_n(x)$ $(n = 1, 2, 3, \cdots)$, 根据数学分析的知识可知, 当 $x \in E \setminus E_0$ 时, $f(x) \leqslant g(x)$, 而 E_0 是零测度集, 故 $f(x) \overset{\text{a.e.}}{\leqslant} g(x)$.

18. 设 $\mu E > 0$, $\{f_n(x) \mid n \in \mathbf{N}\}$ 是 E 上几乎处处有限的可测函数列, 并且几乎处处收敛, 证明存在正测度集 $E_0 \subset E$, 使得在 E_0 上, $\{f_n(x)\}$ 一致有界, 即存在正常数 C, 使得 $|f_n(x)| \leqslant C$, $\forall x \in E_0$, $n \in \mathbf{N}$.

证明 如果 $\mu E = +\infty$, 则由测度的介值定理, $\forall c \in (0, +\infty)$, 存在有界可测集 $E_c \subset E$, 使得 $\mu(E_c) = c$, 所以不妨设 $\mu E < +\infty$. 由 Egoroff 定理, 存在可测集 $E^{(0)}$ 满足 $E^{(0)} \subset E$, 并且 $\mu\left(E \setminus E^{(0)}\right) < \mu E$, 同时在 $E^{(0)}$ 上 $\{f_n(x)\}$ 一致收敛, 记其极限函数为 $f(x)$. 另外 $\mu\left(E^{(0)}\right) = \mu E - \mu\left(E \setminus E^{(0)}\right) > 0$. 由本章习题的第 11 题, 可取有界可测函数 $g(x)$, 使得 $\mu\left(E^{(0)}[f \neq g]\right) < \mu\left(E^{(0)}\right)$. 令 $E^{(1)} = E^{(0)} \setminus \left(E^{(0)}[f \neq g]\right)$, 则 $\mu\left(E^{(1)}\right) > 0$, 且在 $E^{(1)}$ 上, $\{f_n(x)\}$ 一致收敛到 $g(x)$. 于是存在 $N \in \mathbf{N}$, 当 $n > N$ 时, $\forall x \in E^{(1)}$, 有 $|f_n(x) - g(x)| < 1$, 从而 $|f_n(x)| < |g(x)| + 1$. 设存在常数 $C_0 > 0$, 使得 $\forall x \in E^{(1)}$, 有 $|g(x)| \leqslant C_0$, 那么当 $n > N$ 时, $\forall x \in E^{(1)}$, $|f_n(x)| < C_0 + 1$.

再由第 11 题, 可取 $E^{(1)}$ 上的有界可测函数 $g_n(x)$ $(n = 1, 2, \cdots, N)$, 使得

$\mu\left(E^{(1)}[f_n \neq g_n]\right) < \dfrac{1}{N}\mu\left(E^{(1)}\right)$，并且存在常数 $C_n > 0$ $(n=1,2,\cdots,N)$，使得 $\forall x \in E^{(1)}$，有 $|g_n(x)| \leqslant C_n$ $(n=1,2,\cdots,N)$. 令 $E_0 = E^{(1)} \setminus \left(\bigcup\limits_{n=1}^{N} E^{(1)}[f_n \neq g_n]\right)$，则

$$\mu(E_0) > 0.$$

记 $C = \max\{C_0+1, C_1, C_2, \cdots, C_N\}$，而在 E_0 上，$f_n(x) = g_n(x)$ $(n=1,2,\cdots,N)$，因此 $|f_n(x)| \leqslant C$，$\forall x \in E_0$，$n \in \mathbf{N}$.

19. Lusin 定理的结论是否可以改为：“$\forall \varepsilon > 0$，存在闭集 $F_\varepsilon \subset E$，满足 $\mu(E \setminus F_\varepsilon) < \varepsilon$，使得 $f(x)$ 限制在 F_ε 上是多项式函数”？

解 不可以. 例如在 $E = [-1,1]$ 上考虑函数

$$f(x) = \begin{cases} 1, & x \in [0,1], \\ 0, & x \in [-1,0). \end{cases}$$

习题19详解视频

若对于 $\varepsilon \leqslant 2$，存在闭集 $F_\varepsilon \subset E$ 和多项式 $p(x)$，使得当 $x \in F_\varepsilon$ 时，$f(x) = p(x)$，但是 $p(x) = 0$ 和 $p(x) = 1$ 在 $E = [-1,1]$ 中的根只有有限个，于是 F_ε 是有限集合，从而 $\mu(F_\varepsilon) = 0$. 故 $\mu(E \setminus F_\varepsilon) = \mu(E) - \mu(F_\varepsilon) = 2$，不能满足 $\mu(E \setminus F_\varepsilon) < \varepsilon$.

20. 证明 Lusin 定理的逆定理.

证明 先叙述 Lusin 定理的逆定理：设 $f(x)$ 是可测集 E 上的函数. 如果 $\forall \varepsilon > 0$，存在闭集 $F_\varepsilon \subset E$，满足 $\mu(E \setminus F_\varepsilon) < \varepsilon$，使得 $f(x)$ 限制在 F_ε 上是连续函数，即 $f \in C(F_\varepsilon)$，则 $f(x)$ 是 E 上几乎处处有限的可测函数.

事实上，根据条件可知，$\forall n \in \mathbf{N}$，存在闭集 $F_n \subset E$，满足 $\mu(E \setminus F_n) < \dfrac{1}{n}$，使得 $f(x)$ 在 F_n 上连续，从而 $f(x)$ 是 F_n 上的有限可测函数. 根据定理 2.3(2)可知 $f(x)$ 是 $\bigcup\limits_{n=1}^{\infty} F_n$ 上的有限可测函数. 又因为 $E \setminus \left(\bigcup\limits_{n=1}^{\infty} F_n\right) \subset E \setminus F_n$，所以可得

$$\mu\left(E \setminus \left(\bigcup_{n=1}^{\infty} F_n\right)\right) \leqslant \mu(E \setminus F_n) < \dfrac{1}{n} \to 0,$$

即 $\mu\left(E \setminus \left(\bigcup\limits_{n=1}^{\infty} F_n\right)\right) = 0$，$f(x)$ 在零测度集 $E \setminus \bigcup\limits_{n=1}^{\infty} F_n$ 上可测. 因此 $f(x)$ 是 E 上几乎处处有限的可测函数.

21. 证明 Egoroff 定理的逆定理.

证明 首先叙述 Egoroff 定理的逆定理：设 $E \in \mathscr{L}(\mathbf{R})$，$f_n(x)$ $(n \in \mathbf{N})$ 和 $f(x)$ 都是 E 上几乎处处有限的可测函数. 如果 $\forall \delta > 0$，存在可测集 $E_\delta \subset E$，满足

$\mu(E \setminus E_\delta) < \delta$，使得在 E_δ 上 $f_n(x)$ 一致收敛到 $f(x)$，则在 E 上，$\lim\limits_{n\to\infty} f_n(x) \overset{\text{a.e.}}{=} f(x)$．

事实上,根据条件可知 $\forall m \in \mathbf{N}$，存在可测集 $E_m \subset E$，满足 $\mu(E \setminus E_m) < \dfrac{1}{m}$，使得在 E_m 上 $f_n(x)$ 一致收敛到 $f(x)$．令 $E_0 = \bigcap\limits_{m=1}^{\infty}(E \setminus E_m)$，则 $\mu(E_0) \leqslant \mu(E \setminus E_m) < \dfrac{1}{m}$，故 $\mu(E_0) = 0$．对 $x \in E \setminus E_0 = \bigcup\limits_{m=1}^{\infty} E_m$，存在 $m_0 \in \mathbf{N}$，使得 $x \in E_{m_0}$，从而在 E_{m_0} 上 $\lim\limits_{n\to\infty} f_n(x) = f(x)$，故对 $x \in E \setminus E_0$，$\lim\limits_{n\to\infty} f_n(x) = f(x)$．即在 E 上，$\lim\limits_{n\to\infty} f_n(x) \overset{\text{a.e.}}{=} f(x)$．

注 Egoroff 定理的逆定理不需要条件 $\mu E < +\infty$．

22. 设 $f(x)$ 是 E 上几乎处处有限的可测函数，$\mu E < +\infty$，证明存在 E 上有界的可测函数列 $\{f_n(x) \mid n \in \mathbf{N}\}$，使得 $f_n(x) \overset{\mu}{\to} f(x)$．

证明 （方法一）因为简单函数是有界的，所以由定理 2.8 和定理 2.13 直接可得结论．

（方法二）$\forall n \in \mathbf{N}$，设 $E_n = E[|f| \geqslant n]$，则 $\{E_n\}$ 是单调递减的集列，并且可知 $E[|f| = +\infty] = \bigcap\limits_{n=1}^{\infty} E_n = \lim\limits_{n\to\infty} E_n$．根据测度的上连续性以及 $f(x)$ 在 E 上几乎处处有限，

$$\lim_{n\to\infty} \mu(E_n) = \mu\left(\lim_{n\to\infty} E_n\right) = \mu E[|f| = +\infty] = 0.$$

取 $f_n(x) = f(x)\chi_{E \setminus E_n}(x)$，故 $|f_n(x)| \leqslant n$，即 $f_n(x)$ 有界．于是 $\forall \varepsilon > 0$，由

$$E[|f_n - f| \geqslant \varepsilon] \subset E_n$$

得

$$\mu\left(E[|f_n - f| \geqslant \varepsilon]\right) \leqslant \mu(E_n) \to 0,$$

因此 $f_n(x) \overset{\mu}{\to} f(x)$．

23. 设 $f(x)$ 是 E 上几乎处处有限的可测函数，证明存在 $\{f_n\} \subset C(\mathbf{R})$，使得在 E 上，$f_n(x) \overset{\mu}{\to} f(x)$．

证明 由 Lusin 定理的推论，存在 $\{f_n\} \subset C(\mathbf{R})$，使得 $\mu\left(E[f_n \neq f]\right) < \dfrac{1}{n}$．于是 $\forall \varepsilon > 0$，由 $E[|f_n - f| \geqslant \varepsilon] \subset E[f_n \neq f]$ 得

$$\mu\big(E[|f_n - f| \geqslant \varepsilon]\big) \leqslant \mu\big(E[f_n \neq f]\big) < \frac{1}{n} \to 0,$$

因此 $f_n(x) \xrightarrow{\mu} f(x)$.

24. 设 $\{f_n(x) \mid n \in \mathbf{N}\}$ 是 E 上几乎处处有限的可测函数列，$\mu E < +\infty$，证明 $\{f_n(x)\}$ 依测度收敛的充分必要条件是 $\forall \varepsilon > 0$，$\mu E(|f_n - f_m| \geqslant \varepsilon) \to 0 \ (m, n \to \infty)$.

证明　(必要性) 设 $\{f_n(x)\}$ 在 E 上依测度收敛到 $f(x)$，于是 $\forall \varepsilon > 0$，有

$$\lim_{n \to \infty} \mu E\left(|f_n - f| \geqslant \frac{\varepsilon}{2}\right) = 0,$$

即 $\forall \delta > 0$，存在 $N \in \mathbf{N}$，当 $n > N$ 时，$\mu E\left(|f_n - f| \geqslant \frac{\varepsilon}{2}\right) < \frac{\delta}{2}$. 而 $\forall n, m \in \mathbf{N}$，

$$E\left(|f_n - f_m| \geqslant \varepsilon\right) \subset E\left(|f_n - f| \geqslant \frac{\varepsilon}{2}\right) \cup E\left(|f_m - f| \geqslant \frac{\varepsilon}{2}\right),$$

故当 $n, m > N$ 时，

$$\mu E\left(|f_n - f_m| \geqslant \varepsilon\right) \leqslant \mu E\left(|f_n - f| \geqslant \frac{\varepsilon}{2}\right) + \mu E\left(|f_m - f| \geqslant \frac{\varepsilon}{2}\right) < \delta,$$

这便是 $\forall \varepsilon > 0$，$\mu E(|f_n - f_m| \geqslant \varepsilon) \to 0 \ (m, n \to \infty)$.

(充分性) 由条件可知，存在严格单调增加的数列 $\{n_k\} \subset \mathbf{N}$，满足 $\lim_{k \to \infty} n_k = +\infty$，并且 $\mu E\left(|f_{n_{k+1}} - f_{n_k}| \geqslant \frac{1}{2^k}\right) < \frac{1}{2^k}$. 记 $E_k = E\left(|f_{n_{k+1}} - f_{n_k}| \geqslant \frac{1}{2^k}\right)$，根据 $\left\{\bigcup_{i=k}^{\infty} E_i\right\}$ 是单调递减的集列以及测度的上连续性，

$$\mu\left(\overline{\lim_{k \to \infty}} E_k\right) = \mu\left(\lim_{k \to \infty} \bigcup_{i=k}^{\infty} E_i\right) = \lim_{k \to \infty} \mu\left(\bigcup_{i=k}^{\infty} E_i\right) \leqslant \lim_{k \to \infty} \sum_{i=k}^{\infty} \mu(E_i) \leqslant \lim_{k \to \infty} \sum_{i=k}^{\infty} \frac{1}{2^i} = 0.$$

对于

$$x \in \underline{\lim_{k \to \infty}} (E \setminus E_k) = E \setminus \left(\overline{\lim_{k \to \infty}} E_k\right) = \bigcup_{k=1}^{\infty} \bigcap_{i=k}^{\infty} E\left(|f_{n_{i+1}} - f_{n_i}| < \frac{1}{2^i}\right),$$

存在 $K \in \mathbf{N}$，使得当 $k \geqslant K$ 时，$|f_{n_{k+1}}(x) - f_{n_k}(x)| < \frac{1}{2^k}$. 于是 $\forall m \in \mathbf{N}$，

$$|f_{n_{k+m}}(x) - f_{n_k}(x)| \leqslant \sum_{j=1}^{m} |f_{n_{k+j}}(x) - f_{n_{k+j-1}}(x)|$$

$$< \sum_{j=1}^{m} \frac{1}{2^{k+j-1}} = \frac{1}{2^{k-1}}\left(1 - \frac{1}{2^m}\right) < \frac{1}{2^{k-1}} \to 0 \quad (k \to \infty),$$

从而对于 $x \in E \setminus \left(\overline{\lim_{k \to \infty}} E_k \right)$，$\left\{ f_{n_k}(x) \right\}$ 是 Cauchy 列，故 $\left\{ f_{n_k}(x) \right\}$ 在 $E \setminus \left(\overline{\lim_{k \to \infty}} E_k \right)$ 上收

敛到函数 $f(x)$. 当 $x \in \overline{\lim_{k \to \infty}} E_k$ 时，令 $f(x) = 0$. 因为 $\overline{\lim_{k \to \infty}} E_k$ 是零测度集，所以在 E

上 $f_{n_k}(x) \xrightarrow{\text{a.e.}} f(x)$，再由定理 2.13 可知 $f_{n_k}(x) \xrightarrow{\mu} f(x)$. 再与已知条件结合起来可知，

$\forall \varepsilon > 0$ 和 $\forall \delta > 0$，存在 $N \in \mathbf{N}$，当 $n_k > N, n > N$ 时，有 $\mu E \left(\left| f_{n_k} - f \right| \geqslant \dfrac{\varepsilon}{2} \right) < \dfrac{\delta}{2}$，

$\mu E \left(\left| f_n - f_{n_k} \right| \geqslant \dfrac{\varepsilon}{2} \right) < \dfrac{\delta}{2}$. 又因为

$$E \left(\left| f_n - f \right| \geqslant \varepsilon \right) \subset E \left(\left| f_n - f_{n_k} \right| \geqslant \dfrac{\varepsilon}{2} \right) \bigcup E \left(\left| f_{n_k} - f \right| \geqslant \dfrac{\varepsilon}{2} \right),$$

所以

$$\mu E \left(\left| f_n - f \right| \geqslant \varepsilon \right) \leqslant \mu E \left(\left| f_n - f_{n_k} \right| \geqslant \dfrac{\varepsilon}{2} \right) + \mu E \left(\left| f_{n_k} - f \right| \geqslant \dfrac{\varepsilon}{2} \right) < \delta,$$

故 $f_n(x) \xrightarrow{\mu} f(x)$.

注 本题即是关于依测度收敛的 Cauchy 收敛原理. 实际上，$\mu E < +\infty$ 的条件不需要，必要性的证明显然没有用到这个条件，而充分性的证明在使用测度的上连续性以及定理 2.13 时用到这个条件. 但是我们却可以如下证明充分性.

与前面相同，仍然有 $\mu E \left(\left| f_{n_{k+1}} - f_{n_k} \right| \geqslant \dfrac{1}{2^k} \right) < \dfrac{1}{2^k}$. 记 $E_k = E \left(\left| f_{n_{k+1}} - f_{n_k} \right| \geqslant \dfrac{1}{2^k} \right)$，

于是 $\forall k \in \mathbf{N}$，

$$\mu \left(\overline{\lim_{k \to \infty}} E_k \right) = \mu \left(\bigcap_{k=1}^{\infty} \bigcup_{i=k}^{\infty} E_i \right) \leqslant \mu \left(\bigcup_{i=k}^{\infty} E_i \right) \leqslant \sum_{i=k}^{\infty} \mu(E_i) \leqslant \sum_{i=k}^{\infty} \dfrac{1}{2^i},$$

令 $k \to \infty$ 可知 $\mu \left(\overline{\lim_{k \to \infty}} E_k \right) = 0$. 再与前面的推导相同，可得 $\left\{ f_{n_k}(x) \right\}$ 在 $E \setminus \left(\overline{\lim_{k \to \infty}} E_k \right)$

上收敛到函数 $f(x)$. 当 $x \in \overline{\lim_{k \to \infty}} E_k$ 时，令 $f(x) = 0$，则在 E 上 $f_{n_k}(x) \xrightarrow{\text{a.e.}} f(x)$.

而 $\forall k \in \mathbf{N}$，当 $x \in \bigcap_{i=k}^{\infty} E \left(\left| f_{n_{i+1}} - f_{n_i} \right| < \dfrac{1}{2^i} \right) \subset E \setminus \left(\overline{\lim_{k \to \infty}} E_k \right)$ 时，

$$\left| f_{n_k}(x) - f(x) \right| = \lim_{m \to \infty} \left| f_{n_k}(x) - f_{n_{k+m}}(x) \right| \leqslant \lim_{m \to \infty} \sum_{i=k}^{k+m-1} \left| f_{n_i}(x) - f_{n_{i+1}}(x) \right| < \sum_{i=k}^{\infty} \dfrac{1}{2^i} = \dfrac{1}{2^{k-1}},$$

故

$$\bigcap_{i=k}^{\infty} E\left(\left|f_{n_{i+1}} - f_{n_i}\right| < \frac{1}{2^i}\right) \subset E\left(\left|f_{n_k} - f\right| < \frac{1}{2^{k-1}}\right).$$

于是

$$\mu E\left(\left|f_{n_k} - f\right| \geqslant \frac{1}{2^{k-1}}\right) = \mu\left(E \setminus E\left(\left|f_{n_k} - f\right| < \frac{1}{2^{k-1}}\right)\right)$$

$$\leqslant \mu\left(E \setminus \left(\bigcap_{i=k}^{\infty} E\left(\left|f_{n_{i+1}} - f_{n_i}\right| < \frac{1}{2^i}\right)\right)\right) = \mu\left(\bigcup_{i=k}^{\infty} E\left(\left|f_{n_{i+1}} - f_{n_i}\right| \geqslant \frac{1}{2^i}\right)\right)$$

$$\leqslant \sum_{i=k}^{\infty} \mu E\left(\left|f_{n_{i+1}} - f_{n_i}\right| \geqslant \frac{1}{2^i}\right) \leqslant \sum_{i=k}^{\infty} \frac{1}{2^i} = \frac{1}{2^{k-1}}.$$

从而 $\forall \varepsilon > 0$，存在 $K \in \mathbf{N}$，使得当 $k > K$ 时，$\varepsilon > \dfrac{1}{2^{k-1}}$，因此

$$\mu E\left(\left|f_{n_k} - f\right| \geqslant \varepsilon\right) \leqslant \mu E\left(\left|f_{n_k} - f\right| \geqslant \frac{1}{2^{k-1}}\right) \leqslant \frac{1}{2^{k-1}}, \quad \lim_{k \to \infty} \mu E\left(\left|f_{n_k} - f\right| \geqslant \varepsilon\right) = 0,$$

即 $f_{n_k}(x) \xrightarrow{\mu} f(x)$．类似前面的证明，可得 $f_n(x) \xrightarrow{\mu} f(x)$．

25. 设在可测集 E 上，$f_n(x) \xrightarrow{\mu} f(x)$，$f_n(x) \xrightarrow{\mu} g(x)$，证明 $f(x) \overset{\text{a.e.}}{=} g(x)$，即在几乎处处相等的意义下，依测度收敛的极限是唯一的．

证明　（方法一）根据定理 2.14，存在 $\{f_n(x)\}$ 的子列 $f_{n_k}(x) \xrightarrow{\text{a.e.}} f(x)$．而 $f_{n_k}(x) \xrightarrow{\mu} g(x)$，又有 $\{f_{n_k}(x)\}$ 的子列 $f_{n_{k_i}}(x) \xrightarrow{\text{a.e.}} g(x)$，从而 $f_{n_{k_i}}(x) \xrightarrow{\text{a.e.}} f(x)$．最后利用本章习题第 16 题的结论可得 $f(x) \overset{\text{a.e.}}{=} g(x)$．

（方法二）不妨设这里的函数均处处有限．由于 $\forall k, n \in \mathbf{N}$，

$$E\left[|f - g| \geqslant \frac{1}{k}\right] \subset E\left[|f_n - f| \geqslant \frac{1}{2k}\right] \cup E\left[|f_n - g| \geqslant \frac{1}{2k}\right],$$

于是

$$\mu E\left[|f - g| \geqslant \frac{1}{k}\right] \leqslant \mu E\left[|f_n - f| \geqslant \frac{1}{2k}\right] + \mu E\left[|f_n - g| \geqslant \frac{1}{2k}\right] \to 0 \quad (n \to \infty),$$

即 $\forall k \in \mathbf{N}$，$\mu E\left[|f - g| \geqslant \dfrac{1}{k}\right] = 0$．而 $E[f \neq g] = \bigcup_{k=1}^{\infty} E\left[|f - g| \geqslant \dfrac{1}{k}\right]$，从而

$$\mu E[f \neq g] \leqslant \sum_{k=1}^{\infty} \mu E\left[|f - g| \geqslant \frac{1}{k}\right] = 0,$$

即 $f(x) \overset{\text{a.e.}}{=} g(x)$.

注 由于子列的子列仍是子列, 于是在方法一中, 经常写成存在 $\{f_n(x)\}$ 的子列 $f_{n_k}(x) \overset{\text{a.e.}}{\to} f(x)$, $f_{n_k}(x) \overset{\text{a.e.}}{\to} g(x)$. 关键在于子列的下标相同.

26. 设在可测集 E 上, $f_n(x) \overset{\mu}{\to} f(x)$, $f_n(x) \overset{\text{a.e.}}{=} g_n(x)$ $(\forall n \in \mathbf{N})$, 证明

$$g_n(x) \overset{\mu}{\to} f(x).$$

证明 记 $E_0 = \bigcup_{n=1}^{\infty} E\big[f_n \neq g_n\big]$, 因为 $f_n(x) \overset{\text{a.e.}}{=} g_n(x)$ $(\forall n \in \mathbf{N})$, 所以

$$\mu(E_0) = \mu\left(\bigcup_{n=1}^{\infty} E\big[f_n \neq g_n\big]\right) \leqslant \sum_{n=1}^{\infty} \mu E\big[f_n \neq g_n\big] = 0.$$

由于 $\forall \varepsilon > 0$, $E\big[|g_n - f| \geqslant \varepsilon\big] \subset E\big[|f_n - f| \geqslant \varepsilon\big] \bigcup E_0$, 故从 $f_n(x) \overset{\mu}{\to} f(x)$ 可得

$$\mu\big(E\big[|g_n - f| \geqslant \varepsilon\big]\big) \leqslant \mu\big(E\big[|f_n - f| \geqslant \varepsilon\big]\big) + \mu(E_0) = \mu\big(E\big[|f_n - f| \geqslant \varepsilon\big]\big) \to 0 \quad (n \to \infty),$$

因此 $g_n(x) \overset{\mu}{\to} f(x)$.

27. 设在可测集 E 上, $f_n(x) \overset{\mu}{\to} f(x)$, $g_n(x) \overset{\mu}{\to} g(x)$, 证明:

(1) $af_n(x) + bg_n(x) \overset{\mu}{\to} af(x) + bg(x)$, 其中 $a, b \in \mathbf{R}$;

(2) 当 $\mu E < +\infty$ 时, $f_n(x)g_n(x) \overset{\mu}{\to} f(x)g(x)$;

(3) $|f_n(x)| \overset{\mu}{\to} |f(x)|$;

(4) $\max\{f_n(x), g_n(x)\} \overset{\mu}{\to} \max\{f(x), g(x)\}, \min\{f_n(x), g_n(x)\} \overset{\mu}{\to} \min\{f(x), g(x)\}$.

证明 (1) 不妨设 $a \neq 0$, $b \neq 0$, 于是 $\forall \varepsilon > 0$, 有

$$E\big[|af_n(x) + bg_n(x) - af(x) - bg(x)| \geqslant \varepsilon\big]$$

$$\subset E\left[|af_n(x) - af(x)| \geqslant \frac{\varepsilon}{2}\right] \bigcup E\left[|bg_n(x) - bg(x)| \geqslant \frac{\varepsilon}{2}\right]$$

$$= E\left[|f_n(x) - f(x)| \geqslant \frac{\varepsilon}{2|a|}\right] \bigcup E\left[|g_n(x) - g(x)| \geqslant \frac{\varepsilon}{2|b|}\right],$$

因此根据 $f_n(x) \overset{\mu}{\to} f(x)$, $g_n(x) \overset{\mu}{\to} g(x)$,

$$\mu E\big[|af_n(x) + bg_n(x) - af(x) - bg(x)| \geqslant \varepsilon\big]$$

$$\leqslant \mu E\left[|f_n(x) - f(x)| \geqslant \frac{\varepsilon}{2|a|}\right] + \mu E\left[|g_n(x) - g(x)| \geqslant \frac{\varepsilon}{2|b|}\right] \to 0,$$

即 $af_n(x)+bg_n(x)\xrightarrow{\mu}af(x)+bg(x)$.

(2)（方法一）先证明 $\{f_ng_n\}$ 的任意子列 $\{f_{n_k}g_{n_k}\}$ 均有子列 $\{f_{n_{k_i}}g_{n_{k_i}}\}$，使得 $f_{n_{k_i}}g_{n_{k_i}}\xrightarrow{\text{a.e.}}fg$. 事实上，由于 $f_{n_k}\xrightarrow{\mu}f$，$g_{n_k}\xrightarrow{\mu}g$，根据定理 2.14，类似于本章习题第 25 题的注，存在子列 $\{f_{n_{k_i}}\}$ 和 $\{g_{n_{k_i}}\}$ 使得 $f_{n_{k_i}}\xrightarrow{\text{a.e.}}f$ 和 $g_{n_{k_i}}\xrightarrow{\text{a.e.}}g$，故 $f_{n_{k_i}}g_{n_{k_i}}\xrightarrow{\text{a.e.}}fg$.

如果 $f_ng_n\xrightarrow{\mu}fg$ 不成立，则存在常数 $\varepsilon_0>0$，$\delta_0>0$ 以及子列 $\{f_{n_k}g_{n_k}\}$，使得 $\forall k\in\mathbf{N}$，$\mu E\big[\big|f_{n_k}g_{n_k}-fg\big|\geqslant\varepsilon_0\big]\geqslant\delta_0$. 由前面可知，存在子列 $\{f_{n_{k_i}}g_{n_{k_i}}\}$，使得 $f_{n_{k_i}}g_{n_{k_i}}\xrightarrow{\text{a.e.}}fg$，根据定理 2.13，$f_{n_{k_i}}g_{n_{k_i}}\xrightarrow{\mu}fg$，这与 $\mu E\big[\big|f_{n_{k_i}}g_{n_{k_i}}-fg\big|\geqslant\varepsilon_0\big]\geqslant\delta_0$ 矛盾.

（方法二）首先证明 $f_n^2(x)\xrightarrow{\mu}f^2(x)$，然后证 $f_n(x)g_n(x)\xrightarrow{\mu}f(x)g(x)$.

当 $f\overset{\text{a.e.}}{=}0$ 时，由于 $f_n(x)\xrightarrow{\mu}f(x)$，并且 $\forall\varepsilon>0$，

$$E\big[\big|f_n^2-f^2\big|\geqslant\varepsilon\big]$$
$$=\big(E[f=0]\cap E\big[\big|f_n^2-f^2\big|\geqslant\varepsilon\big]\big)\cup\big(E[f\neq0]\cap E\big[\big|f_n^2-f^2\big|\geqslant\varepsilon\big]\big)$$
$$\subset E\big[|f_n-f|\geqslant\sqrt{\varepsilon}\big]\cup E[f\neq0],$$

于是

$$\mu E\big[\big|f_n^2-f^2\big|\geqslant\varepsilon\big]\leqslant\mu E\big[|f_n-f|\geqslant\sqrt{\varepsilon}\big]+\mu E[f\neq0]=\mu E\big[|f_n-f|\geqslant\sqrt{\varepsilon}\big]\to0,$$

即当 $f\overset{\text{a.e.}}{=}0$ 时，$f_n^2\xrightarrow{\mu}f^2$.

对于一般的 $f(x)$，由于 $f_n^2=(f_n-f)^2+2f_nf-f^2$ 以及 $f_n(x)\xrightarrow{\mu}f(x)$，从 (1) 的结论和前面的结果可知，$(f_n-f)^2\xrightarrow{\mu}0$，故只需证明 $f_nf\xrightarrow{\mu}f^2$. 由于 $f(x)$ 在 E 上几乎处处有限，类似于本章习题第 11 题的证明，$\forall\delta>0$，存在 $n_0\in\mathbf{N}$，对于 $E_{n_0}=E\big[|f|\geqslant n_0\big]$，使得 $\mu(E_{n_0})<\delta$. 记 $E_1=E\setminus E_{n_0}$，则 $\forall x\in E_1$，

$$\big|f_n(x)f(x)-f^2(x)\big|=|f(x)||f_n(x)-f(x)|\leqslant n_0|f_n(x)-f(x)|,$$

所以

$$E\big[\big|f_nf-f^2\big|\geqslant\varepsilon\big]\subset E\Big[|f_n-f|\geqslant\frac{\varepsilon}{n_0}\Big]\cup E_{n_0},$$

于是

$$\mu E\left[\left|f_n f - f^2\right| \geqslant \varepsilon\right] \leqslant \mu E\left[\left|f_n - f\right| \geqslant \frac{\varepsilon}{n_0}\right] + \mu E_{n_0} \leqslant \mu E\left[\left|f_n - f\right| \geqslant \frac{\varepsilon}{n_0}\right] + \delta \to \delta,$$

由 δ 的任意性可知 $\mu E\left[\left|f_n f - f^2\right| \geqslant \varepsilon\right] \to 0$，即 $f_n f \xrightarrow{\mu} f^2$. 因此 $f_n^2 \xrightarrow{\mu} f^2$.

从(1)的结果及上面的证明可知 $(f_n \pm g_n)^2 \xrightarrow{\mu} (f \pm g)^2$，所以

$$f_n g_n = \frac{1}{4}\left((f_n + g_n)^2 - (f_n - g_n)^2\right) \xrightarrow{\mu} \frac{1}{4}\left((f + g)^2 - (f - g)^2\right) = f(x)g(x).$$

(3) $\forall \varepsilon > 0$，由于

$$E\left[\left|\left|f_n\right| - \left|f\right|\right| \geqslant \varepsilon\right] \subset E\left[\left|f_n - f\right| \geqslant \varepsilon\right],$$

故

$$\mu E\left[\left|\left|f_n\right| - \left|f\right|\right| \geqslant \varepsilon\right] \leqslant \mu E\left[\left|f_n - f\right| \geqslant \varepsilon\right] \to 0,$$

即 $\left|f_n(x)\right| \xrightarrow{\mu} \left|f(x)\right|$.

(4) 不妨设所涉及的函数均有限，根据前面已经得到的结果，

$$\max\left\{f_n(x), g_n(x)\right\} = \frac{\left|f_n(x) - g_n(x)\right| + f_n(x) + g_n(x)}{2}$$

$$\xrightarrow{\mu} \frac{\left|f(x) - g(x)\right| + f(x) + g(x)}{2} = \max\left\{f(x), g(x)\right\},$$

$$\min\left\{f_n(x), g_n(x)\right\} = \frac{f_n(x) + g_n(x) - \left|f_n(x) - g_n(x)\right|}{2}$$

$$\xrightarrow{\mu} \frac{f(x) + g(x) - \left|f(x) - g(x)\right|}{2} = \min\left\{f(x), g(x)\right\}.$$

注 本题(2)证明中的结果 $f_n^2 \xrightarrow{\mu} f^2$ 也可由后面第 30 题直接得到. 另外其中的条件 $\mu E < +\infty$ 不可缺少. 事实上，若设 $E = (1, +\infty)$，以及对 $k \in \mathbf{N}$，

$$f_n(x) = \begin{cases} k, & x \in (k, k+1],\ k \neq n, \\ n + \dfrac{1}{n}, & x \in (n, n+1], \end{cases} \qquad f(x) = k,\ x \in (k, k+1].$$

于是

$$f_n(x) - f(x) = \begin{cases} 0, & x \in (k, k+1],\ k \neq n, \\ \dfrac{1}{n}, & x \in (n, n+1], \end{cases}$$

故 $\forall \varepsilon > 0$，取 $N = \left[\dfrac{1}{\varepsilon}\right] + 1$，当 $n > N$ 时，$E\big[\,|f_n - f| \geqslant \varepsilon\,\big] = \varnothing$. 从而

$$\mu E\big[\,|f_n - f| \geqslant \varepsilon\,\big] = 0 < \varepsilon,$$

即 $f_n \xrightarrow{\mu} f$. 由于当 $x \in (n, n+1]$ 时，

$$\left|f_n^2(x) - f^2(x)\right| = \left|f_n(x) - f(x)\right|\left|f_n(x) + f(x)\right| = \frac{1}{n}\left(2n + \frac{1}{n}\right) = 2 + \frac{1}{n^2},$$

当 $x \notin (n, n+1]$ 时，$\left|f_n^2(x) - f^2(x)\right| = k^2 - k^2 = 0$，那么 $\forall n \in \mathbf{N}$，

$$\mu E\big[\left|f_n^2 - f^2\right| \geqslant 2\big] = \mu(n, n+1] = 1,$$

可见 $f_n^2 \xrightarrow{\mu} f^2$ 不成立.

28. 设在可测集 E 上，$f_n(x) \xrightarrow{\mu} f(x)$，$g_n(x) \xrightarrow{\mu} g(x)$，如果 $f_n(x) \overset{\text{a.e.}}{\leqslant} g_n(x)\,(\forall n \in \mathbf{N})$，证明 $f(x) \overset{\text{a.e.}}{\leqslant} g(x)$.

证明　根据定理 2.14，存在 $\{f_n(x)\}$ 的子列 $f_{n_k}(x) \overset{\text{a.e.}}{\to} f(x)$ 以及 $\{g_n(x)\}$ 的子列 $g_{n_k}(x) \overset{\text{a.e.}}{\to} g(x)$（参见本章习题第 25 题的注）. 而 $f_{n_k}(x) \overset{\text{a.e.}}{\leqslant} g_{n_k}(x)$，由本章习题的第 17 题可证结论.

29. 设在可测集 E 上，$f_n(x) \xrightarrow{\mu} f(x)$，如果 $f_n(x) \overset{\text{a.e.}}{\leqslant} f_{n+1}(x)\,(\forall n \in \mathbf{N})$，证明 $f_n(x) \overset{\text{a.e.}}{\to} f(x)$.

证明　根据定理 2.14，存在 $\{f_n(x)\}$ 的子列 $f_{n_k}(x) \overset{\text{a.e.}}{\to} f(x)$. 记 E_0 是 E 中使得 $\{f_{n_k}(x)\}$ 不收敛到 $f(x)$ 的点集，E_n 是 E 中使得 $f_n(x) \leqslant f_{n+1}(x)\,(n \in \mathbf{N})$ 不成立的点集，于是 $\mu(E_0) = \mu(E_n) = 0\,(n \in \mathbf{N})$，从而

$$\mu\left(\bigcup_{n=0}^{\infty} E_n\right) \leqslant \sum_{n=0}^{\infty} \mu(E_n) = 0.$$

在 $E \setminus \left(\bigcup\limits_{n=0}^{\infty} E_n\right)$ 上，$f_{n_k}(x) \to f(x)$ 且 $f_n(x) \leqslant f_{n+1}(x)\,(\forall n \in \mathbf{N})$.

对于任意给定的 $n \in \mathbf{N}$，存在 $k_0 \in \mathbf{N}$，使得 $n_{k_0} \geqslant n$，故对于 $x \in E \setminus \left(\bigcup\limits_{n=0}^{\infty} E_n\right)$，当 $k \geqslant k_0$ 时，$f_n(x) \leqslant f_{n_k}(x)$. 令 $k \to \infty$，有 $f_n(x) \leqslant f(x)\,(\forall n \in \mathbf{N})$. 因为 $\forall \varepsilon > 0$，存在 $K \in \mathbf{N}$，使得当 $k \geqslant K$ 时，$0 \leqslant f(x) - f_{n_k}(x) < \varepsilon$，所以存在 $N = n_K$，当 $n > N$ 时，

$$0 \leqslant f(x) - f_n(x) \leqslant f(x) - f_{n_K}(x) < \varepsilon.$$

因此对于 $x \in E \setminus \left(\bigcup\limits_{n=0}^{\infty} E_n \right)$，$f_n(x) \to f(x)$．由 $\bigcup\limits_{n=0}^{\infty} E_n$ 是零测度集知，$f_n(x) \xrightarrow{\text{a.e.}} f(x)$．

注　如果将条件 $f_n(x) \xleftarrow{\text{a.e.}} f_{n+1}(x)$ $(\forall n \in \mathbf{N})$ 替换成 $f_n(x) \xrightarrow{\text{a.e.}} f_{n+1}(x)$ $(\forall n \in \mathbf{N})$，同样的结论成立．另外，证明的第二段实际上证明了数学分析中一个熟知的结果：如果单调增加的数列有一个子列收敛，那么数列本身也收敛，并且极限相同．当然也可以直接使用这个结果来简化证明．

30. 设在可测集 E 上，$f_n(x) \xrightarrow{\mu} f(x)$．如果 $\mu E < +\infty$，$g \in C(\mathbf{R})$，证明 $g(f_n(x)) \xrightarrow{\mu} g(f(x))$．

证　（方法一）如果结论不成立，则存在 $\varepsilon_0 > 0$，使得 $\mu E[|g \circ f_n - g \circ f| \geqslant \varepsilon_0]$ 不收敛到 0．于是存在 $\delta_0 > 0$，以及 $n_1 < n_2 < \cdots < n_k < \cdots \to \infty$，使得

$$\mu E\left[|g \circ f_{n_k} - g \circ f| \geqslant \varepsilon_0\right] \geqslant \delta_0.$$

由于 $f_{n_k}(x) \xrightarrow{\mu} f(x)$，根据定理 2.14，存在 $\{f_{n_k}(x)\}$ 的子列，不妨设就是其本身，满足 $f_{n_k}(x) \xrightarrow{\text{a.e.}} f(x)$．于是再用 g 的连续性，$g(f_{n_k}(x)) \xrightarrow{\text{a.e.}} g(f(x))$．由定理 2.13 可知 $g(f_{n_k}(x)) \xrightarrow{\mu} g(f(x))$，这与 $\mu E\left[|g \circ f_{n_k} - g \circ f| \geqslant \varepsilon_0\right] \geqslant \delta_0$ 矛盾．

（方法二）$\forall \varepsilon > 0$，考虑数列 $\{a_n\}$，这里 $a_n = \mu E\left[|g \circ f_n - g \circ f| \geqslant \varepsilon\right]$．对于任意子列 $a_{n_k} = \mu E\left[|g \circ f_{n_k} - g \circ f| \geqslant \varepsilon\right]$，因为 $f_{n_k}(x) \xrightarrow{\mu} f(x)$，根据定理 2.14，存在 $\{f_{n_k}(x)\}$ 的子列 $\{f_{n_{k_i}}(x)\}$，满足 $f_{n_{k_i}}(x) \xrightarrow{\text{a.e.}} f(x)$，由 g 连续，有 $g(f_{n_{k_i}}(x)) \xrightarrow{\text{a.e.}} g(f(x))$．由定理 2.13 可知 $g(f_{n_{k_i}}(x)) \xrightarrow{\mu} g(f(x))$，所以 $a_{n_{k_i}} = \mu E\left[|g \circ f_{n_{k_i}} - g \circ f| \geqslant \varepsilon\right] \to 0$．从而 $a_n = \mu E\left[|g \circ f_n - g \circ f| \geqslant \varepsilon\right] \to 0$，即 $g(f_n(x)) \xrightarrow{\mu} g(f(x))$．

注　方法二使用了数学分析中的一个结论：如果数列 $\{a_n\}$ 的任意子列 $\{a_{n_k}\}$ 都有子列 $\{a_{n_{k_i}}\}$ 收敛到 a，那么 $\{a_n\}$ 收敛到 a．事实上，如果 $\{a_n\}$ 不收敛到 a，那么存在 $\varepsilon_0 > 0$ 以及 $\{a_n\}$ 的子列 $\{a_{n_k}\}$，使得 $|a_{n_k} - a| \geqslant \varepsilon_0$ $(\forall k \in \mathbf{N})$．由条件知 $\{a_{n_k}\}$ 有子列 $\{a_{n_{k_i}}\}$ 收敛到 a，这与 $|a_{n_{k_i}} - a| \geqslant \varepsilon_0$ 矛盾．

第3章

Lebesgue 积分

一、知识梗概梳理

定义 3.1 设 $\varphi(x) = \sum\limits_{i=1}^{n} c_i \chi_{E_i}(x)$ 是 $E = \bigcup\limits_{i=1}^{n} E_i$ 上非负简单函数, 称和式 $\sum\limits_{i=1}^{n} c_i \mu E_i$ 为 $\varphi(x)$ 在 E 上的 Lebesgue 积分, 记为 $\int_E \varphi(x)\mathrm{d}x$ 或 $\int_E \varphi(x)\mathrm{d}\mu$, 即

$$\int_E \varphi(x)\mathrm{d}x = \sum_{i=1}^{n} c_i \mu E_i .$$

约定 $0 \cdot (+\infty) = 0$. 非负简单函数 $\varphi(x)$ 在 E 上的 Lebesgue 积分 $\int_E \varphi(x)\mathrm{d}x \geqslant 0$.

定义 3.2 设 $f(x)$ 是 E 上的非负可测函数, 对于满足 $f(x) = \lim\limits_{n\to\infty} \varphi_n(x)$ 的非负递增简单函数 $\{\varphi_n(x) | \ n \in \mathbf{N}\}$, 称极限 $\lim\limits_{n\to\infty} \int_E \varphi_n(x)\mathrm{d}x$ 为 $f(x)$ 在 E 上的 Lebesgue 积分, 记为 $\int_E f(x)\mathrm{d}x$ 或 $\int_E f(x)\mathrm{d}\mu$, 即 $\int_E f(x)\mathrm{d}x = \lim\limits_{n\to\infty} \int_E \varphi_n(x)\mathrm{d}x$.

非负可测函数 $f(x)$ 在 E 上的 Lebesgue 积分 $0 \leqslant \int_E f(x)\mathrm{d}x \leqslant +\infty$. 如果 $\int_E f(x)\mathrm{d}x < +\infty$, 则称 $f(x)$ 在 E 上是 Lebesgue 可积的, 简称 $f(x)$ 在 E 上 **L 可积** 或**可积**.

定理 3.1 非负可测函数的积分具有下列基本性质.

(1) (线性性质) 设 $f(x)$ 和 $g(x)$ 都是 E 上的非负可测函数, $k \geqslant 0$ 为常数, 则
$$\int_E (f(x) + g(x))\mathrm{d}x = \int_E f(x)\mathrm{d}x + \int_E g(x)\mathrm{d}x, \quad \int_E (kf(x))\mathrm{d}x = k\int_E f(x)\mathrm{d}x .$$

(2) (σ-可加性) 设 $E_i \ (i \in \mathbf{N})$ 是互不相交的可测集, $E = \bigcup\limits_{i=1}^{\infty} E_i$. 如果 $f(x)$ 为 E 上的非负可测函数, 则 $\int_E f(x)\mathrm{d}x = \sum\limits_{i=1}^{\infty} \int_{E_i} f(x)\mathrm{d}x$.

(3) (单调性质) 设 $f(x)$ 和 $g(x)$ 都是可测集 E 上的非负可测函数. 如果在 E 上 $0 \leqslant f(x) \leqslant g(x)$, 则 $\int_E f(x)\mathrm{d}x \leqslant \int_E g(x)\mathrm{d}x$.

(4) 设 $f(x)$ 是可测集 E 上的非负函数. 如果 $\mu E = 0$, 则 $\int_E f(x)\mathrm{d}x = 0$.

定义 3.3　设 $f(x)$ 是 E 上的可测函数. 如果 $\int_E f^+(x)\mathrm{d}x$ 与 $\int_E f^-(x)\mathrm{d}x$ 至少有一个是有限实数, 则称 $f(x)$ 在 E 上有积分, 并称 $\int_E f^+(x)\mathrm{d}x - \int_E f^-(x)\mathrm{d}x$ 为 $f(x)$ 在 E 上的 Lebesgue 积分, 记为 $\int_E f(x)\mathrm{d}x$, 即

$$\int_E f(x)\mathrm{d}x = \int_E f^+(x)\mathrm{d}x - \int_E f^-(x)\mathrm{d}x.$$

如果 E 是区间, 例如 $E = [a,b]$, 也可记为 $\int_a^b f(x)\mathrm{d}x$. 显然 $-\infty \leqslant \int_E f(x)\mathrm{d}x \leqslant +\infty$.

如果 $\int_E f^+(x)\mathrm{d}x$ 与 $\int_E f^-(x)\mathrm{d}x$ 都是有限实数, 则称 $f(x)$ 是 E 上的 Lebesgue 可积函数, 简称 $f(x)$ 在 E 上 L 可积或可积. 此时积分值 $\int_E f(x)\mathrm{d}x$ 是有限实数.

零测度集上的任何函数可积, 且积分等于零.

定理 3.2　可积函数是几乎处处有限的.

定理 3.3　设 $f(x)$ 是 E 上的可测函数, 则 $f(x)$ 为可积函数当且仅当 $|f(x)|$ 是可积函数.

定理 3.4　设 $\mu E < +\infty$, $f(x)$ 是 E 上的有界可测函数, 则 $f(x)$ 在 E 上可积.

定理 3.5 (积分的有限可加性)　设 $E_k(k = 1, 2, \cdots, n)$ 是有限个互不相交的可测集, $E = \bigcup_{k=1}^n E_k$, 则 $f(x)$ 在 E 上可积当且仅当 $f(x)$ 在每个 E_k 上可积, 并且

$$\int_E f(x)\mathrm{d}x = \sum_{k=1}^n \int_{E_k} f(x)\mathrm{d}x.$$

推论　设 $f(x)$ 在 E 上可积, E_0 是 E 的可测子集, 则 $f(x)$ 在 E_0 上可积, 并且

$$\int_{E_0} |f(x)|\mathrm{d}x \leqslant \int_E |f(x)|\mathrm{d}x.$$

定理 3.6 (积分的线性性质)　设 $f(x)$ 和 $g(x)$ 都是 E 上的可积函数, $\alpha \in \mathbf{R}$, 则 $f(x) + g(x)$ 与 $\alpha f(x)$ 可积, 并且

$$\int_E \big(f(x) + g(x)\big)\mathrm{d}x = \int_E f(x)\mathrm{d}x + \int_E g(x)\mathrm{d}x, \quad \int_E \alpha f(x)\mathrm{d}x = \alpha \int_E f(x)\mathrm{d}x.$$

定理 3.7 (积分的唯一性)　设 $f(x)$ 在 E 上可积, 并且在 E 上 $f(x) \overset{\text{a.e.}}{=} g(x)$, 则 $g(x)$ 在 E 上可积, 且 $\int_E f(x)\mathrm{d}x = \int_E g(x)\mathrm{d}x$.

定理 3.8　设 $f(x)$ 是 E 上可积函数, 则 $\int_E |f(x)|\mathrm{d}x = 0$ 的充要条件是在 E 上有 $f(x) \overset{\text{a.e.}}{=} 0$.

定理 3.9 (积分的单调性质)　设 $f(x)$ 和 $g(x)$ 都是 E 上的可积函数. 如果在 E 上 $f(x) \overset{\text{a.e.}}{\leqslant} g(x)$, 则 $\int_E f(x)\mathrm{d}x \leqslant \int_E g(x)\mathrm{d}x$.

推论　设 $f(x)$ 在 E 上可积, 则有不等式 $\left| \int_E f(x)\mathrm{d}x \right| \leqslant \int_E |f(x)|\mathrm{d}x$.

定理 3.10 (积分的绝对连续性)　设 $f(x)$ 在 E 上可积, 则 $\forall \varepsilon > 0$, 存在 $\delta > 0$, 使得对于任何可测子集 $A \subset E$, 当 $\mu A < \delta$ 时, 有 $\int_A |f(x)|\mathrm{d}x < \varepsilon$, 即

$$\lim_{\mu A \to 0} \int_A |f(x)|\mathrm{d}x = 0.$$

定理 3.11　设 $f(x)$ 在 E 上可积, 则 $\forall \varepsilon > 0$, 存在 $\varphi \in C(E)$, 使得

$$\int_E |f(x) - \varphi(x)|\mathrm{d}x < \varepsilon.$$

定理 3.12 (Levi 定理)　设 $\{f_n(x) \mid n \in \mathbf{N}\}$ 是 E 上非负递增可测函数列

$$0 \leqslant f_1(x) \leqslant f_2(x) \leqslant \cdots \leqslant f_n(x) \leqslant \cdots,$$

则 $\int_E \left(\lim_{n \to \infty} f_n(x) \right)\mathrm{d}x = \lim_{n \to \infty} \int_E f_n(x)\mathrm{d}x$.

推论　设 $\{f_n(x)\}$ 是 E 上的非负可测函数列, 满足

$$f_1(x) \geqslant f_2(x) \geqslant \cdots \geqslant f_n(x) \geqslant \cdots.$$

如果 $f_1(x)$ 可积, 则 $\int_E \left(\lim_{n \to \infty} f_n(x) \right)\mathrm{d}x = \lim_{n \to \infty} \int_E f_n(x)\mathrm{d}x$.

定理 3.13　(1) (积分的下连续性)　设 $\{E_n \mid n \in \mathbf{N}\}$ 是单调递增的可测集列, 并且 $\lim_{n \to \infty} E_n = E$. 如果 $f(x)$ 在 E 上可积, 则 $\lim_{n \to \infty} \int_{E_n} f(x)\mathrm{d}x = \int_E f(x)\mathrm{d}x$;

(2) (积分的上连续性)　设 $\{E_n \mid n \in \mathbf{N}\}$ 是单调递减的可测集列, 并且 $\lim_{n \to \infty} E_n = E$. 如果 $f(x)$ 在 E_1 上可积, 则 $\lim_{n \to \infty} \int_{E_n} f(x)\mathrm{d}x = \int_E f(x)\mathrm{d}x$.

引理 3.1　设可测集 $E \subset [a,b]$, $f(x)$ 在 E 上可积. 定义函数 $F:[a,b] \to \mathbf{R}$ 为

$$F(x) = \int_{[a,x] \cap E} |f(x)|\mathrm{d}x, \quad \forall x \in [a,b],$$

则 $F(x)$ 是 $[a,b]$ 上单调增加的非负连续函数.

定理 3.14 (积分的介值定理)　设 $f(x)$ 在 E 上可积, 如果 $a = \int_E |f(x)|\mathrm{d}x > 0$, 则 $\forall c \in (0,a)$, 存在有界可测集 $E_c \subset E$, 使得 $\int_{E_c} |f(x)|\mathrm{d}x = c$.

定理 3.15 (逐项积分定理)　设 $\{u_n(x) \mid n \in \mathbf{N}\}$ 是 E 上一列非负可测函数, 则在 E 上可以逐项积分:

$$\int_E \left(\sum_{n=1}^{\infty} u_n(x) \right) \mathrm{d}x = \sum_{n=1}^{\infty} \int_E u_n(x) \mathrm{d}x .$$

定理 3.16 (积分的 σ-可加性)　设 $\{E_n \mid n \in \mathbf{N}\}$ 是一列互不相交的可测集, $f(x)$ 在 $E = \bigcup\limits_{n=1}^{\infty} E_n$ 上可积, 则 $f(x)$ 在每个 E_n 上可积, 并且

$$\int_E f(x)\mathrm{d}x = \sum_{n=1}^{\infty} \int_{E_n} f(x)\mathrm{d}x .$$

定理 3.17 (Fatou 引理)　设 $\{f_n(x) \mid n \in \mathbf{N}\}$ 是 E 上的一列非负可测函数, 则

$$\int_E \left(\varliminf_{n \to \infty} f_n(x) \right) \mathrm{d}x \leqslant \varliminf_{n \to \infty} \int_E f_n(x)\mathrm{d}x .$$

推论　设 $\{f_n(x) \mid n \in \mathbf{N}\}$ 是 E 上的一列可测函数.

(1) 如果存在可积函数 $\varphi(x)$, 使得 $f_n(x) \overset{\text{a.e.}}{\geqslant} \varphi(x)$ $(\forall n \in \mathbf{N})$, 则

$$\int_E \left(\varliminf_{n \to \infty} f_n(x) \right) \mathrm{d}x \leqslant \varliminf_{n \to \infty} \int_E f_n(x)\mathrm{d}x ;$$

(2) 如果存在可积函数 $\varphi(x)$, 使得 $f_n(x) \overset{\text{a.e.}}{\leqslant} \varphi(x)$ $(\forall n \in \mathbf{N})$, 则

$$\varlimsup_{n \to \infty} \int_E f_n(x)\mathrm{d}x \leqslant \int_E \left(\varlimsup_{n \to \infty} f_n(x) \right) \mathrm{d}x .$$

定理 3.18 (Lebesgue 控制收敛定理)　设 $\{f_n(x) \mid n \in \mathbf{N}\}$ 是 E 上的可测函数列. 如果

(1) $\lim\limits_{n \to \infty} f_n(x) \overset{\text{a.e.}}{=} f(x)$;

(2) 存在可积函数 $F(x)$, 使得 $|f_n(x)| \overset{\text{a.e.}}{\leqslant} F(x)$ $(\forall n \in \mathbf{N})$.

则 $f(x)$ 在 E 上可积, 且 $\int_E f(x)\mathrm{d}x = \lim\limits_{n \to \infty} \int_E f_n(x)\mathrm{d}x .$

定理 3.19　设 $\{f_n(x) \mid n \in \mathbf{N}\}$ 是 E 上的可测函数列. 如果

(1) $f_n(x) \overset{\mu}{\to} f(x)$;

(2) 存在可积函数 $F(x)$, 使得 $|f_n(x)| \overset{\text{a.e.}}{\leqslant} F(x)$ $(\forall n \in \mathbf{N})$.

则 $f(x)$ 在 E 上可积, 且

$$\int_E f(x)\mathrm{d}x = \lim\limits_{n \to \infty} \int_E f_n(x)\mathrm{d}x .$$

推论(有界收敛定理)　设 $\mu E < +\infty$, $\{f_n(x) \mid n \in \mathbf{N}\}$ 是 E 上的可测函数列. 如果

(1) $f_n(x) \xrightarrow{\mu} f(x)$(特别地, $\lim\limits_{n\to\infty} f_n(x) \stackrel{\text{a.e.}}{=} f(x)$);

(2) 存在常数 $C > 0$, 使得 $|f_n(x)| \stackrel{\text{a.e.}}{\leqslant} C \ (\forall n \in \mathbf{N})$.

则 $f(x)$ 在 E 上可积, 且 $\int_E f(x)\mathrm{d}x = \lim\limits_{n\to\infty}\int_E f_n(x)\mathrm{d}x$.

定理 3.20　如果 $\{f_n(x) \mid n \in \mathbf{N}\}$ 是 E 上的可测函数列, 且

(1) $f_n(x) \xrightarrow{\mu} f(x)$;

(2) 存在可积函数 $F(x)$, 使得 $|f_n(x)| \stackrel{\text{a.e.}}{\leqslant} F(x) \ (\forall n \in \mathbf{N})$.

则

$$\lim_{n\to\infty}\int_E |f_n(x) - f(x)|\mathrm{d}x = 0.$$

反之, 如果 $f_n(x)(n \in \mathbf{N})$ 和 $f(x)$ 都是 E 上几乎处处有限的可测函数, 并且上述极限成立, 则 $f_n(x) \xrightarrow{\mu} f(x)$.

定理 3.21　(1) 设 $f(x)$ 是 $[a,b]$ 上的有界函数, 则 $f(x)$ 在 $[a,b]$ 上 Riemann 可积的充要条件是 $f(x)$ 在 $[a,b]$ 上几乎处处连续;

(2) 如果 $f(x)$ 在 $[a,b]$ 上 Riemann 可积, 则 $f(x)$ 在 $[a,b]$ 上 Lebesgue 可积, 并且积分值相同.

引理 3.2　设 $f(x)$ 是 $[0,+\infty)$ 上的非负有限函数. 如果对任意 $t \in (0,+\infty)$, $f(x)$ 在 $[0,t]$ 上 Riemann 可积, 则 $\int_{[0,+\infty)} f(x)\mathrm{d}x = \int_0^{+\infty} f(x)\mathrm{d}x = (R)\int_0^{+\infty} f(x)\mathrm{d}x$.

定理 3.22　设 $f(x)$ 是 $[0,+\infty)$ 上的有限函数, 对任意 $t \in (0,+\infty)$, $f(x)$ 在 $[0,t]$ 上 Riemann 可积.

(1) 如果 $(R)\int_0^{+\infty} |f(x)|\mathrm{d}x < +\infty$, 则 $\int_{[0,+\infty)} f(x)\mathrm{d}x = (R)\int_0^{+\infty} f(x)\mathrm{d}x$;

(2) 如果 $(R)\int_0^{+\infty} |f(x)|\mathrm{d}x = +\infty$, $(R)\int_0^{+\infty} f(x)\mathrm{d}x$ 收敛, 则 $\int_{[0,+\infty)} f(x)\mathrm{d}x$ 无意义.

定理 3.23　如果 $f(x)$ 是 $[a,b]$ 上的单调递增函数, 则 $f(x)$ 在 $[a,b]$ 上几乎处处存在有限的导数 $f'(x)$, 并且 $f'(x)$ 在 $[a,b]$ 上可积, $\int_a^b f'(x)\mathrm{d}x \leqslant f(b) - f(a)$.

定义 3.4　设 $f(x)$ 是区间 $[a,b]$ 上的有限函数, 对于 $[a,b]$ 的任一划分

$$T : a = x_0 < x_1 < \cdots < x_n = b,$$

作和式($f(x)$ 关于划分 T 的变差) $V_f(T) = \sum_{i=1}^n |f(x_i) - f(x_{i-1})|$. 如果对于 $[a,b]$ 的一切划分 T, $\{V_f(T)\}$ 为有界数集, 就称 $f(x)$ 是 $[a,b]$ 上的有界变差函数, 并称

$\{V_f(T)\}$ 的上确界为 $f(x)$ 在 $[a,b]$ 上的全变差, 记为 $V_a^b(f)$, 即

$$V_a^b(f) = \sup_T \left\{ \sum_{i=1}^n \left| f(x_i) - f(x_{i-1}) \right| \right\}.$$

记 $[a,b]$ 上有界变差函数的全体为 $BV[a,b]$.

定理 3.24　$[a,b]$ 上的单调函数是有界变差函数.

定理 3.25　$[a,b]$ 上满足 Lipschitz 条件的函数是有界变差函数.

定理 3.26　(1) 如果 $f \in BV[a,b]$, 则 $f(x)$ 有界.

(2) 设 $c \in (a,b)$, 则 $f \in BV[a,b]$ 当且仅当 $f \in BV[a,c]$, $f \in BV[c,b]$. 另外 $V_a^b(f) = V_a^c(f) + V_c^b(f)$. 特别地, 如果 $f \in BV[a,b]$, $[c,d] \subset [a,b]$, 则 $f \in BV[c,d]$.

(3) 设 $f,g \in BV[a,b]$, 则 $f \pm g \in BV[a,b]$, $f \cdot g \in BV[a,b]$.

(4) 设 $f,g \in BV[a,b]$, 如果存在常数 $\sigma > 0$, 使得 $|g(x)| \geqslant \sigma$, 则

$$\frac{f}{g} \in BV[a,b].$$

定理 3.27　(Jordan 分解定理)　$[a,b]$ 上的函数 $f(x)$ 是有界变差函数当且仅当 $f(x)$ 可以表示为 $[a,b]$ 上两个单调递增函数之差.

定理 3.28　设 $f(x)$ 是 $[a,b]$ 上的有界变差函数, 则

(1) $f(x)$ 的间断点都是第一类间断点, 且间断点集是至多可数集, 从而 $f(x)$ 在 $[a,b]$ 上几乎处处连续;

(2) $f(x)$ 在 $[a,b]$ 上几乎处处存在有限的导数 $f'(x)$, 并且 $f'(x)$ 在 $[a,b]$ 上可积.

定义 3.5　设 $f(x)$ 是 $[a,b]$ 上的有限函数. 如果 $\forall \varepsilon > 0$, 存在 $\delta > 0$, 使得对 $[a,b]$ 中任意有限个互不相交的开区间 $(a_i, b_i)(i = 1, 2, \cdots, n)$, 当 $\sum_{i=1}^n (b_i - a_i) < \delta$ 时, 有 $\sum_{i=1}^n |f(b_i) - f(a_i)| < \varepsilon$, 则称 $f(x)$ 是 $[a,b]$ 上的**绝对连续函数**. $[a,b]$ 上所有绝对连续函数的全体记作 $AC[a,b]$.

定理 3.29　$[a,b]$ 上满足 Lipschitz 条件的函数是绝对连续函数.

定理 3.30　设 $f \in AC[a,b]$, 则 f 在 $[a,b]$ 上一致连续, 并且 $f \in BV[a,b]$.

定理 3.31　设 $f,g \in AC[a,b]$, 则 $f \pm g \in AC[a,b]$, $f \cdot g \in AC[a,b]$; 又当在 $[a,b]$ 上 $g(x) \neq 0$ 时, $\frac{f}{g} \in AC[a,b]$. 设 $c \in (a,b)$ 则 $f \in AC[a,b]$ 当且仅当 $f \in AC[a,c]$, $f \in AC[c,b]$. 特别地, 若 $f \in AC[a,b]$, $[c,d] \subset [a,b]$, 则 $f \in AC[c,d]$.

定理 3.32　设 $f(x)$ 是 $[a,b]$ 上的绝对连续函数. 如果 $f'(x) \overset{\text{a.e.}}{=} 0$，则 $f(x)$ 为常数.

定理 3.33　设 $f(x)$ 是 $[a,b]$ 上的可积函数，则函数 $F(x) = \int_a^x f(t)\mathrm{d}t$ 是 $[a,b]$ 上的绝对连续函数.

定理 3.34　设 $f(x)$ 是 $[a,b]$ 上的可积函数，则对函数 $F(x) = \int_a^x f(t)\mathrm{d}t$，有 $F'(x) \overset{\text{a.e.}}{=} f(x)$ 成立.

定理 3.35　设 $F(x)$ 是 $[a,b]$ 上的绝对连续函数，则 $F(x) = \int_a^x F'(t)\mathrm{d}t + F(a)$，$x \in [a,b]$.

推论 1　函数 $F(x)$ 在 $[a,b]$ 上绝对连续的充分必要条件是存在可积函数 $f(x)$，使得 $F(x) = \int_a^x f(t)\mathrm{d}t + C$，$x \in [a,b]$，其中 C 是常数.

推论 2　设 $F \in AC[a,b]$，则 Newton-Leibniz 公式

$$\int_a^b F'(x)\mathrm{d}x = F(b) - F(a) = F(x)\big|_a^b$$

成立.

定理 3.36　设 $f \in AC[a,b]$，如果 $f'(x) \overset{\text{a.e.}}{\geqslant} 0$，则 $f(x)$ 是单调递增函数. 反之，如果 $f(x)$ 是 $[a,b]$ 上的单调递增函数，则 $f'(x) \overset{\text{a.e.}}{\geqslant} 0$.

定理 3.37　设 $f \in AC[a,b]$，则 $\int_a^b |f'(t)|\mathrm{d}t = V_a^b(f)$.

定理 3.38 (积分的变量替换)　设 $\varphi \in AC[\alpha, \beta]$，严格单调增加，$\varphi(\alpha) = a$，$\varphi(\beta) = b$. 如果 $f(x)$ 是 $[a,b]$ 上的可积函数，那么 $\int_a^b f(x)\mathrm{d}x = \int_\alpha^\beta f(\varphi(t))\varphi'(t)\mathrm{d}t$.

定理 3.39 (分部积分)　设 $f, g \in AC[a,b]$，则

$$\int_a^b f'(x)g(x)\mathrm{d}x = f(x)g(x)\big|_a^b - \int_a^b f(x)g'(x)\mathrm{d}x.$$

定理 3.40 (积分第一中值定理)　设 $f \in C[a,b]$，$g(x)$ 在 $[a,b]$ 上非负可积，则存在 $\xi \in [a,b]$，使得 $\int_a^b f(x)g(x)\mathrm{d}x = f(\xi)\int_a^b g(x)\mathrm{d}x$.

定理 3.41 (积分第二中值定理)　设 $f(x)$ 在 $[a,b]$ 上可积，$g(x)$ 在 $[a,b]$ 上单调，则存在 $\xi \in [a,b]$，使得 $\int_a^b f(x)g(x)\mathrm{d}x = g(a)\int_a^\xi f(x)\mathrm{d}x + g(b)\int_\xi^b f(x)\mathrm{d}x$.

定理 3.42　存在唯一的子集族 $\mathscr{L}(\mathbf{R}^2) \subset 2^{\mathbf{R}^2}$ 及集函数 $m: \mathscr{L}(\mathbf{R}^2) \to [0, +\infty]$ 满

足下面的性质:

(P₁)　$\varnothing \in \mathscr{L}(\mathbf{R}^2)$;

(P₂)　如果 $A_n \in \mathscr{L}(\mathbf{R}^2)$ $(n \in \mathbf{N})$, 则 $\bigcup\limits_{n=1}^{\infty} A_n \in \mathscr{L}(\mathbf{R}^2)$;

(P₃)　如果 $A \in \mathscr{L}(\mathbf{R}^2)$, 则 $A^C \in \mathscr{L}(\mathbf{R}^2)$;

(P₄)　如果 $G \subset \mathbf{R}^2$ 是开集, 则 $G \in \mathscr{L}(\mathbf{R}^2)$;

(Q₁)　$m\varnothing = 0$;

(Q₂)　如果 $A, B \in \mathscr{L}(\mathbf{R})$, 则 $A \times B \in \mathscr{L}(\mathbf{R}^2)$, 并且 $m(A \times B) = \mu A \cdot \mu B$;

(Q₃)(σ-可加性)　如果 $A_n \in \mathscr{L}(\mathbf{R}^2)$ $(n \in \mathbf{N})$ 互不相交, 则

$$m\left(\bigcup_{n=1}^{\infty} A_n\right) = \sum_{n=1}^{\infty} m(A_n);$$

(Q₄)(完全性)　设 $A \in \mathscr{L}(\mathbf{R}^2)$, 并且 $mA = 0$. 如果 $B \subset A$, 则 $B \in \mathscr{L}(\mathbf{R}^2)$;

(Q₅)(平移不变性)　如果 $A \in \mathscr{L}(\mathbf{R}^2)$, $A \neq \varnothing$, $M \in \mathbf{R}^2$, 则 $A + M \in \mathscr{L}(\mathbf{R}^2)$, 并且 $m(A + M) = mA$;

(Q₆)(逼近性质)　如果 $A \in \mathscr{L}(\mathbf{R}^2)$, 则 $\forall \varepsilon > 0$, 存在闭集 F 与开集 G, $F \subset A \subset G$, 使得 $m(G \setminus F) < \varepsilon$.

集族 $\mathscr{L}(\mathbf{R}^2)$ 中的元素是 $\mathbf{R}^2$ 的子集, 称为 Lebesgue **可测集**. 集函数

$$m: \mathscr{L}(\mathbf{R}^2) \to [0, +\infty],$$

称为 $\mathscr{L}(\mathbf{R}^2)$ 上的 Lebesgue **测度**. $\mathbf{R}^2$ 中的 Lebesgue 可测集和 Lebesgue 测度具有类似于第 1 章中的相应结论. 由此可以类似地定义 $\mathbf{R}^2$ 中的可测函数和可测函数的 Lebesgue 积分, 并具有相应的性质.

定理 3.43 (Fubini)　设 $E_1, E_2 \in \mathscr{L}(\mathbf{R})$, $f(x, y)$ 是 $E_1 \times E_2$ 上的可积函数, 则

(1) 对几乎所有的 $x \in E_1$ $(y \in E_2)$, $f(x, y)$ 是 E_2 (E_1) 上的可积函数;

(2) 在 E_1 (E_2) 上几乎处处有定义的函数

$$g_1(x) = \int_{E_2} f(x, y)\mathrm{d}y \quad \left(g_2(y) = \int_{E_1} f(x, y)\mathrm{d}x\right)$$

是 E_1 (E_2) 上的可积函数;

(3) 积分可以交换次序,

$$\int_{E_1 \times E_2} f(x, y)\mathrm{d}m = \int_{E_1 \times E_2} f(x, y)\mathrm{d}x\mathrm{d}y = \int_{E_1} \mathrm{d}x \int_{E_2} f(x, y)\mathrm{d}y = \int_{E_2} \mathrm{d}y \int_{E_1} f(x, y)\mathrm{d}x.$$

二、典型问题讨论

问题 1. 非负可测函数积分的等价定义(周民强, 2016): 设 $f(x)$ 为 E 上的非负可测函数, 定义

$$\int_E f(x)\mathrm{d}x = \sup\left\{\int_E h(x)\mathrm{d}x \mid h(x) \text{为} E \text{上的非负简单函数}, h(x) \leqslant f(x)\right\}.$$

下面说明这个定义与定义 3.2 等价.

记 $I = \int_E f(x)\mathrm{d}x$, $H = \{h \mid h(x) \text{为} E \text{上的非负简单函数}, h(x) \leqslant f(x)\}$. 对于满足 $\lim\limits_{n\to\infty} \varphi_n(x) = f(x)$ 的非负递增简单函数列 $\{\varphi_n(x) \mid n \in \mathbf{N}\}$ (这里 $\{\varphi_n(x)\}$ 的存在性从引理 2.1 可得), 当 $I < +\infty$ 时, 由上确界的定义, 存在 $\bar{h}_1 \in H$, 使得

$$I - 1 < \int_E \bar{h}_1(x)\mathrm{d}x \leqslant \int_E h_1(x)\mathrm{d}x \leqslant I,$$

其中

$$\varphi_1(x) \leqslant h_1(x) = \max\{\bar{h}_1(x), \varphi_1(x)\} \leqslant f(x), \quad 0 \leqslant f(x) - h_1(x) \leqslant f(x) - \varphi_1(x);$$

存在 $\bar{h}_2 \in H$, 使得

$$I - \frac{1}{2} < \int_E \bar{h}_2(x)\mathrm{d}x \leqslant \int_E h_2(x)\mathrm{d}x \leqslant I,$$

其中

$$\varphi_2(x) \leqslant h_2(x) = \max\{h_1(x), \bar{h}_2(x), \varphi_2(x)\} \leqslant f(x),$$
$$0 \leqslant f(x) - h_2(x) \leqslant f(x) - \varphi_2(x);$$

依此下去, 存在 $\bar{h}_n \in H$, 使得

$$I - \frac{1}{n} < \int_E \bar{h}_n(x)\mathrm{d}x \leqslant \int_E h_n(x)\mathrm{d}x \leqslant I,$$

其中

$$\varphi_n(x) \leqslant h_n(x) = \max\{h_{n-1}(x), \bar{h}_n(x), \varphi_n(x)\} \leqslant f(x),$$
$$0 \leqslant f(x) - h_n(x) \leqslant f(x) - \varphi_n(x).$$

于是 $h_n(x) \geqslant h_{n-1}(x)(\forall n \in \mathbf{N})$, $\lim\limits_{n\to\infty} h_n(x) = f(x)$, 并且 $\left|\int_E h_n(x)\mathrm{d}x - I\right| < \frac{1}{n}$, 故

$$\lim_{n\to\infty} \int_E h_n(x)\mathrm{d}x = I = \int_E f(x)\mathrm{d}x.$$

当 $I = +\infty$ 时, 类似于上面的过程, 存在 $\{\bar{h}_n\} \subset H$ 以及 $\{h_n(x)\}$, 满足

$$n < \int_E \overline{h}_n(x)\mathrm{d}x \leqslant \int_E h_n(x)\mathrm{d}x,$$

并且 $h_n(x) \geqslant h_{n-1}(x)\big(\forall n \in \mathbf{N}\big)$, $\lim\limits_{n \to \infty} h_n(x) = f(x)$, 故

$$\lim_{n \to \infty} \int_E h_n(x)\mathrm{d}x = +\infty = I = \int_E f(x)\mathrm{d}x.$$

从上面 $\{h_n(x)\}$ 的构造过程, 由第 2 章习题的第 1 题可知, 它是非负递增简单函数列, 并且 $\lim\limits_{n \to \infty} h_n(x) = f(x)$. 而定义 3.2 中的积分值 $\int_E f(x)\mathrm{d}x$ 与收敛到 $f(x)$ 的非负递增简单函数列 $\{\varphi_n(x)\}$ 的选取无关, 因此这里关于非负可测函数积分的定义与定义 3.2 等价.

问题 2. 利用定义 3.2 容易证明定理 3.1 中的结论 (1) 和 (4).

下面给出定理 3.1(3) 的证明: 设 $f(x)$ 和 $g(x)$ 都是可测集 E 上的非负可测函数, 且 $0 \leqslant f(x) \leqslant g(x)$. 根据引理 2.1, 存在 E 上非负递增的简单函数列 $\{\varphi_n(x)\}$ 和 $\{\psi_n(x)\}$, 使得 $\lim\limits_{n \to \infty} \varphi_n(x) = f(x)$,

问题2详解视频

$\lim\limits_{n \to \infty} \psi_n(x) = g(x)$. 显然 $\forall n \in \mathbf{N}$,

$$\varphi_n(x) \leqslant f(x) \leqslant g(x), \quad \psi_n(x) \leqslant g(x).$$

令 $h_n(x) = \max\{\varphi_n(x), \psi_n(x)\}$, 由第 2 章习题的第 1 题可知, $\{h_n(x)\}$ 是 E 上非负递增的简单函数列, 并且 $\psi_n(x) \leqslant h_n(x) \leqslant g(x)$. 于是 $\lim\limits_{n \to \infty} h_n(x) = g(x)$. 由定义 3.1 可得 $\int_E \varphi_n(x)\mathrm{d}x \leqslant \int_E h_n(x)\mathrm{d}x$, 令 $n \to \infty$, 即有 $\int_E f(x)\mathrm{d}x \leqslant \int_E g(x)\mathrm{d}x$.

注　定理 3.1(2) 的结论可由《实变函数与泛函分析(第二版)》(宋叔尼等, 2019) (注: 以下定理均出自此书) 定理 3.16 (积分的 σ-可加性) 证明中关于非负可测函数的部分可得. 实际上, 首先通过构造非负递增的简单函数列的方法证明 Levi 定理 (定理 3.12), 然后直接得到定理 3.15(非负可测函数级数的逐项积分定理), 从而使用定理 3.16 证明过程中的前一部分, 就得到了定理 3.1(2) 的结论. 在证明定理 3.16 时, 用到如下结果: 设 $\{E_n\}$ 是一列互不相交的可测集, $E = \bigcup\limits_{n=1}^{\infty} E_n$, $f(x)$ 是在 E 上几乎处处有限的非负可测函数. 令

$$u_n(x) = f(x)\chi_{E_n}(x) = \begin{cases} f(x), & x \in E_n, \\ 0, & x \notin E_n, \end{cases}$$

则 $f(x) = \sum\limits_{n=1}^{\infty} u_n(x)$. 事实上, 如果 $x \in E$, 存在唯一的 $n_0 \in \mathbf{N}$, 使得 $x \in E_{n_0}$, 而 $x \notin E_n(n \neq n_0)$, 即 $\chi_{n_0}(x) = 1$, $\chi_n(x) = 0(n \neq n_0)$, 所以 $\sum\limits_{n=1}^{\infty} u_n(x) = u_{n_0}(x) = f(x)$.

问题 3.　定理 3.9(积分的单调性质) 可以如下证明: 设 $f(x)$ 和 $g(x)$ 都是 E 上的可积函数. 因为在 E 上 $f(x) \overset{\text{a.e.}}{\leqslant} g(x)$, 所以 $g(x) - f(x) \overset{\text{a.e.}}{\geqslant} 0$, 故 $\int_E (g(x) - f(x))\mathrm{d}x \geqslant 0$. 根据定理 3.6(积分的线性性质), 有 $\int_E f(x)\mathrm{d}x \leqslant \int_E g(x)\mathrm{d}x$.

注　这与《实变函数与泛函分析(第二版)》(宋叔尼等, 2019)中定理 3.9 的证明稍有不同.

问题 4.　积分的线性性质(定理 3.6)限定了 $f(x)$ 和 $g(x)$ 都是 E 上可积函数的条件. 实际上,

(1) 如果 $f(x)$ 在 E 上几乎处处有限非负可测, $g(x)$ 在 E 上可积, 则
$$\int_E (f(x) + g(x))\mathrm{d}x = \int_E f(x)\mathrm{d}x + \int_E g(x)\mathrm{d}x;$$

(2) 如果 $f(x)$ 在 E 上几乎处处有限且有积分, 则
$$\int_E \alpha f(x)\mathrm{d}x = \alpha \int_E f(x)\mathrm{d}x, \quad \alpha \in \mathbf{R}.$$

证明　因为 $f(x) + g(x) \overset{\text{a.e.}}{\geqslant} g(x)$, 所以 $0 \overset{\text{a.e.}}{\leqslant} (f(x) + g(x))^- \overset{\text{a.e.}}{\leqslant} g^-(x)$. 而 $g(x)$ 在 E 上可积, 于是 $g^-(x)$ 在 E 上可积, 可见 $(f(x) + g(x))^-$ 在 E 上可积. 由于
$$f(x) + \left(g^+(x) - g^-(x)\right) \overset{\text{a.e.}}{=} f(x) + g(x) \overset{\text{a.e.}}{=} (f(x) + g(x))^+ - (f(x) + g(x))^-,$$

所以 $(f(x) + g(x))^+ + g^-(x) \overset{\text{a.e.}}{=} (f(x) + g(x))^- + f(x) + g^+(x)$, 从而根据非负可测函数积分的线性性质(定理 3.1),
$$\int_E (f(x) + g(x))^+ \mathrm{d}x + \int_E g^-(x)\mathrm{d}x = \int_E (f(x) + g(x))^- \mathrm{d}x + \int_E f(x)\mathrm{d}x + \int_E g^+(x)\mathrm{d}x.$$

再由 $g(x)$ 和 $(f(x) + g(x))^-$ 在 E 上可积, 于是
$$\int_E (f(x) + g(x))^+ \mathrm{d}x - \int_E (f(x) + g(x))^- \mathrm{d}x = \int_E f(x)\mathrm{d}x + \int_E g^+(x)\mathrm{d}x - \int_E g^-(x)\mathrm{d}x,$$

即 $\int_E (f(x) + g(x))\mathrm{d}x = \int_E f(x)\mathrm{d}x + \int_E g(x)\mathrm{d}x$.

当 $\alpha \geqslant 0$ 时, $(\alpha f(x))^+ = \alpha f^+(x)$, $(\alpha f(x))^- = \alpha f^-(x)$,
$$\int_E \alpha f(x)\mathrm{d}x = \int_E (\alpha f(x))^+ \mathrm{d}x - \int_E (\alpha f(x))^- \mathrm{d}x$$
$$= \alpha \int_E f^+(x)\mathrm{d}x - \alpha \int_E f^-(x)\mathrm{d}x = \alpha \int_E f(x)\mathrm{d}x.$$

当 $\alpha < 0$ 时, $(\alpha f(x))^+ = (-\alpha)f^-(x)$, $(\alpha f(x))^- = (-\alpha)f^+(x)$,

$$\int_E \alpha f(x)\mathrm{d}x = \int_E (\alpha f(x))^+ \,\mathrm{d}x - \int_E (\alpha f(x))^- \,\mathrm{d}x$$

$$= -\alpha \int_E f^-(x)\mathrm{d}x + \alpha \int_E f^+(x)\mathrm{d}x = \alpha \int_E f(x)\mathrm{d}x.$$

所以 $\int_E \alpha f(x)\mathrm{d}x = \alpha \int_E f(x)\mathrm{d}x$. 由于 $f(x)$ 在 E 上有积分, 故前面出现的积分差中至少有一个积分是有限的.

问题 5. 积分绝对连续性(定理 3.10)有等价的结论. 设 $f(x)$ 在 E 上可积.

(1) $\forall \varepsilon > 0$, 存在 $\delta > 0$, 对于任何可测子集 $A \subset E$, 当 $\mu A < \delta$ 时, 有

$$\int_A |f(x)|\mathrm{d}x < \varepsilon.$$

(2) $\forall \varepsilon > 0$, 存在 $\delta > 0$, 对于任何可测子集 $A \subset E$, 当 $\mu A < \delta$ 时, 有

$$\left| \int_A f(x)\mathrm{d}x \right| < \varepsilon.$$

下面说明(1)和(2)等价. 从(1)能推出(2)是显然的. 现在从(2)来推导(1):

$\forall \varepsilon > 0$, 由(2)可知, 存在 $\delta > 0$, 对于任何可测子集 $A \subset E$, 当 $\mu A < \delta$ 时, 有 $\left| \int_A f(x)\mathrm{d}x \right| < \dfrac{\varepsilon}{2}$. 令 $A_1 = A \cap E[f \geqslant 0]$, $A_2 = A \cap E[f < 0]$, 于是 $\mu(A_1) \leqslant \mu A < \delta$, $\mu(A_2) \leqslant \mu A < \delta$, 从而

$$\int_A |f(x)|\mathrm{d}x = \int_{A_1} |f(x)|\mathrm{d}x + \int_{A_2} |f(x)|\mathrm{d}x = \int_{A_1} f(x)\mathrm{d}x - \int_{A_2} f(x)\mathrm{d}x$$

$$= \left| \int_{A_1} f(x)\mathrm{d}x \right| + \left| \int_{A_2} f(x)\mathrm{d}x \right| < \frac{\varepsilon}{2} + \frac{\varepsilon}{2} = \varepsilon.$$

问题 6. 记 $L^1[a,b]$ 为 $[a,b]$ 上全体可积函数的集合, 其中几乎处处相等的函数视为同一个元素, 定义 $d(f,g) = \int_a^b |f(x) - g(x)|\mathrm{d}x$, $\forall f, g \in L^1[a,b]$, 容易证明 d 是 $L^1[a,b]$ 中的度量函数(参见第 4 章). 显然 $C[a,b] \subset L^1[a,b]$. 如果 $f \in L^1[a,b]$, 由定理 3.11 可知, $\forall n \in \mathbf{N}$, 存在 $\{\varphi_n\} \subset C[a,b]$, 使得

$$d(f,\varphi_n) = \int_a^b |f(x) - \varphi_n(x)|\mathrm{d}x < \frac{1}{n} \to 0.$$

问题 7. 在 Fatou 引理(定理 3.17)的推论(1)中, 假设如下条件: 存在可积函数

$\varphi(x)$, 使得 $f_n(x) \overset{\text{a.e.}}{\geqslant} \varphi(x)$ $(\forall n \in \mathbf{N})$. 因为 $\varphi(x)$ 可积, 所以不妨设 $\varphi(x)$ 处处有限. 由于 $f_n(x) - \varphi(x) \overset{\text{a.e.}}{\geqslant} 0$, 从本章问题 4 的结论(1)可得

$$\int_E f_n(x)\mathrm{d}x = \int_E \big(f_n(x)-\varphi(x)+\varphi(x)\big)\mathrm{d}x = \int_E \big(f_n(x)-\varphi(x)\big)\mathrm{d}x + \int_E \varphi(x)\mathrm{d}x,$$

于是

$$\int_E \big(f_n(x)-\varphi(x)\big)\mathrm{d}x = \int_E f_n(x)\mathrm{d}x - \int_E \varphi(x)\mathrm{d}x.$$

同理，由于 $\varliminf\limits_{n\to\infty} f_n(x) - \varphi(x) \overset{\text{a.e.}}{\geqslant} 0$，

$$\int_E \left(\varliminf_{n\to\infty} f_n(x)\right)\mathrm{d}x = \int_E \left(\varliminf_{n\to\infty} f_n(x) - \varphi(x) + \varphi(x)\right)\mathrm{d}x$$

$$= \int_E \left(\varliminf_{n\to\infty} f_n(x) - \varphi(x)\right)\mathrm{d}x + \int_E \varphi(x)\mathrm{d}x.$$

于是

$$\int_E \left(\varliminf_{n\to\infty} f_n(x)\right)\mathrm{d}x - \int_E \varphi(x)\mathrm{d}x = \int_E \left(\varliminf_{n\to\infty} f_n(x) - \varphi(x)\right)\mathrm{d}x.$$

再利用 Fatou 引理，

$$\int_E \left(\varliminf_{n\to\infty} f_n(x)\right)\mathrm{d}x - \int_E \varphi(x)\mathrm{d}x = \int_E \left(\varliminf_{n\to\infty} \big(f_n(x)-\varphi(x)\big)\right)\mathrm{d}x$$

$$\leqslant \varliminf_{n\to\infty} \int_E \big(f_n(x)-\varphi(x)\big)\mathrm{d}x = \varliminf_{n\to\infty} \left(\int_E f_n(x)\mathrm{d}x - \int_E \varphi(x)\mathrm{d}x\right)$$

$$= \varliminf_{n\to\infty} \int_E f_n(x)\mathrm{d}x - \int_E \varphi(x)\mathrm{d}x,$$

从而

$$\int_E \left(\varliminf_{n\to\infty} f_n(x)\right)\mathrm{d}x \leqslant \varliminf_{n\to\infty} \int_E f_n(x)\mathrm{d}x.$$

在 Fatou 引理的推论(2)中，假设如下条件：存在可积函数 $\varphi(x)$，使得 $f_n(x) \overset{\text{a.e.}}{\leqslant} \varphi(x)$ $(\forall n \in \mathbf{N})$．考虑 $-f_n(x)$，由推论(1)可知

$$\int_E \left(\varliminf_{n\to\infty} \big(-f_n(x)\big)\right)\mathrm{d}x \leqslant \varliminf_{n\to\infty} \int_E \big(-f_n(x)\big)\mathrm{d}x,$$

从本章问题 4 的结论(2)可得

$$-\int_E \left(\varlimsup_{n\to\infty} f_n(x)\right)\mathrm{d}x = \int_E \left(-\varlimsup_{n\to\infty} f_n(x)\right)\mathrm{d}x = \int_E \left(\varliminf_{n\to\infty} \big(-f_n(x)\big)\right)\mathrm{d}x$$

$$\leqslant \varliminf_{n\to\infty} \int_E \big(-f_n(x)\big)\mathrm{d}x = \varliminf_{n\to\infty} \left(-\int_E f_n(x)\mathrm{d}x\right) = -\varlimsup_{n\to\infty} \int_E f_n(x)\mathrm{d}x,$$

即 $\varlimsup\limits_{n\to\infty} \int_E f_n(x)\mathrm{d}x \leqslant \int_E \left(\varlimsup\limits_{n\to\infty} f_n(x)\right)\mathrm{d}x$．

问题 8. 在数学分析中，使用多种方法证明了 $\lim\limits_{n\to\infty} \int_0^{\frac{\pi}{2}} \sin^n x\,\mathrm{d}x = 0$．根据定理

3.21, 可将这个 Riemann 积分看作 Lebesgue 积分, 而 $\left|\sin^n x\right| \leqslant 1$, 并且在 $\left[0, \dfrac{\pi}{2}\right]$ 上,

$\lim\limits_{n \to \infty} \sin^n x \overset{\text{a.e.}}{=} 0$ (实际上, 只有在 $x = \dfrac{\pi}{2}$ 处不成立), 从而由控制收敛定理即可得结论.

问题 9. 设函数 $f(x,y)$ 对每个 $y \in [c,d]$ 是 $[a,b]$ 上关于 x 的可积函数, 对每个 $x \in [a,b]$ 在 $[c,d]$ 上关于 y 可导, 并且存在 $[a,b]$ 上的可积函数 $F(x)$, 使得

$$\left|\frac{\partial}{\partial y} f(x,y)\right| \leqslant F(x), \quad x \in [a,b], \quad y \in [c,d],$$

则

$$\frac{\mathrm{d}}{\mathrm{d}y} \int_{[a,b]} f(x,y)\mathrm{d}x = \int_{[a,b]} \frac{\partial}{\partial y} f(x,y)\mathrm{d}x, \quad y \in (c,d).$$

证明 因为

$$\lim_{h \to 0} \frac{1}{h}\big(f(x,y+h) - f(x,y)\big) = \frac{\partial}{\partial y} f(x,y), \quad y \in (c,d),$$

再根据微分中值定理,

$$\left|\frac{1}{h}\big(f(x,y+h) - f(x,y)\big)\right| = \left|\frac{\partial}{\partial y} f(x,y+\theta h)\right| \leqslant F(x), \quad x \in [a,b], \quad y \in (c,d),$$

其中 $0 \leqslant \theta \leqslant 1$, 所以由 Lebesgue 控制收敛定理,

$$\frac{\mathrm{d}}{\mathrm{d}y} \int_{[a,b]} f(x,y)\mathrm{d}x = \lim_{h \to 0} \int_{[a,b]} \frac{1}{h}\big(f(x,y+h) - f(x,y)\big)\mathrm{d}x$$

$$= \int_{[a,b]} \frac{\partial}{\partial y} f(x,y)\mathrm{d}x, \quad y \in (c,d).$$

注 同数学分析中求导与积分交换次序的条件和结论相比较. 这里不需要 $f(x,y)$ 和 $f_y(x,y)$ 在 $[a,b] \times [c,d]$ 上连续的条件.

问题 10. 定理 3.19 的条件: E 上的可测函数列 $\{f_n(x)\}$ 满足 $f_n(x) \overset{\mu}{\to} f(x)$, 并且存在可积函数 $F(x)$, 使得 $|f_n(x)| \overset{\text{a.e.}}{\leqslant} F(x)$ ($\forall n \in \mathbf{N}$). 根据第 2 章习题的第 30 题解答的注可知, 只需证明对任意的子列 $\{f_{n_k}(x)\}$, 均存在子列 $\{f_{n_{k_i}}(x)\}$, 使得

$$\lim_{i \to \infty} \int_E f_{n_{k_i}}(x)\mathrm{d}x = \int_E f(x)\mathrm{d}x,$$

即可得 $\int_E f(x)\mathrm{d}x = \lim\limits_{n \to \infty} \int_E f_n(x)\mathrm{d}x$. 事实上, 因为 $f_{n_k}(x) \overset{\mu}{\to} f(x)$, 所以由定理 2.14, 存在子列 $f_{n_{k_i}}(x) \overset{\text{a.e.}}{\to} f(x)$, 再由控制收敛定理得 $\lim\limits_{i \to \infty} \int_E f_{n_{k_i}}(x)\mathrm{d}x = \int_E f(x)\mathrm{d}x$.

注 这里的证明与《实变函数与泛函分析(第二版)》(宋叔尼等, 2019)中不同.

问题 11.　定理 3.20 的 "反之" 部分: 如果 $f_n(x)(n \in \mathbf{N})$ 和 $f(x)$ 都是 E 上几乎处处有限的可测函数, 并且 $\lim\limits_{n \to \infty} \int_E |f_n(x) - f(x)| \mathrm{d}x = 0$, 则 $f_n(x) \xrightarrow{\mu} f(x)$.

实际上, 也有如下结论: 如果 $f_n(x)(n \in \mathbf{N})$ 和 $f(x)$ 都是 E 上可积函数,并且 $\lim\limits_{n \to \infty} \int_E |f_n(x) - f(x)| \mathrm{d}x = 0$, 则存在子列 $\{f_{n_k}(x)\}$ 和 E 上的可积函数 $F(x)$, 使得 $\left| f_{n_k}(x) \right| \overset{\text{a.e.}}{\leqslant} F(x)$ $(\forall n \in \mathbf{N})$. 可参考 Brezis 的《泛函分析》(2009).

问题 12.　在数学分析中我们知道: 如果 $f(x)$ 是 $[0,1]$ 上的 Riemann 可积函数,那么 $f(x)$ 在 $[0,1]$ 上有界; 如果 $f(x)$ 和 $g(x)$ 都是 $[0,1]$ 上的 Riemann 可积函数, 那么它们的乘积 $f(x)g(x)$ 在 $[0,1]$ 上也是 Riemann 可积函数(事实上, 由定理 3.21 易知). 但是对于 Lebesgue 积分, 以上结论均不一定成立. 记 $E = [0,1]$, 设 $\{r_n\}$ 是 $[0,1)$ 中的全体有理数, 对任意的 $n \in \mathbf{N}$, 定义 E 上的函数列

$$h_n(x) = \begin{cases} \dfrac{1}{2^n \sqrt{x - r_n}}, & x \in (r_n, 1], \\ 0, & x \in [0, r_n]. \end{cases}$$

显然 $\{h_n(x)\}$ 是 E 上的非负可测函数列, 令 $f_n(x) = \sum\limits_{k=1}^{n} h_k(x)$, 于是 $\{f_n(x)\}$ 是 E 上的非负递增可测函数列. 记 $f(x) = \lim\limits_{n \to \infty} f_n(x)$, 根据定理 2.7, $f(x)$ 是 E 上的非负可测函数. 由 Levi 定理和定理 3.1(1),

$$\int_E f(x)\mathrm{d}x = \lim_{n \to \infty} \int_E f_n(x)\mathrm{d}x = \lim_{n \to \infty} \sum_{k=1}^{n} \int_E h_k(x)\mathrm{d}x$$

$$= \lim_{n \to \infty} \sum_{k=1}^{n} \int_{r_k}^{1} \frac{\mathrm{d}x}{2^k \sqrt{x - r_k}} = \lim_{n \to \infty} \sum_{k=1}^{n} \frac{\sqrt{1 - r_k}}{2^{k-1}} \leqslant \sum_{k=1}^{\infty} \frac{1}{2^{k-1}} = 2.$$

故 $f(x)$ 是 E 上的非负 Lebesgue 可积函数.

假设 $f(x)$ 在 E 上几乎处处有界, 即存在常数 $M > 0$ 及可测集 $E_0 \subset E$, 满足 $\mu(E_0) = 0$ 并且 $f(x) \leqslant M$, $\forall x \in E \setminus E_0$. 因为存在 $c \in (r_1, 1]$, 使得

$$h_1(x) = \frac{1}{2\sqrt{x - r_1}} > M, \qquad \forall x \in (r_1, c),$$

故 $f(x) \geqslant h_1(x) > M$, $\forall x \in (r_1, c)$, 则 $(r_1, c) \subset E_0$, 矛盾. 这说明, 虽然 $f(x)$ 在 E 上是 Lebesgue 可积的, 但是 $f(x)$ 在 E 上甚至不是几乎处处有界的.

令 $E_n = E\left[2^{n-1} \leqslant f < 2^n \right]$ $(n = 1, 2, \cdots)$, 显然 $\{E_n\}$ 是互不相交的可测集. 如果 $\{E_n\}$ 中只有有限个集合测度不为零, 那么存在 $n_0 \in \mathbf{N}$, $\mu\left(\bigcup\limits_{n=n_0}^{\infty} E_n \right) = 0$, 可知在

$E \setminus \left(\bigcup\limits_{n=n_0}^{\infty} E_n \right)$ 上，$f(x) < 2^{n_0-1}$，这与 $f(x)$ 在 E 上不是几乎处处有界的矛盾. 于是存在子列 $\{n_k\}$ 使得 $\mu\left(E_{n_k}\right) > 0 \ (k=1,2,\cdots)$，定义

$$g(x) = \begin{cases} \dfrac{1}{2^{n_k}\mu\left(E_{n_k}\right)}, & x \in E_{n_k} \ (k=1,2,\cdots), \\ 0, & x \in E \setminus \left(\bigcup\limits_{k=1}^{\infty} E_{n_k} \right). \end{cases}$$

可见 $g(x)$ 是 E 上的非负可测函数，并且由定理 3.1(2)，

$$\int_E g(x)\mathrm{d}x = \sum_{k=1}^{\infty}\int_{E_{n_k}} g(x)\mathrm{d}x = \sum_{k=1}^{\infty}\frac{\mu\left(E_{n_k}\right)}{2^{n_k}\mu\left(E_{n_k}\right)} = \sum_{k=1}^{\infty}\frac{1}{2^{n_k}} \leqslant \sum_{k=1}^{\infty}\frac{1}{2^k} = 1,$$

故 $g(x)$ 在 E 上是 Lebesgue 可积的. 但是

$$\int_E f(x)g(x)\mathrm{d}x = \sum_{k=1}^{\infty}\int_{E_{n_k}} f(x)g(x)\mathrm{d}x$$
$$\geqslant \sum_{k=1}^{\infty}\int_{E_{n_k}}\frac{2^{n_k-1}\mathrm{d}x}{2^{n_k}\mu\left(E_{n_k}\right)} = \sum_{k=1}^{\infty}\frac{2^{n_k-1}\mu\left(E_{n_k}\right)}{2^{n_k}\mu\left(E_{n_k}\right)} = \sum_{k=1}^{\infty}\frac{1}{2} = +\infty,$$

从而 $f(x)g(x)$ 在 E 上不是 Lebesgue 可积的.

下面考虑无界集合 $E = \bigcup\limits_{k=1}^{\infty}\left[k, k+\dfrac{1}{k^3}\right]$ 上的一个例子：设函数

$$f(x) = k, \quad x \in \left[k, k+\frac{1}{k^3}\right], \quad k \in \mathbf{N},$$

则

$$\int_E f(x)\mathrm{d}x = \sum_{k=1}^{\infty}\left(k \cdot \frac{1}{k^3}\right) = \sum_{k=1}^{\infty}\frac{1}{k^2} < +\infty,$$

而

$$\int_E f^2(x)\mathrm{d}x = \sum_{k=1}^{\infty}\left(k^2 \cdot \frac{1}{k^3}\right) = \sum_{k=1}^{\infty}\frac{1}{k} = +\infty,$$

即 $f(x)$ 可积，但是 $f^2(x)$ 不可积.

问题 13.　从定理 1.24 和定理 3.23 可知，$\mathbf{R}$ 上的单调函数 $f(x)$ 几乎处处连续且几乎处处存在有限的导数. 但是下面的例子说明单调函数的不可导点不一定是间断点. 设

$$f(x) = \begin{cases} x\left(1 + \dfrac{1}{3}\sin\left(\ln(x^2)\right)\right), & x \neq 0, \\ 0, & x = 0. \end{cases}$$

可见 $f(x)$ 在 $(-\infty, +\infty)$ 上连续, 而当 $x \neq 0$ 时,

$$f'(x) = 1 + \frac{1}{3}\sin\left(\ln(x^2)\right) + \frac{2}{3}\cos\left(\ln(x^2)\right) > 1 - \frac{1}{3} - \frac{2}{3} = 0,$$

所以 $f(x)$ 在 $(-\infty, +\infty)$ 上严格单增. 但是

$$\lim_{x \to 0} \frac{f(x) - f(0)}{x} = \lim_{x \to 0}\left(1 + \frac{1}{3}\sin\left(\ln(x^2)\right)\right)$$

不存在, 故 $f(x)$ 在 $x = 0$ 处不可导.

问题 14. $f(x)$ 是 $[a, b]$ 上的有界变差函数与曲线 $y = f(x)$ 可求长是等价的, 可参考周民强的《实变函数论》(2016).

问题 15. 从定理 3.29 可知, $[a, b]$ 上满足 Lipschitz 条件的函数是绝对连续函数. 但是反之不一定成立, 例如, $[0,1]$ 上的函数 $f(x) = \sqrt{x}$. 事实上, 根据定理 3.22 后面关于无界函数广义 Riemann 积分的说明, $\dfrac{1}{2\sqrt{x}}$ 在 $[0,1]$ 上 Lebesgue 可积, 而 $\sqrt{x} = \displaystyle\int_0^x \frac{\mathrm{d}t}{2\sqrt{t}}$, 所以由定理 3.33 知 $f(x) = \sqrt{x}$ 在 $[0,1]$ 上绝对连续. 如果它满足 Lipschitz 条件, 则存在常数 $L > 0$, 使得 $\forall x, y \in [0,1]$, 有 $\left|\sqrt{x} - \sqrt{y}\right| \leqslant L|x - y|$, 若取 $x > 0, y = 0$, 那么 $\dfrac{1}{\sqrt{x}} < L$, 令 $x \to 0^+$ 即产生矛盾, 因此 $f(x)$ 不满足 Lipschitz 条件.

三、习题详解与精析

1. 设 $f(x)$ 和 $h(x)$ 是 E 上的可积函数, $g(x)$ 在 E 上可测, 并且在 E 上

$$f(x) \overset{\text{a.e.}}{\leqslant} g(x) \overset{\text{a.e.}}{\leqslant} h(x)$$

证明 $g(x)$ 在 E 上可积.

证明 (方法一) 因为 $g^+(x) \overset{\text{a.e.}}{\leqslant} h^+(x)$, $g^-(x) \overset{\text{a.e.}}{\leqslant} f^-(x)$, 所以由定理 3.1,

$$0 \leqslant \int_E g^+(x)\mathrm{d}x \leqslant \int_E h^+(x)\mathrm{d}x < +\infty, \quad 0 \leqslant \int_E g^-(x)\mathrm{d}x \leqslant \int_E f^-(x)\mathrm{d}x < +\infty,$$

故根据定义 3.3, $g(x)$ 在 E 上可积.

(方法二) 因为 $0 \overset{\text{a.e.}}{\leqslant} g(x) - f(x) \overset{\text{a.e.}}{\leqslant} h(x) - f(x)$, 所以由定理 3.1 和定理 3.6,

$$0 \leqslant \int_{E} \big(g(x) - f(x)\big) \mathrm{d}x \leqslant \int_{E} \big(h(x) - f(x)\big) \mathrm{d}x < +\infty,$$

故根据定义 3.3, $g(x) - f(x)$ 在 E 上可积. 而 $g(x) \overset{\text{a.e.}}{=} f(x) + \big(g(x) - f(x)\big)$, 再由定理 3.6, 可知 $g(x)$ 在 E 上可积.

2. 设 $f(x)$ 和 $g(x)$ 在 E 上可测, $f^2(x)$ 和 $g^2(x)$ 在 E 上可积, 证明 $f(x)g(x)$ 在 E 上可积.

证明　因为 $|f(x)g(x)| \overset{\text{a.e.}}{\leqslant} \dfrac{1}{2}\big(f^2(x) + g^2(x)\big)$, 所以由定理 3.6, 可知 $|f(x)g(x)|$ 在 E 上可积, 故 $f(x)g(x)$ 在 E 上可积.

3. 设 $f(x)$ 和 $g(x)$ 在 E 上可积, 证明 $\sqrt{f^2(x) + g^2(x)}$ 在 E 上可积.

证明　因为 $\sqrt{f^2(x) + g^2(x)} \leqslant |f(x)| + |g(x)|$, 所以由定理 3.6, $\sqrt{f^2(x) + g^2(x)}$ 在 E 上可积.

4. 设 $E_k\,(k = 1, 2, \cdots, n)$ 是 $[0,1]$ 中的可测集, 如果 $[0,1]$ 中的任意一点都至少属于这 n 个集合中的 q 个, 证明存在 $k_0\,(1 \leqslant k_0 \leqslant n)$, 使得 $\mu\big(E_{k_0}\big) \geqslant \dfrac{q}{n}$.

证明　由 $\displaystyle\sum_{k=1}^{n} \chi_{E_k}(x) \geqslant q$, 可知

$$q \leqslant \int_0^1 \left(\sum_{k=1}^{n} \chi_{E_k}(x) \right) \mathrm{d}x = \sum_{k=1}^{n} \int_0^1 \chi_{E_k}(x)\mathrm{d}x = \sum_{k=1}^{n} \mu\big(E_k\big).$$

如果 $\forall k \in \{1, 2, \cdots, n\}$, 都有 $\mu\big(E_k\big) < \dfrac{q}{n}$, 那么 $\displaystyle\sum_{k=1}^{n} \mu\big(E_k\big) < q$, 矛盾.

5. 设 $f(x)$ 在 E 上可积, 证明 $\displaystyle\lim_{n\to\infty} n\mu E\big[|f| \geqslant n\big] = 0$.

证明　(方法一) 由定理 3.2, 不妨设 $f(x)$ 在 E 上处处有限. 令

$$E_k = E\big[k - 1 \leqslant |f| < k\big] \quad (k \in \mathbf{N}),$$

则 $E = \displaystyle\bigcup_{k=1}^{\infty} E_k$, 并且 $E_i \cap E_i = \varnothing\,(i \neq j)$. 利用非负可测函数积分的 σ- 可加性,

$\displaystyle\int_E |f(x)|\mathrm{d}x = \sum_{k=1}^{\infty} \int_{E_k} |f(x)|\mathrm{d}x < +\infty$, 该级数收敛. 再由测度的 σ- 可加性,

$$\sum_{k=n+1}^{\infty} \int_{E_k} |f(x)|\mathrm{d}x \geqslant \sum_{k=n+1}^{\infty} (k-1)\mu\big(E_k\big) \geqslant n \sum_{k=n+1}^{\infty} \mu\big(E_k\big) = n\mu\big(E\big[|f| \geqslant n\big]\big),$$

可得 $\displaystyle\lim_{n\to\infty} n\mu E\big[|f| \geqslant n\big] = 0$.

(方法二) 令 $E_n = E\big[|f| \geqslant n\big]\,(n \in \mathbf{N})$, 则 $\{E_n\}$ 是单调递减的可测集列, 并且

$$\lim_{n\to\infty} E_n = \bigcap_{n=1}^{\infty} E_n = E\big[|f| = +\infty\big].$$

由定理 3.2 可知 $\mu E\big[|f| = +\infty\big] = 0$. 而 $\int_{E_n} |f(x)| dx \geqslant n\mu\big(E[|f| \geqslant n]\big)$, 且 $f(x)$ 在 E_1 上可积, 于是根据积分的上连续性(定理 3.13(2)),

$$0 = \int_{E[|f|=+\infty]} |f(x)| dx = \lim_{n\to\infty} \int_{E_n} |f(x)| dx \geqslant \overline{\lim_{n\to\infty}}\, n\mu\big(E[|f| \geqslant n]\big),$$

故 $\lim_{n\to\infty} n\mu E\big[|f| \geqslant n\big] = 0$.

注　实际上, 从《实变函数与泛函分析(第二版)》(宋叔尼等, 2019)中定理 3.2 的证明可得: 如果 $f(x)$ 在 E 上可积, 那么 $\lim_{n\to\infty} \mu E\big[|f| \geqslant n\big] = 0$.

6. 设 $f(x)$ 在 E 上可测, $\mu E < +\infty$. 证明 $f(x)$ 在 E 上可积的充分必要条件是级数 $\sum_{n=1}^{\infty} \mu E\big[|f| \geqslant n\big]$ 收敛. 当 $\mu E = +\infty$ 时, 结论是否成立?

证明　(必要性) 记 $A_n = E\big[|f| \geqslant n\big]$, $B_n = E\big[n-1 \leqslant |f| < n\big]$ $(n \in \mathbf{N})$, $A_0 = E$, 那么 $B_i \bigcap B_j = \varnothing$ $(i \neq j)$. 因为 $f(x)$ 在 E 上可积, 所以

$$\mu(A_n) \leqslant \frac{1}{n} \int_{A_n} |f(x)| dx \leqslant \frac{1}{n} \int_E |f(x)| dx < +\infty \quad (n \in \mathbf{N}).$$

于是根据测度的可减性(定理 1.21)和定理 3.5,

$$\sum_{k=1}^{n} \mu(A_k) = \sum_{k=1}^{n} k\mu(A_k) - \sum_{k=1}^{n} (k-1)\mu(A_k) = \sum_{k=1}^{n+1} (k-1)\mu(A_{k-1}) - \sum_{k=1}^{n} (k-1)\mu(A_k)$$

$$= \sum_{k=1}^{n} (k-1)\mu(A_{k-1} \setminus A_k) + n\mu(A_n) = \sum_{k=1}^{n} (k-1)\mu(B_k) + n\mu(A_n)$$

$$\leqslant \sum_{k=1}^{n} \int_{B_k} |f(x)| dx + \int_{A_n} |f(x)| dx = \int_E |f(x)| dx < +\infty,$$

故正项级数 $\sum_{n=1}^{\infty} \mu A_n = \sum_{n=1}^{\infty} \mu E\big[|f| \geqslant n\big]$ 收敛.

(充分性) 设 $\mu E < +\infty$, 并且级数 $\sum_{n=1}^{\infty} \mu E\big[|f| \geqslant n\big]$ 收敛. 由于 $\lim_{n\to\infty} \mu(A_n) = 0$ 以及 $E\big[|f| = +\infty\big] = \bigcap_{n=1}^{\infty} A_n = \lim_{n\to\infty} A_n$, 根据测度的上连续性(定理 1.21),

$$\mu E\big[|f| = +\infty\big] = \mu\Big(\lim_{n\to\infty} A_n\Big) = \lim_{n\to\infty} \mu(A_n) = 0,$$

可知 $f(x)$ 在 E 上几乎处处有限. 不妨设 $f(x)$ 在 E 上处处有限, 于是 $E = \bigcup_{n=1}^{\infty} B_n$.

从而利用非负可测函数积分的 σ-可加性(定理 3.1)和测度的可减性(定理 1.21),

$$\int_E \left| f(x) \right| \mathrm{d}x = \sum_{n=1}^{\infty} \int_{B_n} \left| f(x) \right| \mathrm{d}x = \lim_{n \to \infty} \sum_{k=1}^{n} \int_{B_k} \left| f(x) \right| \mathrm{d}x$$

$$\leqslant \lim_{n \to \infty} \sum_{k=1}^{n} k \mu(B_k) = \lim_{n \to \infty} \sum_{k=1}^{n} k \mu(A_{k-1} \setminus A_k) = \lim_{n \to \infty} \sum_{k=1}^{n} k \left(\mu(A_{k-1}) - \mu(A_k) \right)$$

$$= \lim_{n \to \infty} \left(\sum_{k=0}^{n-1} (k+1) \mu(A_k) - \sum_{k=1}^{n} k \mu(A_k) \right) = \lim_{n \to \infty} \left(\mu E + \sum_{k=1}^{n-1} \mu(A_k) - n \mu(A_n) \right)$$

$$\leqslant \lim_{n \to \infty} \left(\mu E + \sum_{k=1}^{n-1} \mu(A_k) \right) = \mu E + \sum_{n=1}^{\infty} \mu(A_n) < +\infty,$$

故 $f(x)$ 在 E 上可积.

注　在必要性的证明中, 没有用到条件 $\mu E < +\infty$. 当 $\mu E = +\infty$ 时, 充分性不成立. 事实上, 设 $E = [1, +\infty), f(x) = \dfrac{1}{x}$, 则 $E\big[|f| \geqslant 1\big] = \{1\}$, $E\big[|f| \geqslant n\big] = \varnothing \ (n \geqslant 2)$, 于是级数 $\sum_{n=1}^{\infty} \mu E\big[|f| \geqslant n\big] = 0$ 收敛, 但是 $f(x)$ 在 E 上不可积.

7. 设 $\mu E > 0$, $f(x)$ 和 $g(x)$ 在 E 上可积. 如果 $f(x) < g(x), \forall x \in E$, 证明

$$\int_E f(x) \mathrm{d}x < \int_E g(x) \mathrm{d}x.$$

证明　由积分的单调性(定理 3.9), $\int_E f(x) \mathrm{d}x \leqslant \int_E g(x) \mathrm{d}x$. 根据定理 3.8 可知, 如果 $\int_E f(x) \mathrm{d}x = \int_E g(x) \mathrm{d}x$, 那么在 E 上 $f(x) \overset{\text{a.e.}}{=} g(x)$, 但是 $\mu E > 0$, 于是就与条件 $f(x) < g(x), \forall x \in E$ 矛盾.

习题7详解视频

8. 设 $f(x)$ 和 $g(x)$ 在 E 上可积, 证明 $f(x) \overset{\text{a.e.}}{=} g(x)$ 的充分必要条件是对任意可测子集 $A \subset E$, 有 $\int_A f(x) \mathrm{d}x = \int_A g(x) \mathrm{d}x$.

证明　由定理 3.7 可得必要性. 下面证明充分性. 取 $A = E[f > g]$, 于是由条件和第 7 题可知 $\mu A = 0$. 同理 $\mu E[f < g] = 0$. 而 $E[f \neq g] = E[f > g] \bigcup E[f < g]$, 因此 $\mu E[f \neq g] = \mu E[f > g] + \mu E[f < g] = 0$, 即 $f(x) \overset{\text{a.e.}}{=} g(x)$.

9. 设 $f(x)$ 在 E 上可积, 如果对任意可测子集 $A \subset E$, 有 $\int_A f(x) \mathrm{d}x \geqslant 0$, 证明 $f(x) \overset{\text{a.e.}}{\geqslant} 0$.

证明　取 $A = E[f < 0]$, 如果 $\mu A > 0$, 由本章习题的第 7 题可知, $\int_A f(x) \mathrm{d}x < 0$, 矛盾. 故 $\mu A = 0$, 即 $f(x) \overset{\text{a.e.}}{\geqslant} 0$.

10. 设 $f(x)$ 在 E 上可积, 如果对于 E 上的任何有界可测函数 $\varphi(x)$, 都有

$$\int_E f(x)\varphi(x)\mathrm{d}x = 0,$$

证明 $f(x) \overset{\text{a.e.}}{=} 0$.

证明 取 $A = E[f>0]$, 有界可测函数 $\varphi(x) = \chi_A(x)$. 如果 $\mu A>0$, 由本章习题的第 7 题可知, $\int_E f(x)\varphi(x)\mathrm{d}x = \int_E f(x)\chi_A(x)\mathrm{d}x = \int_A f(x)\mathrm{d}x > 0$, 与条件矛盾, 因此 $\mu A = 0$.

同理 $\mu E[f<0]=0$, 故 $\mu E[f\neq 0] = \mu E[f>0] + \mu E[f<0]=0$, 即 $f(x) \overset{\text{a.e.}}{=} 0$.

11. 设 $f(x)$ 为 $[0,1]$ 上的可积函数, 并且对任意 $c\in[0,1]$, 有 $\int_{[0,c]} f(x)\mathrm{d}x = 0$,

证明 $f(x) \overset{\text{a.e.}}{=} 0$.

证明 (方法一)对任意的开区间 $(\alpha,\beta)\subset(0,1)$, 由条件可得

$$\int_{(\alpha,\beta)} f(x)\mathrm{d}x = \int_{[\alpha,\beta]} f(x)\mathrm{d}x = \int_{[0,\beta]} f(x)\mathrm{d}x - \int_{[0,\alpha]} f(x)\mathrm{d}x = 0.$$

根据积分的绝对连续性(定理 3.10), $\forall\varepsilon>0$, 存在 $\delta>0$, 使得对任意的可测集 $e\subset[0,1]$, 当 $\mu e<\delta$ 时, $\left|\int_e f(x)\mathrm{d}x\right| < \varepsilon$.

对任意的可测集 $A\subset(0,1)$, 由测度的逼近性质, 存在开集 $G_1\supset A$, 使得 $\mu(G_1\setminus A)<\delta$. 记 $G = G_1\bigcap(0,1)$, 于是 G 是开集, $A\subset G\subset(0,1)$, $\mu(G\setminus A)<\delta$. 从而 $\left|\int_{G\setminus A} f(x)\mathrm{d}x\right| < \varepsilon$.

设 $G = \bigcup_{i=1}^{\infty}(\alpha_i,\beta_i)$, 其中 $\{(\alpha_i,\beta_i)\}$ 是 G 的构成区间, 根据积分的 σ-可加性 (定理 3.16), $\int_G f(x)\mathrm{d}x = \sum_{i=1}^{\infty}\int_{(\alpha_i,\beta_i)} f(x)\mathrm{d}x = 0$. 而

$$\int_G f(x)\mathrm{d}x = \int_{G\setminus A} f(x)\mathrm{d}x + \int_A f(x)\mathrm{d}x,$$

故 $\left|\int_A f(x)\mathrm{d}x\right| = \left|\int_{G\setminus A} f(x)\mathrm{d}x\right| < \varepsilon$, 由 ε 的任意性可得 $\int_A f(x)\mathrm{d}x = 0$. 再由本章习题的第 9 题可知 $f(x) \overset{\text{a.e.}}{=} 0$.

(方法二) $\forall x\in[0,1]$, 令 $F(x) = \int_0^x f(t)\mathrm{d}t$, 由条件可知 $F(x)\equiv 0$. 根据定理 3.33, $F\in AC[0,1]$, 再用定理 3.34, $0 = F'(x) \overset{\text{a.e.}}{=} f(x)$.

注 如果将本题的条件加强为"对 $[0,1]$ 中的任意闭集 F, $\int_F f(x)\mathrm{d}x = 0$", 当

然原始条件也满足. 但是可以如下直接证明:

记 $E_1 = \{x \in [0,1] \mid f(x) > 0\}$, $E_2 = \{x \in [0,1] \mid f(x) < 0\}$. 如果 $\mu(E_1) > 0$, 则由测度的逼近性质, 存在闭集 $F_1 \subset E_1$, 使得 $\mu(E_1 \setminus F_1) < \mu(E_1)$. 从而根据测度的可减性(定理 1.21), $\mu(E_1) - \mu(F_1) < \mu(E_1)$, 即 $\mu(F_1) > 0$, 由本章习题的第 7 题可知 $\int_{F_1} f(x)\mathrm{d}x > 0$, 矛盾. 故 $\mu(E_1) = 0$, 同理 $\mu(E_2) = 0$, 即 $f(x) \overset{\text{a.e.}}{=} 0$.

另外, 从证明方法二可见, 本题的条件也可写成 " $f(x)$ 为 $[0,1]$ 上的可积函数, 并且对任意 $c \in [0,1]$, 有 $\int_{[0,c]} f(x)\mathrm{d}x = C$ (常数)". 事实上, $\forall x \in [0,1]$, 有 $F(x) = \int_0^x f(t)\mathrm{d}t = C$, 于是 $0 = F'(x) \overset{\text{a.e.}}{=} f(x)$, 结论得证. 但是这个条件和原始条件实际上是相同的, 因为从这个条件可得到 $f(x) \overset{\text{a.e.}}{=} 0$, 所以对任意 $c \in [0,1]$, 有 $\int_{[0,c]} f(x)\mathrm{d}x = 0$, 即条件中的常数 C 一定是 0.

12. 设 $\mu E < +\infty$, $f(x)$ 在 E 上可积, $\{E_n \mid n \in \mathbf{N}\}$ 为 E 的一列可测子集. 如果 $\lim\limits_{n \to \infty} \mu E_n = \mu E$, 证明 $\lim\limits_{n \to \infty} \int_{E_n} f(x)\mathrm{d}x = \int_E f(x)\mathrm{d}x$.

证明　根据积分的绝对连续性(定理 3.10), $\forall \varepsilon > 0$, 存在 $\delta > 0$, 使得对任意的可测集 $A \subset [0,1]$, 当 $\mu A < \delta$ 时, $\left| \int_A f(x)\mathrm{d}x \right| < \varepsilon$. 因为 $\lim\limits_{n \to \infty} \mu E_n = \mu E$, 所以存在 $N \in \mathbf{N}$, 当 $n > N$ 时, 由测度的可减性可知, $\mu E - \mu E_n = \mu(E \setminus E_n) < \delta$, 故

$$\left| \int_E f(x)\mathrm{d}x - \int_{E_n} f(x)\mathrm{d}x \right| = \left| \int_{E \setminus E_n} f(x)\mathrm{d}x \right| < \varepsilon,$$

即 $\lim\limits_{n \to \infty} \int_{E_n} f(x)\mathrm{d}x = \int_E f(x)\mathrm{d}x$.

注　与定理 3.13 的条件作比较. 条件 $\mu E < +\infty$ 不可缺少. 例如 $E = [1, +\infty)$,

$$E_n = [n, 2n], \qquad f(x) = \begin{cases} 1, & x \in [1,2), \\ 0, & x \in [2, +\infty). \end{cases}$$

于是 $\lim\limits_{n \to \infty} \mu E_n = \mu E = +\infty$, 但是 $\int_E f(x)\mathrm{d}x = 1$, 并且当 $n \geqslant 2$ 时, $\int_{E_n} f(x)\mathrm{d}x = 0$, 所以 $\lim\limits_{n \to \infty} \int_{E_n} f(x)\mathrm{d}x = \int_E f(x)\mathrm{d}x$ 不成立.

13. 设 $f(x)$ 是 E 上几乎处处有限的非负可测函数, 令

$$f_n(x) = \begin{cases} f(x), & x \in E[f \leqslant n], \\ 0, & x \in E[f > n]. \end{cases}$$

证明 $f_n(x) \xrightarrow{\text{a.e.}} f(x)$ 且 $\int_E f(x)\mathrm{d}x = \lim\limits_{n\to\infty} \int_E f_n(x)\mathrm{d}x$.

证明 设 $A = E[f = +\infty]$，则 $\mu A = 0$. 对于 $x \in E \setminus A$，存在 $N \in \mathbf{N}$，使得 $f(x) \leqslant N$，于是当 $n \geqslant N$ 时，$f_n(x) = f(x)$，从而 $f_n(x) \to f(x)$，即 $f_n(x) \xrightarrow{\text{a.e.}} f(x)$.

另一方面，在 E 上，$f_n(x) \leqslant f_{n+1}(x)$ $(\forall n \in \mathbf{N})$. 事实上，若 $f(x) > n+1$，那么 $f_n(x) = 0 = f_{n+1}(x)$；若 $n < f(x) \leqslant n+1$，那么 $f_n(x) = 0 \leqslant f(x) = f_{n+1}(x)$；若 $f(x) \leqslant n$，那么 $f_n(x) = f(x) = f_{n+1}(x)$.

因此根据 Levi 定理(定理 3.12)，$\int_E f(x)\mathrm{d}x = \int_E \left(\lim\limits_{n\to\infty} f_n(x)\right)\mathrm{d}x = \lim\limits_{n\to\infty} \int_E f_n(x)\mathrm{d}x$.

14. 设 $\left\{ f_n(x) \,\middle|\, n \in \mathbf{N} \right\}$ 是 E 上一列非负可测函数，且在 E 上 $f_n(x) \xrightarrow{\mu} f(x)$，证明 $\int_E f(x)\mathrm{d}x \leqslant \varliminf\limits_{n\to\infty} \int_E f_n(x)\mathrm{d}x$.

证明 从数学分析知识知，存在数列 $\left\{ \int_E f_n(x)\mathrm{d}x \right\}$ 的子列 $\left\{ \int_E f_{n_k}(x)\mathrm{d}x \right\}$，满足

$$\lim\limits_{k\to\infty} \int_E f_{n_k}(x)\mathrm{d}x = \varliminf\limits_{n\to\infty} \int_E f_n(x)\mathrm{d}x,$$

由 $f_{n_k}(x) \xrightarrow{\mu} f(x)$，根据定理 2.14 知，存在子列，仍记为 $\left\{ f_{n_k}(x) \right\}$，$f_{n_k}(x) \xrightarrow{\text{a.e.}} f(x)$. 应用 Fatou 引理，$\int_E f(x)\mathrm{d}x \leqslant \varliminf\limits_{k\to\infty} \int_E f_{n_k}(x)\mathrm{d}x = \lim\limits_{k\to\infty} \int_E f_{n_k}(x)\mathrm{d}x = \varliminf\limits_{n\to\infty} \int_E f_n(x)\mathrm{d}x$.

注 与 Fatou 引理的条件作比较. 最容易出现的解答错误：根据定理 2.14 知，存在子列 $f_{n_k}(x) \xrightarrow{\text{a.e.}} f(x)$，应用 Fatou 引理，

$$\int_E f(x)\mathrm{d}x \leqslant \varliminf\limits_{k\to\infty} \int_E f_{n_k}(x)\mathrm{d}x = \varliminf\limits_{n\to\infty} \int_E f_n(x)\mathrm{d}x.$$

实际上，$\varliminf\limits_{k\to\infty} \int_E f_{n_k}(x)\mathrm{d}x \geqslant \varliminf\limits_{n\to\infty} \int_E f_n(x)\mathrm{d}x$，不能直接得到结论.

15. 设 $\left\{ f_n(x) \,\middle|\, n \in \mathbf{N} \right\}$ 是 E 上一列可积函数，并且 $f_n(x) \xrightarrow{\text{a.e.}} f(x)$ 或 $f_n(x) \xrightarrow{\mu} f(x)$，如果存在常数 K，使得 $\int_E |f_n(x)|\mathrm{d}x \leqslant K$，$\forall n \in \mathbf{N}$，证明 $f(x)$ 是可积函数.

证明 如果 $f_n(x) \xrightarrow{\text{a.e.}} f(x)$，那么 $|f_n(x)| \xrightarrow{\text{a.e.}} |f(x)|$. 根据 Fatou 引理，

$$\int_E |f(x)|\mathrm{d}x = \int_E \left(\lim\limits_{n\to\infty} |f_n(x)|\right)\mathrm{d}x \leqslant \varliminf\limits_{n\to\infty} \int_E |f_n(x)|\mathrm{d}x \leqslant K,$$

故 $f(x)$ 是可积函数. 如果 $f_n(x) \xrightarrow{\mu} f(x)$，那么由第 2 章习题的第 27 题可知，

$\left|f_n(x)\right| \overset{\mu}{\to} |f(x)|$. 根据本章习题的第 14 题，$\int_E |f(x)| \mathrm{d}x \leqslant \varliminf_{n\to\infty} \int_E f_n(x)\mathrm{d}x \leqslant K$. 也可

根据定理 2.14，存在子列 $\left|f_{n_k}(x)\right| \overset{\text{a.e.}}{\to} |f(x)|$，应用 Fatou 引理，

$$\int_E |f(x)| \mathrm{d}x = \int_E \left(\lim_{k\to\infty} \left|f_{n_k}(x)\right|\right) \mathrm{d}x \leqslant \varliminf_{k\to\infty} \int_E f_{n_k}(x)\mathrm{d}x \leqslant K.$$

故 $f(x)$ 是可积函数.

注　从证明过程可知 $\int_E |f(x)| \mathrm{d}x \leqslant K$.

16. 设 $f(x)$ 和 $f_n(x)(n\in\mathbf{N})$ 都是 E 上的可积函数，$f_n(x) \overset{\text{a.e.}}{\to} f(x)$，并且

$$\lim_{n\to\infty} \int_E |f_n(x)| \mathrm{d}x = \int_E |f(x)| \mathrm{d}x,$$

证明在任意可测子集 $A \subset E$ 上，有 $\lim_{n\to\infty} \int_A |f_n(x)| \mathrm{d}x = \int_A |f(x)| \mathrm{d}x$.

证明　通过多次使用 Fatou 引理，在任意可测子集 $A \subset E$ 上，

$$\varliminf_{n\to\infty} \int_A |f_n(x)| \mathrm{d}x \geqslant \int_A \left(\lim_{n\to\infty} |f_n(x)|\right) \mathrm{d}x = \int_A |f(x)| \mathrm{d}x$$

$$= \int_E |f(x)| \mathrm{d}x - \int_{E\backslash A} |f(x)| \mathrm{d}x \geqslant \int_E |f(x)| \mathrm{d}x - \varliminf_{n\to\infty} \int_{E\backslash A} |f_n(x)| \mathrm{d}x$$

$$= \int_E |f(x)| \mathrm{d}x + \varlimsup_{n\to\infty} \int_{E\backslash A} \left(-|f_n(x)|\right) \mathrm{d}x = \lim_{n\to\infty} \int_E |f_n(x)| \mathrm{d}x + \varlimsup_{n\to\infty} \int_{E\backslash A} \left(-|f_n(x)|\right) \mathrm{d}x$$

$$= \varlimsup_{n\to\infty} \left(\int_E |f_n(x)| \mathrm{d}x - \int_{E\backslash A} |f_n(x)| \mathrm{d}x\right) = \varlimsup_{n\to\infty} \int_A |f_n(x)| \mathrm{d}x,$$

因此 $\lim_{n\to\infty} \int_A |f_n(x)| \mathrm{d}x = \int_A |f(x)| \mathrm{d}x$.

17. 设 $f \in BV[a,b]$，证明 $|f| \in BV[a,b]$.

证明　因为 $f \in BV[a,b]$，对于 $[a,b]$ 的任一划分 $T: a = x_0 < x_1 < \cdots < x_n = b$，有 $\sum_{i=1}^{n} |f(x_i) - f(x_{i-1})| \leqslant V_a^b(f)$. 于是

$$\sum_{i=1}^{n} \left||f(x_i)| - |f(x_{i-1})|\right| \leqslant \sum_{i=1}^{n} |f(x_i) - f(x_{i-1})| \leqslant V_a^b(f),$$

故 $|f| \in BV[a,b]$.

18. 证明 $f \in BV[a,b]$ 的充分必要条件是：存在一个单调增加的函数 $\varphi(x)$，使得对任意的 $a \leqslant x_1 < x_2 \leqslant b$，有不等式 $|f(x_2) - f(x_1)| \leqslant \varphi(x_2) - \varphi(x_1)$.

证明　(必要性) 如果 $f \in BV[a,b]$，设全变差函数 $\varphi(x) = V_a^x(f)$，$x \in [a,b]$，当 $x_2 > x_1$ 时，

$$\varphi(x_2) - \varphi(x_1) = V_a^{x_2}(f) - V_a^{x_1}(f) = V_{x_1}^{x_2}(f) \geqslant 0,$$

因此 $\varphi(x)$ 是 $[a,b]$ 上的单调递增函数. 于是对任意的 $a \leqslant x_1 < x_2 \leqslant b$,

$$\left| f(x_2) - f(x_1) \right| \leqslant V_{x_1}^{x_2}(f) = V_a^{x_2}(f) - V_a^{x_1}(f) = \varphi(x_2) - \varphi(x_1).$$

(充分性) 对于 $[a,b]$ 的任一划分 $T: a = x_0 < x_1 < \cdots < x_n = b$,

$$V_f(T) = \sum_{i=1}^{n} \left| f(x_i) - f(x_{i-1}) \right| \leqslant \sum_{i=1}^{n} \left(\varphi(x_i) - \varphi(x_{i-1}) \right) = \varphi(b) - \varphi(a),$$

于是 $V_a^b(f) = \sup_T V_f(T) \leqslant \varphi(b) - \varphi(a)$, 即 $f \in BV[a,b]$.

19. 设 $f \in BV[a,b]$, $g(x)$ 在 $\mathbf{R}$ 上满足 Lipschitz 条件, 证明 $g \circ f \in BV[a,b]$.

证明　因为 $g(x)$ 在 $\mathbf{R}$ 上满足 Lipschitz 条件, 所以存在常数 $L > 0$, 使得 $\forall x', x'' \in \mathbf{R}$, 有 $\left| g(x') - g(x'') \right| \leqslant L \left| x' - x'' \right|$.

对于 $[a,b]$ 的任一划分 $T: a = x_0 < x_1 < \cdots < x_n = b$, 由于 $f \in BV[a,b]$, 故

$$V_f(T) = \sum_{i=1}^{n} \left| f(x_i) - f(x_{i-1}) \right| \leqslant V_a^b(f),$$

于是 $V_{g \circ f}(T) = \sum_{i=1}^{n} \left| g(f(x_i)) - g(f(x_{i-1})) \right| \leqslant L \sum_{i=1}^{n} \left| f(x_i) - f(x_{i-1}) \right| \leqslant L V_a^b(f)$. 从而可得 $V_a^b(g \circ f) = \sup_T V_{g \circ f}(T) \leqslant L V_a^b(f)$, 即 $g \circ f \in BV[a,b]$.

20. 设 $f \in C[a,b]$. 如果除去 $[a,b]$ 中有限个点外 $f(x)$ 可导, 并且导函数有界, 证明 $f \in BV[a,b]$.

证明　设 $a \leqslant x_1 < x_2 < \cdots < x_n \leqslant b$, 其中 $x_i (i = 1, 2, \cdots, n)$ 是 $f(x)$ 的不可导点. 因为 $f(x)$ 在 $(x_i, x_{i+1})(i = 1, 2, \cdots, n-1)$ 内可导, 并且导函数有界, 同时由 $f \in C[a,b]$ 又可知, $f(x)$ 在 $[x_i, x_{i+1}](i = 1, 2, \cdots, n-1)$ 上连续, 所以由 Lagrange 中值定理, $f(x)$ 在 $[x_i, x_{i+1}](i = 1, 2, \cdots, n-1)$ 上满足 Lipschitz 条件. 根据定理 3.25, $f \in BV[x_i, x_{i+1}]$ $(i = 1, 2, \cdots, n-1)$.

如果 $a = x_1 < x_2 < \cdots < x_n = b$, 则利用定理 3.26 可得 $f \in BV[a,b]$.

如果 $a < x_1 < x_2 < \cdots < x_n = b$, 则由上面已知 $f \in BV[x_1, b]$, 然而 $f(x)$ 在 (a, x_1) 内可导, 并且导函数有界, 同时 $f(x)$ 在 $[a, x_1]$ 上连续, 所以 $f(x)$ 在 $[a, x_1]$ 上满足 Lipschitz 条件, 故 $f \in BV[a, x_1]$, 从而 $f \in BV[a,b]$.

如果 $a = x_1 < x_2 < \cdots < x_n < b$, 同样可知 $f \in BV[a,b]$.

21. 设 $f \in BV[a,b]$, 证明 $\int_a^b \left| f'(x) \right| \mathrm{d}x \leqslant V_a^b(f)$.

证明　设全变差函数 $\varphi(x) = V_a^x(f)$, $x \in [a,b]$, 从本章习题第 18 题的证明过程可知, $\varphi(x)$ 是 $[a,b]$ 上的单调递增函数. 记 E 表示 $[a,b]$ 中使得 $f(x)$ 或 $\varphi(x)$ 没有有

限导数的点集, 根据定理 3.23 和定理 3.28 可知, $\mu E=0$. 故 $\forall x \in [a,b) \setminus E$,
$\forall y \in (x,b]$, 从本章习题第 18 题的证明过程可知, $|f(y)-f(x)| \leqslant \varphi(y)-\varphi(x)$.
因此

$$|f'(x)| = \lim_{y \to x} \frac{|f(y)-f(x)|}{y-x} \leqslant \lim_{y \to x} \frac{\varphi(y)-\varphi(x)}{y-x} = \varphi'(x),$$

从而在 $[a,b]$ 上, $|f'(x)| \overset{a.e.}{\leqslant} \varphi'(x)$. 再利用定理 3.23,

$$\int_a^b |f'(x)|\mathrm{d}x \leqslant \int_a^b \varphi'(x)\mathrm{d}x \leqslant \varphi(b)-\varphi(a) = \varphi(b) = V_a^b(f).$$

注　与定理 3.37 的条件与结论相比较.

22. 设 $f_n \in BV[a,b]$ ($\forall n \in \mathbf{N}$), $\{V_a^b(f_n)\}$ 有界. 如果 $f_n(x) \to f(x)$, 其中 $f(x)$
是 $[a,b]$ 上的有限函数, 证明 $f \in BV[a,b]$, 并且 $V_a^b(f) \leqslant \sup\{V_a^b(f_n)\}$.

证明　对于 $[a,b]$ 的任一划分 $T: a = x_0 < x_1 < \cdots < x_m = b$, 由于 $f_n \in BV[a,b]$
($\forall n \in \mathbf{N}$), $\{V_a^b(f_n)\}$ 有界, 故

$$V_{f_n}(T) = \sum_{i=1}^m |f_n(x_i)-f_n(x_{i-1})| \leqslant V_a^b(f_n) \leqslant \sup\{V_a^b(f_n)\}.$$

因为 $f_n(x) \to f(x)$, 所以令 $n \to \infty$, 可得

$$V_f(T) = \sum_{i=1}^m |f(x_i)-f(x_{i-1})| \leqslant \sup\{V_a^b(f_n)\},$$

从而 $f \in BV[a,b]$, 并且 $V_a^b(f) \leqslant \sup\{V_a^b(f_n)\}$.

23. 设 $f \in AC[a,b]$, 证明 $|f| \in AC[a,b]$.

证明　因为 $f \in AC[a,b]$, 所以 $\forall \varepsilon > 0$, 存在 $\delta > 0$, 使得对 $[a,b]$ 中任意有限
个互不相交的开区间 $(a_i,b_i)(i=1,2,\cdots,n)$, 当 $\sum_{i=1}^n (b_i-a_i) < \delta$ 时, 有

$$\sum_{i=1}^n |f(b_i)-f(a_i)| < \varepsilon.$$

于是 $\sum_{i=1}^n \big||f(b_i)|-|f(a_i)|\big| \leqslant \sum_{i=1}^n |f(b_i)-f(a_i)| < \varepsilon$, 即 $|f| \in AC[a,b]$.

24. 设 $f \in AC[a,b]$, $g(x)$ 在 $\mathbf{R}$ 上满足 Lipschitz 条件, 证明 $g \circ f \in AC[a,b]$.

证明　因为 $g(x)$ 在 $\mathbf{R}$ 上满足 Lipschitz 条件, 所以存在常数 $L > 0$, 使得
$\forall x',x'' \in \mathbf{R}$, 有 $|g(x')-g(x'')| \leqslant L|x'-x''|$. 因为 $f \in AC[a,b]$, 所以 $\forall \varepsilon > 0$, 存在
$\delta > 0$, 使得对 $[a,b]$ 中任意有限个互不相交的开区间 $(a_i,b_i)(i=1,2,\cdots,n)$, 当

$$\sum_{i=1}^{n}(b_i-a_i)<\delta \text{ 时, 有 } \sum_{i=1}^{n}\left|f(b_i)-f(a_i)\right|<\frac{\varepsilon}{L}. \text{ 从而}$$

$$\sum_{i=1}^{n}\left|g\big(f(b_i)\big)-g\big(f(a_i)\big)\right|\leqslant L\sum_{i=1}^{n}\left|f(b_i)-f(a_i)\right|<\varepsilon,$$

即 $g\circ f\in AC[a,b]$.

25. 设 $f\in AC[a,b]$, 如果存在 $g\in C[a,b]$, 使得 $g(x)\overset{a.e.}{=}f'(x)$, 证明 $f(x)$ 处处可导.

证明　因为 $f\in AC[a,b]$, 所以根据定理 3.35,

$$f(x)=\int_a^x f'(t)\mathrm{d}t+f(a)=\int_a^x g(t)\mathrm{d}t+f(a),\quad x\in[a,b].$$

又因为 $g\in C[a,b]$, 所以由数学分析的知识可知 $f(x)$ 在 $[a,b]$ 上可导.

26. 设 $f_n\in AC[a,b]$ $(\forall n\in\mathbf{N})$, 并且存在 $[a,b]$ 上的非负可积函数 $F(x)$, 使得 $\left|f_n'(x)\right|\overset{a.e.}{\leqslant}F(x)$. 如果 $f_n(x)\to f(x)$, $f_n'(x)\overset{a.e.}{\to}\varphi(x)$, 证明 $f\in AC[a,b]$, 并且 $f'(x)\overset{a.e.}{=}\varphi(x)$.

证明　因为 $f_n\in AC[a,b]$ $(\forall n\in\mathbf{N})$, 所以根据定理 3.35,

$$f_n(x)=\int_a^x f_n'(t)\mathrm{d}t+f_n(a),\quad x\in[a,b].$$

又因为 $\left|f_n'(x)\right|\overset{a.e.}{\leqslant}F(x)$, $f_n(x)\to f(x)$, $f_n'(x)\overset{a.e.}{\to}\varphi(x)$, 由控制收敛定理(定理 3.18), 可知 $\varphi(x)$ 可积, 并且 $f(x)=\int_a^x\varphi(t)\mathrm{d}t+f(a)$, $x\in[a,b]$. 再利用定理 3.33 和定理 3.34 可得 $f\in AC[a,b]$, 并且 $f'(x)\overset{a.e.}{=}\varphi(x)$.

27. 设 $f\in BV[a,b]$, $V(x)=V_a^x(f)$, $x\in[a,b]$. 证明 $f\in AC[a,b]$ 当且仅当 $V\in AC[a,b]$, 并且此时 $V'(x)\overset{a.e.}{=}\left|f'(x)\right|$.

证明　(必要性) $\forall x\in[a,b]$, 考虑 $[a,x]$ 的任意划分 $a=x_0<x_1<\cdots<x_n=x$, 因为 $f\in AC[a,b]$, 所以

$$\sum_{i=1}^{n}\left|f(x_i)-f(x_{i-1})\right|=\sum_{i=1}^{n}\left|\int_{x_{i-1}}^{x_i}f'(t)\mathrm{d}t\right|\leqslant\sum_{i=1}^{n}\int_{x_{i-1}}^{x_i}\left|f'(t)\right|\mathrm{d}t=\int_a^x\left|f'(t)\right|\mathrm{d}t,$$

于是 $V_a^x(f)\leqslant\int_a^x\left|f'(t)\right|\mathrm{d}t$. 从第 21 题可知 $V(x)=V_a^x(f)=\int_a^x\left|f'(t)\right|\mathrm{d}t$, 再由定理 3.28、定理 3.33 和定理 3.34 可得 $V\in AC[a,b]$, 并且 $V'(x)\overset{a.e.}{=}\left|f'(x)\right|$.

(充分性) 由本章习题第 21 题的证明过程可知,

$$\left|f(y)-f(x)\right| \leqslant \left|V(y)-V(x)\right|, \quad \forall x,y \in [a,b].$$

因为 $V \in AC[a,b]$，所以 $\forall \varepsilon > 0$，存在 $\delta > 0$，使得对 $[a,b]$ 中任意有限个互不相交的开区间 $(a_i,b_i)(i=1,2,\cdots,n)$，当 $\sum_{i=1}^{n}(b_i-a_i)<\delta$ 时，有 $\sum_{i=1}^{n}\left|V(b_i)-V(a_i)\right|<\varepsilon$. 从而

$$\sum_{i=1}^{n}\left|f(b_i)-f(a_i)\right| \leqslant \sum_{i=1}^{n}\left|V(b_i)-V(a_i)\right| < \varepsilon,\ 即\ f \in AC[a,b].$$

28. 设 $f(x)$ 在 $\mathbf{R}$ 上可积，证明对任意区间 $[a,b]$，

$$\lim_{h \to 0}\int_a^b \left|f(x+h)-f(x)\right| \mathrm{d}x = 0.$$

证明　因为 $f(x)$ 在 $\mathbf{R}$ 上可积，所以 $f(x)$ 在 $[a-1,b+1]$ 上可积，根据定理 3.11 可知，$\forall \varepsilon > 0$，存在 $\varphi \in C[a-1,b+1]$，使得 $\int_{a-1}^{b+1}\left|f(x)-\varphi(x)\right|\mathrm{d}x < \dfrac{\varepsilon}{3}$，从而

$$\int_a^b \left|f(x)-\varphi(x)\right|\mathrm{d}x < \frac{\varepsilon}{3}.$$

同时当 $|h|<1$ 时，

$$\int_a^b \left|f(x+h)-\varphi(x+h)\right|\mathrm{d}x = \int_{a+h}^{b+h}\left|f(t)-\varphi(t)\right|\mathrm{d}t \leqslant \int_{a-1}^{b+1}\left|f(t)-\varphi(t)\right|\mathrm{d}t < \frac{\varepsilon}{3}.$$

由于 $\varphi(x)$ 在 $[a-1,b+1]$ 上一致连续，故存在 $\delta \in (0,1)$，使得当 $|h|<\delta$ 时，

$$\left|\varphi(x+h)-\varphi(x)\right| < \frac{\varepsilon}{3(b-a)}, \quad \forall x \in [a,b].$$

从而

$$\int_a^b \left|f(x+h)-f(x)\right|\mathrm{d}x$$

$$\leqslant \int_a^b \left|f(x+h)-\varphi(x+h)\right|\mathrm{d}x + \int_a^b \left|\varphi(x+h)-\varphi(x)\right|\mathrm{d}x + \int_a^b \left|f(x)-\varphi(x)\right|\mathrm{d}x < \varepsilon,$$

即 $\lim_{h \to 0}\int_a^b \left|f(x+h)-f(x)\right|\mathrm{d}x = 0$.

注　从本题的证明过程可以看出，实际上只要满足 $f(x)$ 在 $[a-\delta_0,b+\delta_0]$ $(\delta_0>0)$ 上可积的条件，就可以得到 $\lim_{h \to 0}\int_a^b \left|f(x+h)-f(x)\right|\mathrm{d}x = 0$. 如果 $f(x)$ 在 $\mathbf{R}$ 上可积，则 $\lim_{h \to 0}\int_{-\infty}^{+\infty}\left|f(x+h)-f(x)\right|\mathrm{d}x = 0$.

事实上，由于 $(-\infty,+\infty)=\bigcup_{n=1}^{\infty}[-n,n]=\lim_{n \to \infty}[-n,n]$，所以根据积分的下连续性(定理 3.13)，$\lim_{n \to \infty}\int_{-n}^{n}\left|f(x)\right|\mathrm{d}x = \int_{-\infty}^{+\infty}\left|f(x)\right|\mathrm{d}x$. 于是 $\forall \varepsilon > 0$，存在 $N_0 \in \mathbf{N}$，使得

$$0 \leqslant \int_{-\infty}^{+\infty} |f(x)| \mathrm{d}x - \int_{-N_0}^{N_0} |f(x)| \mathrm{d}x = \int_{-\infty}^{-N_0} |f(x)| \mathrm{d}x + \int_{N_0}^{+\infty} |f(x)| \mathrm{d}x < \frac{\varepsilon}{4}.$$

于是当 $|h| < 1$ 时,

$$\int_{-\infty}^{-N_0-1} |f(x+h)-f(x)| \mathrm{d}x + \int_{N_0+1}^{+\infty} |f(x+h)-f(x)| \mathrm{d}x$$

$$\leqslant \int_{-\infty}^{-N_0-1} |f(x+h)| \mathrm{d}x + \int_{-\infty}^{-N_0-1} |f(x)| \mathrm{d}x + \int_{N_0+1}^{+\infty} |f(x+h)| \mathrm{d}x + \int_{N_0+1}^{+\infty} |f(x)| \mathrm{d}x$$

$$\leqslant \int_{-\infty}^{-N_0} |f(t)| \mathrm{d}t + \int_{-\infty}^{-N_0} |f(x)| \mathrm{d}x + \int_{N_0}^{+\infty} |f(t)| \mathrm{d}t + \int_{N_0}^{+\infty} |f(x)| \mathrm{d}x$$

$$< \frac{\varepsilon}{4} + \frac{\varepsilon}{4} = \frac{\varepsilon}{2}.$$

由本题可知

$$\lim_{h \to 0} \int_{-N_0-1}^{N_0+1} |f(x+h)-f(x)| \mathrm{d}x = 0,$$

因此存在 $\delta \in (0,1)$, 使得当 $|h| < \delta$ 时,

$$\int_{-N_0-1}^{N_0+1} |f(x+h)-f(x)| \mathrm{d}x < \frac{\varepsilon}{2}.$$

从而

$$\int_{-\infty}^{+\infty} |f(x+h)-f(x)| \mathrm{d}x$$

$$= \int_{-\infty}^{-N_0-1} |f(x+h)-f(x)| \mathrm{d}x + \int_{N_0+1}^{+\infty} |f(x+h)-f(x)| \mathrm{d}x + \int_{-N_0-1}^{N_0+1} |f(x+h)-f(x)| \mathrm{d}x$$

$$< \frac{\varepsilon}{2} + \frac{\varepsilon}{2} = \varepsilon,$$

即 $\lim\limits_{h \to 0} \int_{-\infty}^{+\infty} |f(x+h)-f(x)| \mathrm{d}x = 0.$

29. 设 E 是可测集, 且 $\mu E < +\infty$, $M(E)$ 是 E 上全体几乎处处有限的可测函数的集合, 并且把 E 上两个几乎处处相等的可测函数视为 $M(E)$ 中同一个元素. $\forall f, g \in M(E)$, 定义

$$d(f,g) = \int_E \frac{|f(t)-g(t)|}{1+|f(t)-g(t)|} \mathrm{d}t,$$

证明: (1) d 是 $M(E)$ 上的度量;

(2) $M(E)$ 中的点列 $f_n \to f$ 的充要条件是可测函数列 $f_n(t) \overset{\mu}{\to} f(t)$.

证明 (1) 因为 $\mu E < +\infty$, 并且在 E 上,

$$\frac{\left|f(t)-g(t)\right|}{1+\left|f(t)-g(t)\right|}\overset{\text{a.e.}}{\leqslant}1,$$

所以由定理 3.4 可知 $\forall f,g\in M(E)$，$d(f,g)<+\infty$．显然 $\forall f,g\in M(E)$，$d(f,g)\geqslant0$，并且 $d(f,g)=d(g,f)$．又因为当 $x\geqslant0$ 时，函数 $\dfrac{x}{1+x}$ 单调增加，所以 $\forall f,g,h\in M(E)$，有

$$\int_{E}\frac{\left|f(t)-g(t)\right|}{1+\left|f(t)-g(t)\right|}\mathrm{d}t\leqslant\int_{E}\frac{\left|f(t)-h(t)\right|+\left|h(t)-g(t)\right|}{1+\left|f(t)-h(t)\right|+\left|h(t)-g(t)\right|}\mathrm{d}t$$

$$=\int_{E}\frac{\left|f(t)-h(t)\right|}{1+\left|f(t)-h(t)\right|+\left|h(t)-g(t)\right|}\mathrm{d}t+\int_{E}\frac{\left|h(t)-g(t)\right|}{1+\left|f(t)-h(t)\right|+\left|h(t)-g(t)\right|}\mathrm{d}t$$

$$\leqslant\int_{E}\frac{\left|f(t)-h(t)\right|}{1+\left|f(t)-h(t)\right|}\mathrm{d}t+\int_{E}\frac{\left|h(t)-g(t)\right|}{1+\left|h(t)-g(t)\right|}\mathrm{d}t,$$

即 $d(f,g)\leqslant d(f,h)+d(h,g)$．因此 d 是 $M(E)$ 上的度量.

(2)(必要性) $\forall\varepsilon>0$，记 $E_{n}=E\left[\left|f_{n}-f\right|\geqslant\varepsilon\right]$，则

$$d(f_{n},f)=\int_{E}\frac{\left|f_{n}(t)-f(t)\right|}{1+\left|f_{n}(t)-f(t)\right|}\mathrm{d}t$$

$$\geqslant\int_{E_{n}}\frac{\left|f_{n}(t)-f(t)\right|}{1+\left|f_{n}(t)-f(t)\right|}\mathrm{d}t\geqslant\int_{E_{n}}\frac{\varepsilon}{1+\varepsilon}\mathrm{d}t=\frac{\varepsilon}{1+\varepsilon}\mu(E_{n}),$$

由于 $d(f_{n},f)\to0$，故 $\mu(E_{n})\to0$，即 $f_{n}(t)\overset{\mu}{\to}f(t)$.

(充分性) 如果 $d(f_{n},f)\to0$ 不成立，那么存在 $\varepsilon_{0}>0$ 以及 $\{f_{n}\}\subset M(E)$ 的子列 $\{f_{n_{k}}\}$，使得 $d(f_{n_{k}},f)\geqslant\varepsilon_{0}(\forall k\in\mathbf{N})$．而 $f_{n_{k}}(t)\overset{\mu}{\to}f(t)$，根据定理 2.14 和定理 3.18，

$$\lim_{k\to\infty}d(f_{n_{k}},f)=\lim_{k\to\infty}\int_{E}\frac{\left|f_{n_{k}}(t)-f(t)\right|}{1+\left|f_{n_{k}}(t)-f(t)\right|}\mathrm{d}t=0,$$

这与 $d(f_{n_{k}},f)\geqslant\varepsilon_{0}(\forall k\in\mathbf{N})$ 矛盾.

第 4 章

线性赋范空间

一、知识梗概梳理

定义 4.1　称非空集合 X 是定义在数域 $\mathbf{K}$ 上的一个线性空间, 如果在 X 中定义了两种代数运算——元素的加法及元素与数的乘法, 满足下列条件:

I. 关于加法成为交换群, 对 X 中任意两个元素 x 与 y, 存在唯一的元素 $u \in X$ 与之对应, 称为 x 与 y 的**和**, 记为 $u = x + y$, 且满足

(1) $x + y = y + x$;

(2) $(x + y) + z = x + (y + z)$;

(3) 在 X 中存在一个元素 θ, 称为 X 的零元素, 使 $x + \theta = x$, $\forall x \in X$;

(4) $\forall x \in X$, 存在一个元素 $-x \in X$, 称为 x 的负元素, 使 $(-x) + x = \theta$.

II. $\forall x \in X$ 及 $\forall \alpha \in \mathbf{K}$, 存在唯一的元素 $u \in X$ 与之对应, 称为 α 与 x 的**积**, 记为 $u = \alpha x$, 且满足 $\forall \alpha, \beta \in \mathbf{K}$,

(5) $\alpha(\beta x) = (\alpha\beta)x$;

(6) $1 \cdot x = x$;

(7) $(\alpha + \beta)x = \alpha x + \beta x$;

(8) $\alpha(x + y) = \alpha x + \alpha y$.

线性空间 X 也称为**向量空间**, X 中的元素又称为**向量**. 当 $\mathbf{K}$ 为实数域或复数域时, 分别称 X 为**实线性空间**或**复线性空间**.

设 $x_1, x_2, \cdots, x_n \in X$, 如果存在不全为零的数 $\alpha_1, \alpha_2, \cdots, \alpha_n \in \mathbf{K}$, 使得

$$\alpha_1 x_1 + \alpha_2 x_2 + \cdots + \alpha_n x_n = \theta,$$

则称 $x_1, x_2, \cdots, x_n$ 是**线性相关**的. 否则, 称为**线性无关**.

定义 4.2　如果线性空间 X 中存在 n 个线性无关的元素 $x_1, x_2, \cdots, x_n$, 使得每个 $x \in X$ 都可表示成 $x = \sum_{i=1}^{n} \alpha_i x_i$, 则称 $\{x_1, x_2, \cdots, x_n\}$ 为 X 的一个**基**. n 称为 X 的**维数**, 记为 $\dim E = n$. 此时称 X 是**有限维线性空间**. 不是有限维的线性空间称为**无限维线性空间**, 记为 $\dim E = +\infty$.

定义 4.3　设 M 是线性空间 X 的子集, 如果 $\forall x, y \in M$ 及 $\forall \lambda, \mu \in \mathbf{K}$, 有 $\lambda x + \mu y \in M$, 则称 M 是 X 的**子空间**. 即 M 在 X 的原有运算下仍构成线性空间.

设 M 是线性空间 X 的真子空间,并且对于 X 中任何一个以 M 为真子集的线性子空间 M_1,必有 $M_1 = X$,则称 M 是 X 的一个极大子空间.

定义 4.4　设 M,N 是线性空间 X 的两个子空间,如果 X 中的每一个元素 x 可以唯一地表示为 $x = m + n$,$m \in M$,$n \in N$,则称 X 为 M 与 N 的**直和**,记为 $X = M \oplus N$.

定义 4.5　设 X 是线性空间,$A \subset X$.如果存在 $x_0 \in X$ 及 X 中一个线性子空间 L,使得 $A = x_0 + L = \left\{ y \mid y = x_0 + x, x \in L \right\}$,则称 A 是 X 中的一个**仿射流形**.当 L 是 X 的极大子空间时,称 A 是 X 中的一个**超平面**.

定理 4.1　设 X 是线性空间,则 $A \subset X$ 为仿射流形的充要条件是 $\forall x, y \in A$ 及 $\lambda, \mu \in \mathbf{K}$,$\lambda + \mu = 1$,有 $\lambda x + \mu y \in A$.

定义 4.6　设 D 是线性空间 X 的子集.如果 $\forall x, y \in A$ 及 $\lambda, \mu \in \mathbf{R}$,$\lambda + \mu = 1$,$\lambda \geqslant 0, \mu \geqslant 0$,有 $\lambda x + \mu y \in D$,则称 D 为 X 中的**凸集**.包含 D 的 X 中最小凸集称为 D 的**凸包**,记为 $\mathrm{co}D$;赋范线性空间 X 中包含 D 的最小凸闭集称为 D 的**凸闭包**,记为 $\overline{\mathrm{co}}D$.

定义 4.7　设 X, Y 是同一数域 $\mathbf{K}$ 上的两个线性空间.如果映射 $T: X \to Y$ 满足

(1) T 是双射;

(2) T 是线性映射,即 $\forall x, y \in X$ 及 $\forall \alpha \in \mathbf{K}$,有

$$T(x + y) = Tx + Ty, \quad T(\alpha x) = \alpha Tx,$$

则称 T 是映 X 到 Y 的一个**同构映射**.如果两个线性空间 X 与 Y 之间存在一个同构映射,则称 X 与 Y 是**线性同构的**,简称为**同构**.

定义 4.8　设 X 是数域 $\mathbf{K}$ 上的线性空间,如果映射 $\|\cdot\|: X \to \mathbf{R}$ 满足下列条件(称为范数公理):

(N1) 正定性　$\|x\| \geqslant 0$,$\forall x \in X$,且 $\|x\| = 0 \Leftrightarrow x = \theta$;

(N2) 正齐性　$\|\alpha x\| = |\alpha| \cdot \|x\|$,$\forall x \in X$ 及 $\forall \alpha \in \mathbf{K}$;

(N3) 三角不等式　$\|x + y\| \leqslant \|x\| + \|y\|$,$\forall x, y \in X$,

则称映射 $\|\cdot\|$ 是 X 上的一个**范数**,$x \in X$ 处的像 $\|x\|$ 称为 x 的**范数**.定义了范数的线性空间称为**线性赋范空间**,记为 $\left(X, \|\cdot\| \right)$,简记为 X.当 $\mathbf{K} = \mathbf{R}$ 或 $\mathbf{K} = \mathbf{C}$ 时,分别称 X 为**实线性赋范空间**或**复线性赋范空间**.

定理 4.2　设 $\left(X, \|\cdot\| \right)$ 是线性赋范空间,定义映射 $d: X \times X \to \mathbf{R}$ 为

$$d(x, y) = \|x - y\|, \quad \forall x, y \in X,$$

则映射 d 满足度量公理.

定义 4.9　定理 4.2 中的映射 $d(\cdot, \cdot)$ 称为 X 中**由范数诱导的距离或度量**.

定理 4.3　设 X 是线性空间,d 是 X 上的距离,则 d 能由范数诱导的充要条

件是 d 具有下列两条性质:

(1) 平移不变性 $d(x-y,\theta)=d(x,y)$, $\forall x,y\in X$;

(2) 正齐性 $d(\alpha x,\theta)=|\alpha|d(x,\theta)$, $\forall x\in X$, $\alpha\in \mathbf{K}$.

定义 4.10 设 M 是线性赋范空间 X 的非空子集, $x\in X$. 于是点 x 到集合 M 的距离为 $d(x,M)=\inf\limits_{y\in M}\|x-y\|$. 如果 $y_0\in M$, 使得 $\|x-y_0\|=\inf\limits_{y\in M}\|x-y\|$, 则称 y_0 是 M 中对于 x 的**最佳逼近元**.

引理4.1(Hölder 不等式) 设 $p>1$, $\frac{1}{p}+\frac{1}{q}=1$, $f\in L^p[a,b]$, $g\in L^q[a,b]$, 那么 $f(t)g(t)$ 在 $[a,b]$ 上 Lebesgue 可积, 并且成立

$$\int_a^b |f(t)g(t)|\mathrm{d}t \leqslant \|f\|_p\|g\|_q.$$

引理4.2(Minkowski 不等式) 设 $p\geqslant 1$, $f,g\in L^p[a,b]$, 那么 $f+g\in L^p[a,b]$, 并且成立不等式 $\|f+g\|_p \leqslant \|f\|_p+\|g\|_p$.

离散型(或称级数形式)Hölder 不等式: 记 $x=(\xi_n)_{n=1}^\infty\in l^p$, $y=(\eta_n)_{n=1}^\infty\in l^q$, 则有

$$\sum_{n=1}^\infty |\xi_n\eta_n| \leqslant \left(\sum_{n=1}^\infty |\xi_n|^p\right)^{\frac{1}{p}}\left(\sum_{n=1}^\infty |\eta_n|^q\right)^{\frac{1}{q}},$$

其中 $p>1$, $\frac{1}{p}+\frac{1}{q}=1$.

离散型(或称级数形式)Minkowski 不等式: 记 $x=(\xi_n)_{n=1}^\infty$, $y=(\eta_n)_{n=1}^\infty\in l^p$ $(1\leqslant p<+\infty)$, 则有

$$\left(\sum_{n=1}^\infty |\xi_n+\eta_n|^p\right)^{\frac{1}{p}} \leqslant \left(\sum_{n=1}^\infty |\xi_n|^p\right)^{\frac{1}{p}}+\left(\sum_{n=1}^\infty |\eta_n|^p\right)^{\frac{1}{p}}.$$

定义 4.11 设 X 是线性赋范空间, $\{x_n|\ n\in \mathbf{N}\}$ 是 X 中的点列, 简记为 $\{x_n\}\subset X$, $x_0\in X$. 如果 $\lim\limits_{n\to\infty}\|x_n-x_0\|=0$, 则称 $\{x_n\}$ **依范数收敛**于 x_0, 简称 $\{x_n\}$ 收敛于 x_0, 记为 $\lim\limits_{n\to\infty}x_n=x_0$ 或 $x_n\to x_0\ (n\to\infty)$.

定义 4.12 设 $\|\cdot\|_1$ 与 $\|\cdot\|_2$ 是同一个线性空间 X 上的两个范数, 如果对任意的 $\{x_n\}\subset X$, 由 $\|x_n\|_1\to 0\ (n\to\infty)$ 可推出 $\|x_n\|_2\to 0\ (n\to\infty)$, 则称范数 $\|\cdot\|_1$ **比** $\|\cdot\|_2$ **强**. 如果 $\|\cdot\|_1$ 比 $\|\cdot\|_2$ 强, 同时又有 $\|\cdot\|_2$ 比 $\|\cdot\|_1$ 强, 则称 $\|\cdot\|_1$ 与 $\|\cdot\|_2$ **等价**.

定理 4.4　线性空间 X 上的范数 $\|\cdot\|_1$ 比 $\|\cdot\|_2$ 强当且仅当存在常数 $c>0$, 使 $\|x\|_2 \leqslant c\|x\|_1$, $\forall x \in X$.

推论　线性空间 X 上的两个范数 $\|\cdot\|_1$ 与 $\|\cdot\|_2$ 等价的充要条件是存在常数 $c_1, c_2 > 0$, 使得 $c_1\|x\|_1 \leqslant \|x\|_2 \leqslant c_2\|x\|_1$, $\forall x \in X$.

定义 4.13　设 $\left(X, \|\cdot\|_X\right)$ 与 $\left(Y, \|\cdot\|_Y\right)$ 都是线性赋范空间, 映射 $T: X \to Y$. 称 T 在点 $x_0 \in X$ 连续, 如果对于 X 中任意收敛于 x_0 的点列 $\{x_n\}$: $x_n \xrightarrow{\|\cdot\|_X} x_0$ $(n \to \infty)$, Y 中的相应点列 $\{Tx_n\}$ 收敛于 Tx_0: $Tx_n \xrightarrow{\|\cdot\|_Y} Tx_0$ $(n \to \infty)$. 如果 T 在 X 上每点都连续, 则称 T **在 X 上连续**.

定理 4.5　映射 $T: X \to Y$ 在点 $x_0 \in X$ 连续的充要条件是: $\forall \varepsilon > 0$, 存在 $\delta > 0$, 当 $\|x - x_0\|_X < \delta$, $x \in X$ 时, 就有 $\|Tx - Tx_0\|_Y < \varepsilon$.

定理 4.6　线性赋范空间 $\left(X, \|\cdot\|\right)$ 中的范数 $\|\cdot\|$ 是 $X \to \mathbf{R}$ 的连续映射.

定义 4.14　设 T 是线性赋范空间 X 到 Y 的双射. 如果 T 及它的逆映射 T^{-1} 都是连续的, 则称 T 为 X 到 Y 的**拓扑映射**, 这时称 X 和 Y 是拓扑同构的或同胚的.

定义 4.15　设 X 是线性赋范空间, $M \subset N \subset X$, 如果 N 中每点或是 M 的点, 或是 M 的聚点, 则称 M **在 N 中稠密**, 当 $N = X$ 时, 称 M 为 X 的稠密子集.

M 是 X 的稠密子集 $\Leftrightarrow \bar{M} = X \Leftrightarrow \forall x \in X$ 及 $\delta > 0$, $B(x, \delta) \bigcap M \neq \varnothing$.

定义 4.16　如果线性赋范空间 X 具有可数的稠密子集, 则称 X 是**可分空间**.

定义 4.17　设 (X, d) 是度量空间, $\{x_n\}$ 是 X 中的点列, 如果 $\forall \varepsilon > 0$, 存在 $N \in \mathbf{N}$, $\forall n, m > N$, 有 $d(x_n, x_m) < \varepsilon$, 就称 $\{x_n\}$ 是 X 中的 Cauchy 列或**基本列**.

度量空间中的 Cauchy 列具有下列与 $\mathbf{R}$ 中的 Cauchy 列类似的性质.

定理 4.7　度量空间 X 中的 Cauchy 列具有下列性质:

(1) Cauchy 列必有界;

(2) 收敛点列必为 Cauchy 列.

定义 4.18　如果度量空间 (X, d) 中每个 Cauchy 列都收敛于 X 中的点, 则称 (X, d) 是**完备度量空间**. 完备的线性赋范空间又称为 Banach **空间**.

定义 4.19　设 $(X, \|\cdot\|)$ 是线性赋范空间, M 是 X 的线性子空间, 并以 X 上的范数 $\|\cdot\|$ 为范数, 于是 $(M, \|\cdot\|)$ 也是线性赋范空间, 称为 $(X, \|\cdot\|)$ 的**子空间**; 如果 M 又是 X 的闭子集, 则称 M 为 X 的**闭子空间**.

定理 4.8　设 X 是 Banach 空间, M 是 X 的子空间, 则 M 完备的充要条件是 M 为闭子空间.

线性赋范空间的完备子空间必是闭子空间.

定义 4.20　设 $\left(X, \|\cdot\|_X\right)$ 与 $\left(Y, \|\cdot\|_Y\right)$ 是同一个数域 $\mathbf{K}$ 上的两个线性赋范空间, 如果映射 $T: X \to Y$ 满足条件

(1) T 是同构映射;

(2) T 是保范映射, 即 $\|Tx\|_Y = \|x\|_X$, $\forall x \in X$,

则称 T 为映 X 到 Y 的一个**保范同构映射**. 如果两个线性赋范空间之间存在着一个保范同构映射, 则称这两个空间是保范同构的或是等价的.

定理 4.9(空间完备化定理)　对于线性赋范空间 $\left(X, \|\cdot\|_X\right)$, 必存在 Banach 空间 $\left(\tilde{X}, \|\cdot\|_{\tilde{X}}\right)$ 使 X 保范同构于 $\tilde{X}$ 的某一个稠密子空间, 且在保范同构的意义下, $\tilde{X}$ 是唯一的.

定义 4.21　设 X 是度量空间, $M \subset X$. 如果 M 中每个无限点列都有子序列收敛于一点 $x \in X$, 则称 M 为**相对紧集**或**列紧集**; 如果 M 中每个无限点列都有子序列收敛于一点 $x \in M$, 则称 M 是**紧集**.

定理 4.10　设 X 是度量空间, $M \subset X$, 那么

(1) 如果 M 紧集, 则 M 必相对紧;

(2) M 相对紧的充要条件是 $\overline{M}$ 为紧集;

(3) 有限集必为紧集;

(4) 如果 M 是相对紧集, 则 M 是有界集;

(5) 如果 M 是紧集, 则 M 是有界闭集.

定理 4.11　设 X, Y 是两个度量空间, $T: X \to Y$ 连续, 则 T 把 X 中的(相对)紧集映成 Y 中的(相对)紧集.

定理 4.12　设 M 是度量空间 X 中的紧集, 映射 $f: X \to \mathbf{R}$ 连续, 则 f 在 M 上有界, 且在 M 上有最大值和最小值.

定理 4.13　设 X 是数域 $\mathbf{K}$ 上的 n 维线性赋范空间, $\{e_1, e_2, \cdots, e_n\}$ 是 X 的一个基, 则存在两个常数 $\lambda \geqslant \mu > 0$, 使 $\forall x \in X$, $x = \sum_{i=1}^{n} \xi_i e_i$ 时, 有

$$\mu \|x\| \leqslant \left(\sum_{i=1}^{n} |\xi_i|^2\right)^{\frac{1}{2}} \leqslant \lambda \|x\|,$$

推论 1　设 X 是 n 维线性空间, $\|\cdot\|_1$, $\|\cdot\|_2$ 是 X 上的两个范数, 则 $\|\cdot\|_1$ 与 $\|\cdot\|_2$ 等价.

推论 2　任何有限维线性赋范空间都是 Banach 空间.

推论 3　线性赋范空间的任何有限维子空间必是闭子空间.

定理 4.14　任何实 n 维线性赋范空间必与 $\mathbf{R}^n$ 同构且同胚; 任何复 n 维线性赋范空间必与 $\mathbf{C}^n$ 同构且同胚.

定理 4.15　有限维线性赋范空间中任何有界集都是相对紧集.

定理 4.16 (Riesz 引理)　设 M 是线性赋范空间 X 的一个真闭子空间, 则 $\forall \varepsilon > 0$, 存在 $x_0 \in X$, $\|x_0\| = 1$, 使得

$$d(x_0, M) = \inf \left\{ \|y - x_0\| \mid y \in M \right\} \geqslant 1 - \varepsilon.$$

定理 4.17　线性赋范空间 X 是有限维的充要条件是 X 中每个有界集是相对紧集.

定理 4.18　设 M 是线性赋范空间 X 的有限维子空间, 则 $\forall x \in X$, 在 M 中总存在对 x 的最佳逼近元, 即存在 $y_0 \in M$ 使得

$$\|x - y_0\| = \inf_{y \in M} \|x - y\|.$$

定义 4.22　设 M 是线性赋范空间 X 的非空子集, 映射 $T : M \to M$. 如果存在正数 $k < 1$, 使得 $\|Tx - Ty\| \leqslant k\|x - y\|$, $\forall x, y \in M$, 则称 T 是 M 上的一个**压缩算子**或**压缩映射**. 显然压缩算子是连续的.

定理 4.19(Banach 压缩映射原理)　设 X 是 Banach 空间, $T : X \to X$ 是压缩映射, 则 T 在 X 中有唯一的不动点 x^*, 并且 $\forall x_0 \in X$, 迭代序列 $x_n = T^n x_0 (n \in \mathbf{N})$ 收敛于 x^*.

二、典型问题讨论

问题 1.　定理 4.3 中关于度量平移不变性条件 $d(x - y, \theta) = d(x, y)$ $(\forall x, y \in X)$ 等价于 $d(x + z, y + z) = d(x, y)$ $(\forall x, y, z \in X)$(这即是取名为平移不变的原因). 事实上, 如果 $d(x - y, \theta) = d(x, y)$, 那么 $\forall z \in X$,

$$d(x + z, y + z) = d(x + z - y - z, \theta) = d(x - y, \theta) = d(x, y).$$

反之, 如果 $d(x + z, y + z) = d(x, y)$, 那么取 $z = -y$, 即得 $d(x - y, \theta) = d(x, y)$.

问题 2.　在证明 Hölder 不等式(引理 4.1)时, 使用 Young 不等式: 当 $p > 1$, $\dfrac{1}{p} + \dfrac{1}{q} = 1$ 时, 对任何正数 A, B, 有

$$A^{\frac{1}{p}} B^{\frac{1}{q}} \leqslant \frac{A}{p} + \frac{B}{q}.$$

可以通过幂函数给出 Young 不等式的证明. 令 $a = \dfrac{1}{p}$, $b = \dfrac{1}{q}$, 则 $a + b = 1$. 考虑函数 $y = x^a$, 因为 $y'' = a(a-1)x^{a-2} < 0 \; (x > 0)$, 故 $y = x^a$ 在 $x > 0$ 为上凸函数, 因而函数在点 $(1,1)$ 的切线位于曲线的上方, 故有不等式 $x^a \leqslant ax + b \; (x > 0)$. 令 $x = \dfrac{A}{B}$, 将其代入上面不等式, 即得 Young 不等式.

也可用指数函数来证明. 因为 $f(x) = \mathrm{e}^x$ 是凸函数, 所以对任何正数 A, B, 有

$$A^{\frac{1}{p}} B^{\frac{1}{q}} = \mathrm{e}^{\frac{1}{p}\ln A + \frac{1}{q}\ln B} = f\left(\frac{1}{p}\ln A + \frac{1}{q}\ln B\right) \leqslant \frac{1}{p} f(\ln A) + \frac{1}{q} f(\ln B) = \frac{A}{p} + \frac{B}{q}.$$

问题 3. 由定义 4.14 可知, 如果两个线性赋范空间 X 和 Y 是拓扑同构的, 不仅 X 和 Y 之间的点可以一一对应, 而且 X 和 Y 中开集之间也一一对应. 事实上, 由于存在 X 到 Y 的双射 T, 并且 T 及它的逆映射 T^{-1} 都是连续的, 根据第 4 章习题第 4 题的结论, 即可见 X 和 Y 中开集之间也一一对应.

问题 4. 以下列出常见的 Banach 空间.

(1) n 维向量空间 $\mathbf{K}^n$, 其范数为 $\|x\| = \sqrt{\sum\limits_{j=1}^{n} |\xi_j|^2}$, $\forall x = (\xi_1, \xi_2, \cdots, \xi_n) \in \mathbf{K}^n$.

(2) p 方可和数列空间

$$l^p = \left\{ x = (\xi_n)_{n=1}^{\infty} \,\middle|\, \xi_n \in \mathbf{K} \, (n \in \mathbf{N}), \sum_{n=1}^{\infty} |\xi_n|^p < +\infty \right\} \quad (1 \leqslant p < +\infty),$$

其范数为 $\|x\| = \left(\sum\limits_{n=1}^{\infty} |\xi_n|^p\right)^{\frac{1}{p}}$, $\forall x = (\xi_n)_{n=1}^{\infty} \in l^p$.

(3) 有界数列空间 $l^{\infty} = \left\{ x = (\xi_n)_{n=1}^{\infty} \,\middle|\, \xi_n \in \mathbf{K} \, (n \in \mathbf{N}), \sup\limits_{n \geqslant 1} |\xi_n| < +\infty \right\}$, 其范数为 $\|x\| = \sup\limits_{n \geqslant 1} |\xi_n|$, $\forall x = (\xi_n)_{n=1}^{\infty} \in l^{\infty}$.

(4) $[a,b]$ 上连续函数空间

$$C[a,b] = \left\{ x \mid x(t) 在[a,b]上连续 \right\},$$

其范数为 $\|x\| = \max\limits_{a \leqslant t \leqslant b} |x(t)|$, $\forall x \in C[a,b]$.

(5) $[a,b]$ 上 $k \, (k \in \mathbf{N})$ 阶连续可导函数空间

$$C^k[a,b] = \left\{ x \mid x(t) 在[a,b]上具有k阶连续导数 \right\},$$

其范数为 $\|x\| = \max\left\{\max\limits_{a\leqslant t\leqslant b}|x(t)|, \max\limits_{a\leqslant t\leqslant b}|x'(t)|, \cdots, \max\limits_{a\leqslant t\leqslant b}|x^{(k)}(t)|\right\}$, $\forall x \in C^k[a,b]$.

(6) $[a,b]$ 上 p 方可积函数空间

$$L^p[a,b] = \left\{ x \,\middle|\, x(t)\text{在}[a,b]\text{上可测}, \int_a^b |x(t)|^p dt < +\infty \right\} \quad (1 \leqslant p < +\infty),$$

其范数为 $\|x\| = \left(\int_a^b |x(t)|^p dt\right)^{\frac{1}{p}}$, $\forall x \in L^p[a,b]$, 这里将 $L^p[a,b]$ 中几乎处处相等的函数看作同一个元素.

(7) $[a,b]$ 上本性有界函数空间

$$L^\infty[a,b] = \left\{ x \,\middle|\, x(t)\text{在}[a,b]\text{上可测}, \text{且在}[a,b]\text{中去掉某个零测度集后有界} \right\},$$

其范数为 $\|x\| = \inf\limits_{\substack{\mu E_0 = 0 \\ E_0 \subset [a,b]}} \sup\limits_{t \in [a,b]\backslash E_0} |x(t)| \overset{\Delta}{=} \operatorname*{varisup}\limits_{t \in [a,b]} |x(t)|$, $\forall x \in L^\infty[a,b]$, 这里将 $L^\infty[a,b]$ 中几乎处处相等的函数看作同一个元素.

问题 5. 设 $(X, \|\cdot\|)$ 是数域 $\mathbf{K}$ 上的有限维线性赋范空间, 则 X 中任何有界集都是相对紧集.

证明　如果 X 是 n 维的, 那么可取 $\{e_1, e_2, \cdots, e_n\}$ 是 X 的一个基. 若 A 是 X 中有界集, 则存在常数 $M > 0$, 使得 $\|x\| \leqslant M$, $\forall x \in A$. 设 $\{x_m\}$ 是 A 中的无限点列, 于是 $x_m = \sum\limits_{i=1}^n \xi_i^{(m)} e_i$, 其中 $\xi_i^{(m)} \in \mathbf{K}$ $(m \in \mathbf{N}, i = 1, 2, \cdots, n)$. 根据定理 4.13 可知, 存在常数 $\lambda > 0$, 使得

$$\left(\sum_{i=1}^n \left|\xi_i^{(m)}\right|^2\right)^{\frac{1}{2}} \leqslant \lambda \|x_m\| \leqslant \lambda M \quad (\forall m \in \mathbf{N}),$$

因此 $\left|\xi_i^{(m)}\right| \leqslant \lambda M$ $(m \in \mathbf{N}, i = 1, 2, \cdots, n)$. 这表明对给定的 i, $\left\{\xi_i^{(m)}\right\}$ 是数域 $\mathbf{K}$ 中的有界数列, 而 i 是有限个, 从而不妨设存在收敛的子列 $\left\{\xi_i^{(m_k)}\right\}$ $(i = 1, 2, \cdots, n)$. 对任意的 i, 令 $\xi_i^{(m_k)} \to \xi_i^{(0)}$ $(k \to \infty)$, 记

$$x_{m_k} = \sum_{i=1}^n \xi_i^{(m_k)} e_i, \quad x_0 = \sum_{i=1}^n \xi_i^{(0)} e_i.$$

再由定理 4.13, 存在常数 $\mu > 0$, 使得

$$\left\| x_{m_k} - x_0 \right\| \leqslant \frac{1}{\mu} \left(\sum_{i=1}^{n} \left| \xi_i^{(m_k)} - \xi_i^{(0)} \right|^2 \right)^{\frac{1}{2}} \to 0 \quad (k \to \infty),$$

即 $\{x_m\}$ 存在收敛的子列 $\{x_{m_k}\}$，从而 A 是相对紧集.

注 上面是定理 4.15 的直接证明，而在文献(宋叔尼等，2019)中，定理 4.15 是通过空间的同构且同胚来证明的.

问题 6. 定理 4.18 的证明：设 $\rho = \inf_{y \in M} \|x - y\|$，根据下确界的定义可知，存在 M 中的点列 $\{y_n\}$，使得 $\|x - y_n\| \to \rho$，故 $\{y_n\}$ 有界. 因为 M 是有限维子空间，所以从定理 4.13 的推论 3 和定理 4.15 可知，存在子列 $y_{n_k} \to y_0 \in M(k \to \infty)$. 于是 $\|x - y_{n_k}\| \to \|x - y_0\| = \rho$.

注 与定理 5.8 的条件和结论进行比较.

问题 7. 定理 4.19 给出的是 Banach 空间中的压缩映射原理，实际上同样有完备度量空间中的压缩映射原理. 设 (X,d) 是度量空间，映射 $T : X \to X$. 如果存在正数 $k < 1$，使得 $d(Tx,Ty) \leqslant kd(x,y)$，$\forall x,y \in X$，则称 T 是 X 上的一个**压缩算子**或**压缩映射**. 当 (X,d) 是完备度量空间时，压缩映射 T 在 X 中存在唯一的不动点 x^*，并且 $\forall x_0 \in X$，迭代序列 $x_n = T^n x_0 (n \in \mathbf{N})$ 收敛于 x^*.

问题 8. 设 (X,d) 是度量空间，$M \subset X$. 如果对给定的 $\varepsilon > 0$，存在集合 $A \subset M$，使得 $\forall x \in M$，存在 $y \in A$，满足 $d(x,y) < \varepsilon$，则称 A 是 M 的一个 ε **网**. 如果 A 是有限集合，则称 A 是 M 的一个**有限 ε 网**.

显然，如果 A 是 M 的一个 ε 网，则 $M \subset \bigcup_{y \in A} \{x \in X \mid d(x,y) < \varepsilon\}$. 可见如果 M 存在有限 ε 网，那么 M 有界.

Hausdorff 定理： 在完备度量空间 (X,d) 中，M 是列紧集当且仅当 $\forall \varepsilon > 0$，M 存在有限 ε 网.

证明 设 M 是列紧的，但是存在 $\varepsilon_0 > 0$，使得 M 不存在有限 ε_0 网.

取 $x_1 \in M$，存在 $x_2 \in M$，使得 $d(x_1,x_2) \geqslant \varepsilon_0$，即 $x_2 \in M \setminus B(x_1,\varepsilon_0)$. 同理可知存在 $x_3 \in M \setminus (B(x_1,\varepsilon_0) \cup B(x_2,\varepsilon_0))$，依此下去，存在 $x_{n+1} \in M \setminus \left(\bigcup_{k=1}^{n} B(x_k,\varepsilon_0) \right)$. 显然点列 $\{x_n\} \subset M$，并且 $d(x_n,x_m) \geqslant \varepsilon_0 (n \neq m)$，$\{x_n\}$ 没有收敛子列，与 M 列紧矛盾.

设 $\forall \varepsilon > 0$，M 存在有限 ε 网. 取无穷的序列 $\{x_n\} \subset M$，对有限的 1 网，存在 $y_1 \in M$ 及 $\{x_n\}$ 的无穷子列 $\{x_n^{(1)}\} \subset B(y_1,1)$. 对有限的 $\frac{1}{2}$ 网，存在 $y_2 \in M$ 及 $\{x_n^{(1)}\}$

的无穷子列 $\left\{x_n^{(2)}\right\} \subset B\left(y_2, \dfrac{1}{2}\right)$，依此下去，对有限的 $\dfrac{1}{k}$ 网，存在 $y_k \in M$ 及 $\left\{x_n^{(k-1)}\right\}$

的无穷子列 $\left\{x_n^{(k)}\right\} \subset B\left(y_k, \dfrac{1}{k}\right)$. 取对角线序列 $\left\{x_n^{(n)}\right\}$，它是 $\{x_n\}$ 的子列. 下证

$\left\{x_n^{(n)}\right\}$ 是 Cauchy 列. 事实上，$\forall \varepsilon > 0$，当 $n > \dfrac{2}{\varepsilon}$ 时，对任意的正整数 p，

$$d\left(x_{n+p}^{(n+p)}, x_n^{(n)}\right) \leqslant d\left(x_{n+p}^{(n+p)}, y_n\right) + d\left(y_n, x_n^{(n)}\right) < \frac{2}{n} < \varepsilon.$$

故 $\{x_n\}$ 存在收敛子列.

　　注　在证明 "M 是列紧集，则 $\forall \varepsilon > 0$，M 存在有限 ε 网" 时，不需要空间的完备性，且易见列紧集有界.

　　问题 9.　度量空间 (X, d) 中集合 M 是紧的当且仅当覆盖 M 的任意开集族中都存在有限个开集覆盖 M. 证明见文献(夏道行等，2010; 郑维行，王声望，2010).

　　问题 10.　Arzela-Ascoli 定理: 集合 $F \subset C[a, b]$ 列紧的充分必要条件是

问题10详解视频

　　(1) F 是一致有界的，即存在常数 $M > 0$，使得 $|x(t)| \leqslant M$，$\forall x \in F$，$t \in [a, b]$;

　　(2) F 是等度连续的，即 $\forall \varepsilon > 0$，存在 $\delta > 0$，$\forall x \in F$，$t_1, t_2 \in [a, b]$，当 $|t_1 - t_2| < \delta$ 时，有 $|x(t_1) - x(t_2)| < \varepsilon$. 证明见文献(夏道行等，2010).

　　问题 11.　设 (X, d) 为度量空间，称泛函 $\varphi: X \to \mathbf{R}$ 在 $x_0 \in X$ 处**下(上)半连续**，是指对任意 $\{x_n\} \subset X$，$x_n \to x_0$，有 $\varphi(x_0) \leqslant \varliminf_{n \to \infty} \varphi(x_n)\left(\varlimsup_{n \to \infty} \varphi(x_n) \leqslant \varphi(x_0)\right)$. 如果 φ 在 X 的任意点处下(上)半连续，则称 φ 在 X 上是**下(上)半连续的**.

　　显然 φ 在 x_0 处连续当且仅当 φ 在 x_0 处既是上半连续也是下半连续的.

　　$\varphi: X \to \mathbf{R}$ 在 X 上是下半连续当且仅当 $\forall \lambda \in \mathbf{R}$，水平集 $\varphi_\lambda = \{x \in X \mid \varphi(x) \leqslant \lambda\}$ 是闭集.

　　证明　设 φ 是下半连续的. 如果 $\{x_n\} \subset \varphi_\lambda$，$x_n \to x_0$，则 $\varphi(x_0) \leqslant \varliminf_{n \to \infty} \varphi(x_n) \leqslant \lambda$，故 $x_0 \in \varphi_\lambda$，即水平集 φ_λ 是闭集. 反之，设 $\forall \lambda \in \mathbf{R}$，$\varphi_\lambda$ 是闭集，那么对于 $x_0 \in X$，需要证明对任意 $\{x_n\} \subset X$，$x_n \to x_0$，都有 $\varphi(x_0) \leqslant \varliminf_{n \to \infty} \varphi(x_n)$. 事实上，如果 $\varliminf_{n \to \infty} \varphi(x_n) = +\infty$，显然成立; 如果 $\varliminf_{n \to \infty} \varphi(x_n) = -\infty$，则 $\forall N > 0$，存在子列 $\{x_{n_k}\}$，使得 $\varphi(x_{n_k}) \leqslant -N$，由 φ_{-N} 是闭集，可知 $\varphi(x_0) \leqslant -N$，即 $\varphi(x_0) = -\infty$，矛盾; 如果 $\varliminf_{n \to \infty} \varphi(x_n) = \alpha \in \mathbf{R}$，倘若 $\varphi(x_0) > \alpha$，取 $\varepsilon > 0$，使得 $\alpha + \varepsilon < \varphi(x_0)$，于是存在

子列 $\{x_{n_k}\}$，使得 $\varphi(x_{n_k}) < \alpha + \varepsilon$，再由水平集是闭的，故 $\varphi(x_0) \leqslant \alpha + \varepsilon < \varphi(x_0)$，矛盾，因此 $\varphi(x_0) \leqslant \alpha = \varliminf_{n \to \infty} \varphi(x_n)$.

三、习题详解与精析

1. (1) 构造出 l^2 的一个有限维线性子空间;

(2) 构造出 l^2 的一个无限维线性子空间 L，使 $L \neq l^2$.

解 (1) 设 $e_k = (\xi_n^{(k)})_{n=1}^{\infty} (k = 1, 2, \cdots, m)$，其中

$$\xi_n^{(k)} = 1 \ (n = k), \quad \xi_n^{(k)} = 0 \ (n \neq k) \ (k = 1, 2, \cdots, m).$$

于是 $e_k \in l^2 \ (k = 1, 2, \cdots, m)$. 由 $\{e_1, e_2, \cdots, e_m\}$ 可生成 l^2 的一个 m 维线性子空间.

(2) 设 $e_k = (\xi_n^{(k)})_{n=1}^{\infty} \ (k = 1, 2, \cdots)$，其中

$$\xi_n^{(k)} = 1 \ (n = 2k - 1), \quad \xi_n^{(k)} = 0 \ (n \neq 2k - 1) \quad (k = 1, 2, \cdots).$$

于是 $e_k \in l^2 \ (k = 1, 2, \cdots)$. 由 $\{e_1, e_2, \cdots, e_m, \cdots\}$ 可生成 l^2 的一个无限维线性子空间 $L \neq l^2$.

2. 设 $x = (\xi_1, \xi_2, \cdots, \xi_n) \in \mathbf{R}^n$，如果定义

$$\|x\|_1 = |\xi_1| + |\xi_2| + \cdots + |\xi_n|; \quad \|x\|_{\infty} = \max\{|\xi_1|, |\xi_2|, \cdots, |\xi_n|\};$$

$$\|x\|_p = \left(|\xi_1|^p + |\xi_2|^p + \cdots + |\xi_n|^p\right)^{\frac{1}{p}} \quad (1 < p < +\infty).$$

习题2详解视频

证明 $\|\cdot\|_1$，$\|\cdot\|_{\infty}$，$\|\cdot\|_p$ 都是 $\mathbf{R}^n$ 上的范数.

证明 对于 $\|\cdot\|_1$，$\|\cdot\|_{\infty}$，$\|\cdot\|_p$，其正定性和正齐性都是显然的. 下面分别来证明三角不等式. 设 $y = (\eta_1, \eta_2, \cdots, \eta_n) \in \mathbf{R}^n$，于是

$$\|x + y\|_1 = \sum_{k=1}^n |\xi_k + \eta_k| \leqslant \sum_{k=1}^n (|\xi_k| + |\eta_k|) = \sum_{k=1}^n |\xi_k| + \sum_{k=1}^n |\eta_k| = \|x\|_1 + \|y\|_1;$$

$$\|x + y\|_{\infty} = \max_{1 \leqslant k \leqslant n} |\xi_k + \eta_k| \leqslant \max_{1 \leqslant k \leqslant n} (|\xi_k| + |\eta_k|) \leqslant \max_{1 \leqslant k \leqslant n} |\xi_k| + \max_{1 \leqslant k \leqslant n} |\eta_k| = \|x\|_{\infty} + \|y\|_{\infty}.$$

最后根据离散型 Minkowski 不等式，

$$\|x + y\|_p = \left(\sum_{k=1}^n |\xi_k + \eta_k|^p\right)^{\frac{1}{p}} \leqslant \left(\sum_{k=1}^n |\xi_k|^p\right)^{\frac{1}{p}} + \left(\sum_{k=1}^n |\eta_k|^p\right)^{\frac{1}{p}} = \|x\|_p + \|y\|_p.$$

3. 证明: (1) 线性赋范空间中的 Cauchy 列是有界集;

(2) 如果 Cauchy 列 $\{x_n\}$ 有一个子序列 $x_{n_k} \to x (k \to \infty)$，则 $x_n \to x \ (n \to \infty)$.

证明　设 $\{x_n\}$ 是线性赋范空间 $(X, \|\cdot\|)$ 中的 Cauchy 列，则 $\forall \varepsilon > 0$，存在 $N \in \mathbf{N}$，当 $n, m > N$ 时，$\|x_n - x_m\| < \varepsilon$．

(1) 对给定的 $\varepsilon_0 > 0$，存在 $N \in \mathbf{N}$，当 $n > N$ 时，有 $\|x_n - x_{N+1}\| < \varepsilon_0$，于是 $\|x_n\| - \|x_{N+1}\| < \varepsilon_0$．令 $M = \max\{\|x_{N+1}\| + \varepsilon_0, \|x_1\|, \|x_2\|, \cdots, \|x_N\|\}$，有 $\|x_n\| \leqslant M(\forall n \in \mathbf{N})$，即 Cauchy 列 $\{x_n\}$ 有界．

(2) 如果 $\{x_n\}$ 有一个子列 $x_{n_k} \to x(k \to \infty)$，那么 $\forall \varepsilon > 0$，存在 $K \in \mathbf{N}$，满足 $K > N$，使得 $\|x_{n_K} - x\| < \varepsilon$．取 $N_1 = n_K$，当 $n > N_1$ 时，由于 $n > n_K \geqslant K > N$，故可得 $\|x_n - x\| \leqslant \|x_n - x_{n_K}\| + \|x_{n_K} - x\| < 2\varepsilon$，即 $x_n \to x\,(n \to \infty)$．

4. 设 X, Y 是线性赋范空间，映射 $T: X \to Y$，证明 T 在 X 上连续的充要条件是对于任何开集 $B \subset Y$，$T^{-1}(B)$ 是 X 中的开集．

证明　设线性赋范空间 X, Y 的范数分别为 $\|\cdot\|_X$ 和 $\|\cdot\|_Y$，对任意 $x_1, x_2 \in X$，定义 $d(x_1, x_2) = \|x_1 - x_2\|_X$；对任意 $y_1, y_2 \in Y$，定义 $\rho(y_1, y_2) = \|y_1 - y_2\|_Y$．于是 d, ρ 分别是 X, Y 中的度量，从定理 1.18 可得结论．

注　根据定理 1.18，T 在 X 上连续的充要条件是对于任何闭集 $A \subset Y$，$T^{-1}(A)$ 是 X 中的闭集．

5. 设 $\|\cdot\|_1$ 与 $\|\cdot\|_2$ 是线性空间 X 上的两个等价范数，证明空间 $\left(X, \|\cdot\|_1\right)$ 与 $\left(X, \|\cdot\|_2\right)$ 中的 Cauchy 列是相同的．

证明　因为范数 $\|\cdot\|_1$ 与 $\|\cdot\|_2$ 等价，所以根据定理 4.4 的推论，存在常数 $c_1, c_2 > 0$，使得 $c_1\|x\|_1 \leqslant \|x\|_2 \leqslant c_2\|x\|_1$，$\forall x \in X$．设 $\{x_n\}$ 是空间 $\left(X, \|\cdot\|_1\right)$ 中的 Cauchy 列，于是 $\forall \varepsilon > 0$，存在 $N \in \mathbf{N}$，当 $n, m > N$ 时，有 $\|x_n - x_m\|_1 < \dfrac{\varepsilon}{c_2}$，从而 $\|x_n - x_m\|_2 \leqslant c_2\|x_n - x_m\|_1 < \varepsilon$，即 $\{x_n\}$ 也是空间 $\left(X, \|\cdot\|_2\right)$ 中的 Cauchy 列．反之类似．

注　设线性空间 X 上有两个等价范数，从本题可知，如果在一个范数下空间是完备的，那么在另一个范数下空间也是完备的．

6. 设 X 是线性空间，$\|\cdot\|_1$ 与 $\|\cdot\|_2$ 都是 X 上的范数，且 $\|\cdot\|_2$ 比 $\|\cdot\|_1$ 强，如果 X 的子集 A 是 $\left(X, \|\cdot\|_1\right)$ 中的开集，则 A 必是 $\left(X, \|\cdot\|_2\right)$ 中的开集．

证明　因为范数 $\|\cdot\|_2$ 比范数 $\|\cdot\|_1$ 强，所以根据定理 4.4，存在常数 $c > 0$，使 $\|x\|_1 \leqslant c\|x\|_2$，$\forall x \in X$．

(方法一) 考虑恒等映射 $I: \left(X, \|\cdot\|_2\right) \to \left(X, \|\cdot\|_1\right)$，设 $x_0 \in X$，对于 $\left(X, \|\cdot\|_2\right)$ 中任意收敛于 x_0 的点列 $\{x_n\}$，$\|Ix_n - Ix_0\|_1 = \|x_n - x_0\|_1 \leqslant c\|x_n - x_0\|_2 \to 0$，因此

$I:\left(X,\|\cdot\|_2\right)\to\left(X,\|\cdot\|_1\right)$ 是连续映射. 如果 A 是 $\left(X,\|\cdot\|_1\right)$ 中的开集, 则从本章习题的第 4 题可知, $A=I^{-1}(A)$ 是 $\left(X,\|\cdot\|_2\right)$ 中的开集.

(方法二) 设 A 是 $\left(X,\|\cdot\|_1\right)$ 中的开集, 如果 $x_0\in A$, 由于在 $\left(X,\|\cdot\|_1\right)$ 中 x_0 是 A 的内点, 则存在 $\delta>0$, 使得 $\left(X,\|\cdot\|_1\right)$ 中开球

$$B_1\left(x_0,\delta\right)=\left\{x\in X\Big|\|x-x_0\|_1<\delta\right\}\subset A.$$

考虑 $\left(X,\|\cdot\|_2\right)$ 中开球

$$B_2\left(x_0,\frac{\delta}{c}\right)=\left\{x\in X\Big|\|x-x_0\|_2<\frac{\delta}{c}\right\},$$

如果 $y\in B_2\left(x_0,\dfrac{\delta}{c}\right)$, 那么 $\|y-x_0\|_1\leqslant c\|y-x_0\|_2<\delta$, 从而 $y\in B_1\left(x_0,\delta\right)$. 故 $B_2\left(x_0,\dfrac{\delta}{c}\right)\subset B_1\left(x_0,\delta\right)\subset A$, 这说明在 $\left(X,\|\cdot\|_2\right)$ 中 x_0 也是 A 的内点, 因此 A 是 $\left(X,\|\cdot\|_2\right)$ 中的开集.

注　设 $\|\cdot\|_2$ 比 $\|\cdot\|_1$ 强, 如果 X 的子集 A 是 $\left(X,\|\cdot\|_1\right)$ 中的闭集, 则 A 也是 $\left(X,\|\cdot\|_2\right)$ 中的闭集.

7. 设 M 是 l^∞ 中只有有限个非零分量的数列的全体所组成的集, 证明 M 是 l^∞ 的线性子空间, 但不是 l^∞ 的闭子空间.

证明　设 $x=(\xi_n)_{n=1}^\infty\in l^\infty$, $y=(\eta_n)_{n=1}^\infty\in l^\infty$, 其中 $\xi_n=0\ (n>p)$, $\eta_n=0\ (n>q)$, $p,q\in\mathbf{N}$, 于是 $x,y\in M$. 记 $m=\max\{p,q\}$, 对于 $\alpha,\beta\in\mathbf{K}$, 有

$$\alpha x+\beta y=(\alpha\xi_n+\beta\eta_n)_{n=1}^\infty\in l^\infty,\quad \alpha\xi_n+\beta\eta_n=0\quad(n>m),$$

习题7详解视频

可见 $\alpha x+\beta y\in M$, 即 M 是 l^∞ 的线性子空间.

取 $e_k=(\xi_n^{(k)})_{n=1}^\infty\in l^\infty\ (k=1,2,\cdots)$, 其中 $\xi_n^{(k)}=\dfrac{1}{n}\ (n\leqslant k)$, $\xi_n^{(k)}=0(n>k)$, 于是可知 $e_k\in M\ (k=1,2,\cdots)$. 令 $e_0=(\xi_n^{(0)})_{n=1}^\infty\in l^\infty$, 其中 $\xi_n^{(0)}=\dfrac{1}{n}$, 因为

$$\|e_k-e_0\|=\sup_n|\xi_n^{(k)}-\xi_n^{(0)}|=\frac{1}{k+1}\to 0\quad(k\to\infty),$$

所以在 l^∞ 中 $e_k\to e_0$. 但是 $e_0\notin M$, 故 M 不是 l^∞ 的闭子空间.

8. 设 X 是线性赋范空间，$M_1, M_2, \cdots, M_n$ 是 X 中有限个列紧集. 证明 $\bigcup\limits_{i=1}^{n} M_i$ 是 X 中的列紧集. 这个结果能推广到无限多个列紧集的并吗？

证明　设 $\{x_n\}$ 是 $\bigcup\limits_{i=1}^{n} M_i$ 中的无限点列，故存在 $M_i(1 \leqslant i \leqslant n)$ 包含无限子列 $\{x_{n_k}\}$. 由于 M_i 是列紧集，从而存在 $\{x_{n_k}\}$ 的收敛子列，即 $\bigcup\limits_{i=1}^{n} M_i$ 是 X 中的列紧集. 但是这个结果不能推广到无限多个列紧集的并，例如 $\bigcup\limits_{n=1}^{\infty}[n, n+1] = [1, +\infty)$.

9. 设 $X = [1, +\infty)$，定义映射 $T: X \to X$ 为 $Tx = \dfrac{x}{2} + \dfrac{1}{x}$. 证明 T 是压缩映射，并求出 T 的不动点.

证明　$\forall x \in [1, +\infty)$，

$$Tx = \frac{x}{2} + \frac{1}{x} \geqslant 2\sqrt{\frac{x}{2}}\sqrt{\frac{1}{x}} > 1,$$

故 $T: X \to X$. 当 $x_1, x_2 \in [1, +\infty)$ 时，

$$|Tx_2 - Tx_1| = \left|\frac{1}{2} - \frac{1}{x_1 x_2}\right||x_2 - x_1| \leqslant \frac{1}{2}|x_2 - x_1|,$$

因此 T 是压缩映射. 如果 $Tx = x$，即 $\dfrac{x}{2} + \dfrac{1}{x} = x$，在 $X = [1, +\infty)$ 中存在的解 $x_0 = \sqrt{2}$，即是 T 的不动点.

10. 设 X 为实 Banach 空间，常数 $L \in (0, 1)$. 如果算子 $T: \overline{B}(\theta, r) \to X$ 满足

(1) $\|Tx - Ty\| \leqslant L\|x - y\| \; (\forall x, y \in \overline{B}(\theta, r))$；

(2) $\|T\theta\| \leqslant r(1 - L)$，

其中 $\overline{B}(\theta, r)$ 是 X 中的闭球，θ 为 X 中的零元素，$r > 0$，证明 T 在 $\overline{B}(\theta, r)$ 存在唯一的不动点.

证明　因为 $\overline{B}(\theta, r)$ 是 Banach 空间 X 中的闭球，所以 $\overline{B}(\theta, r)$ 在由范数诱导的度量下，是完备的度量空间. 设 $x \in \overline{B}(\theta, r)$，则

$$\|Tx\| \leqslant \|Tx - T\theta\| + \|T\theta\| \leqslant L\|x\| + r(1 - L) \leqslant Lr + r(1 - L) = r,$$

即 $T: \overline{B}(\theta, r) \to \overline{B}(\theta, r)$. 因此根据本章的问题 7 可知，证明 T 在 $\overline{B}(\theta, r)$ 存在唯一的不动点.

注　如果 T 在开球 $B(\theta, r)$ 中定义，其他条件不变，那么 T 在开球 $B(\theta, r)$ 中不

一定有不动点. 事实上, 在 $(-1,1) \subset \mathbf{R}$ 中定义 $Tx = \frac{1}{2}(x+1)$, 可见 $r=1$, $L=\frac{1}{2}$, 满足本题中的条件(1)和(2), 但是其不动点 $x = 1 \notin (0,1)$.

然而, 如果算子 $T: B(\theta,r) \to X$ 满足条件 $\|Tx - Ty\| \leqslant L\|x-y\|$ $(\forall x, y \in B(\theta,r))$ 和 $\|T\theta\| < r(1-L)$, 那么 T 在 $B(\theta,r)$ 中存在唯一的不动点. 实际上, 可取 $\delta \in (0,r)$ 使得 $\|T\theta\| \leqslant \delta(1-L) < r(1-L)$. 设 $x \in \bar{B}(\theta,\delta)$, 则

$$\|Tx\| \leqslant \|Tx - T\theta\| + \|T\theta\| \leqslant L\|x\| + \delta(1-L) \leqslant L\delta + \delta(1-L) = \delta,$$

即 $T: \bar{B}(\theta,\delta) \to \bar{B}(\theta,\delta)$. 因此根据本章的问题 7 可知, T 在 $\bar{B}(\theta,\delta) \subset B(\theta,r)$ 存在不动点. 若 T 在 $B(\theta,r)$ 存在不动点 x_1 和 x_2, 那么

$$\|x_1 - x_2\| = \|Tx_1 - Tx_2\| \leqslant L\|x_1 - x_2\|,$$

而 $L \in (0,1)$, 故 $\|x_1 - x_2\| = 0$, 即 $x_1 = x_2$.

11. 在完备的度量空间中, 证明集合 M 列紧当且仅当 $\forall \varepsilon > 0$, 存在 M 的列紧 ε 网.

证明 如果集合 M 是列紧的, 则 M 本身就是自己的列紧 ε 网. 反之, 如果 $\forall \varepsilon > 0$, 存在 M 的列紧 $\frac{\varepsilon}{2}$ 网 A, 即 $\forall x \in M$, 存在 $y \in A$, 满足 $d(x,y) < \frac{\varepsilon}{2}$. 而 A 是列紧集, 根据本章问题 8 中的 Hausdorff 定理, 存在 A 的有限 $\frac{\varepsilon}{2}$ 网 B, 即 $\forall y \in A$, 存在 $z \in B$, 满足 $d(y,z) < \frac{\varepsilon}{2}$. 于是 $\forall x \in M$, $d(x,z) \leqslant d(x,y) + d(y,z) < \varepsilon$, 即 B 是 M 的有限 ε 网. 由本章问题 8 中的 Hausdorff 定理, 集合 M 是列紧的.

12. 在度量空间中, 证明紧集上的连续函数是一致连续的.

证明 设 M 是度量空间 (X,d) 中的紧集, $f: M \to \mathbf{R}$ 连续.

(方法一) 假设 f 在 M 上不是一致连续的, 则存在 $\varepsilon_0 > 0$, 以及 M 中的两个点列 $\{x_n\}$ 和 $\{y_n\}$, 满足 $d(x_n, y_n) \to 0$, 并且 $|f(x_n) - f(y_n)| \geqslant \varepsilon_0$. 由于 M 是紧集, 所以存在子列 $\{x_{n_k}\}$, 使得 $x_{n_k} \to x_0 \in M (k \to \infty)$. 而对于子列 $\{y_{n_k}\}$, 存在子列的子列 $\{y_{n_{k_i}}\}$, 使得 $y_{n_{k_i}} \to y_0 \in M (i \to \infty)$. 于是对于不等式 $|f(x_{n_{k_i}}) - f(y_{n_{k_i}})| \geqslant \varepsilon_0$, 令 $i \to \infty$, 根据 f 的连续性可得 $\varepsilon_0 \leqslant 0$, 矛盾.

(方法二) 因为 $f: M \to \mathbf{R}$ 连续, 所以 $\forall \varepsilon > 0$, $\forall x \in M$, 存在 $\delta_x > 0$, 使得对于 $B(x,\delta_x) \cap M$ 中的 y, 有 $|f(y) - f(x)| < \frac{\varepsilon}{2}$, 其中 $B(x,\delta_x)$ 为 X 中的开球. 因为开球族 $\left\{ B\left(x, \frac{\delta_x}{2}\right) \middle| x \in M \right\}$ 覆盖了紧集 M, 根据本章的问题 9, 在开球族中存在 M 的

有限开覆盖 $\left\{ B\left(x_i, \dfrac{\delta_{x_i}}{2} \right) \middle| x_i \in M, i = 1, 2, \cdots, n \right\}$. 取 $\delta = \min\left\{ \dfrac{\delta_{x_i}}{2} \middle| i = 1, 2, \cdots, n \right\}$，则

$\delta > 0$. $\forall y_1, y_2 \in M$，如果 $d(y_1, y_2) < \delta$，由于存在某个开球 $B\left(x_i, \dfrac{\delta_{x_i}}{2} \right) (1 \leqslant i \leqslant n)$，

使得 $y_1 \in B\left(x_i, \dfrac{\delta_{x_i}}{2} \right)$，则 $d(y_1, x_i) < \dfrac{\delta_{x_i}}{2} < \delta_{x_i}$，并且

$$d(y_2, x_i) \leqslant d(y_1, y_2) + d(y_1, x_i) < \delta + \dfrac{\delta_{x_i}}{2} \leqslant \delta_{x_i},$$

从而

$$\left| f(y_1) - f(y_2) \right| \leqslant \left| f(y_1) - f(x_i) \right| + \left| f(y_2) - f(x_i) \right| < \dfrac{\varepsilon}{2} + \dfrac{\varepsilon}{2} = \varepsilon,$$

即 f 在 M 上一致连续.

注　本题的结论和证明方法可与数学分析相对照. 方法一中不妨设存在子列 $x_{n_k} \to x_0 \in M, y_{n_k} \to y_0 \in M (k \to \infty)$，关键在于子列的下标相同.

13. 设 (X, d) 是度量空间，$M \subset X$ 是紧集，映射 $f : M \to M$ 满足

$$d\big(f(x_1), f(x_2) \big) < d(x_1, x_2) \quad \forall x_1, x_2 \in M \quad x_1 \neq x_2,$$

证明 f 在 M 中存在唯一的不动点.

证明　由条件可知映射 $f : M \to M$ 连续，设 $g(x) = d\big(x, f(x) \big), x \in M$，于是 $g : M \to \mathbf{R}$ 是连续函数. 根据定理 4.12，存在 $\bar{x} \in M$，使得 $g(\bar{x})$ 为最小值. 如果 $\bar{x} \neq f(\bar{x})$，那么 $g\big(f(\bar{x}) \big) = d\big(f(\bar{x}), f(f(\bar{x})) \big) < d\big(\bar{x}, f(\bar{x}) \big) = g(\bar{x})$，这与 $g(\bar{x})$ 为最小值矛盾. 从而 $\bar{x} = f(\bar{x})$，即 $\bar{x}$ 是 f 在 M 中的不动点. 设 $\bar{\bar{x}} \in M$ 是 f 的不动点，如果 $\bar{x} \neq \bar{\bar{x}}$，那么 $d\big(\bar{x}, \bar{\bar{x}} \big) = d\big(f(\bar{x}), f(\bar{\bar{x}}) \big) < d\big(\bar{x}, \bar{\bar{x}} \big)$，矛盾. 故 f 在 M 中存在唯一的不动点.

14. 设 X 是赋范线性空间. $A, B \subset X$，定义 $d(A, B) = \inf\limits_{x \in A, y \in B} \| x - y \|$. 证明如果 A, B 是 X 中紧集，则存在 $x_0 \in A, y_0 \in B$，使得 $d(A, B) = \| x_0 - y_0 \|$.

证明　根据下确界的定义，存在集合 A 中的点列 $\{x_n\}$ 和集合 B 中的点列 $\{y_n\}$，使得 $d(A, B) \leqslant \| x_n - y_n \| < d(A, B) + \dfrac{1}{n}$，从而 $\| x_n - y_n \| \to d(A, B)$. 因为 A, B 是 X 中紧集，所以存在子列 $x_{n_k} \to x_0 \in A, y_{n_k} \to y_0 \in B$ $(k \to \infty)$（参见本章习题第 12 题的注），故 $\| x_{n_k} - y_{n_k} \| \to \| x_0 - y_0 \| = d(A, B)$.

15. 设 X 是 Banach 空间. 如果 $\sum\limits_{n=1}^{\infty}\|x_n\| < \infty$，证明 $\sum\limits_{n=1}^{\infty} x_n$ 收敛.

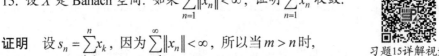

习题15详解视频

证明　设 $s_n = \sum\limits_{k=1}^{n} x_k$，因为 $\sum\limits_{n=1}^{\infty}\|x_n\| < \infty$，所以当 $m > n$ 时，

$$\|s_m - s_n\| = \left\|\sum_{k=n+1}^{m} x_k\right\| \leqslant \sum_{k=n+1}^{m}\|x_k\| \to 0 \quad (m\to\infty, n\to\infty),$$

即 $\{s_n\}$ 是 X 中的 Cauchy 列，从而 $\{s_n\}$ 在 X 中收敛，也就是 $\sum\limits_{n=1}^{\infty} x_n$ 收敛.

16. 设 X 是赋范线性空间，$M \subset X$ 是有限维真子空间，证明存在 $y \in X, \|y\| = 1$，使得 $\|y - x\| \geqslant 1, \forall x \in M$.

证明　因为 M 是 X 的真子空间，所以存在 $y_0 \in X \setminus M$. 由于 M 是有限维的，根据定理 4.13 的推论 3，可知 M 是闭的，从定理 1.16 得 $d(y_0, M) > 0$. 从下确界的定义可知存在 M 中的点列 $\{x_n\}$，使得 $\|y_0 - x_n\| \to d(y_0, M)$. 从 $\{\|y_0 - x_n\|\}$ 有界得到 $\{x_n\}$ 有界，根据定理 4.15，存在 $\{x_n\}$ 的收敛子列 $x_{n_k} \to x_0 \in M \ (k\to\infty)$，于是

$$\|y_0 - x_{n_k}\| \to \|y_0 - x_0\| = d(y_0, M).$$

令 $y = \dfrac{y_0 - x_0}{d(y_0, M)}$，则 $y \in X$, $\|y\| = 1$，从而 $\forall x \in M$，由 $x_0 + d(y_0, M)x \in M$ 可得

$$\|y - x\| = \left\|\frac{y_0 - x_0}{d(y_0, M)} - x\right\| = \frac{1}{d(y_0, M)}\left\|y_0 - (x_0 + d(y_0, M)x)\right\| \geqslant \frac{d(y_0, M)}{d(y_0, M)} = 1.$$

注　若 $M \subset X$ 是有限维真子空间，则存在 $y \in X, \|y\| = 1$，使得 $d(y, M) = 1$. 事实上，对于前面证明过程中得到的 M 中点列 $\{x_n\}$，令 $y_n = \dfrac{y_0 - x_n}{\|y_0 - x_n\|}$，则 $\|y_n\| = 1$，并且 $y_n \in \text{span}\{M \cup \{y_0\}\} \triangleq M_1$，即 M_1 是由 $M \cup \{y_0\}$ 生成的有限维子空间. 根据定理 4.15，存在 $\{y_n\}$ 的收敛子列 $y_{n_k} \to y \in M \ (k\to\infty)$，于是 $\|y\| = 1$，并且 $d(y, M) \leqslant \|y - \theta\| = \|y\| = 1$. 另一方面，根据第 1 章习题的第 10 题，

$$d(y, M) \geqslant d(y_{n_k}, M) - \|y - y_{n_k}\| = d\left(\frac{y_0 - x_{n_k}}{\|y_0 - x_{n_k}\|}, M\right) - \|y - y_{n_k}\|$$

$$= \frac{d\left(y_0, x_{n_k} + \|y_0 - x_{n_k}\|M\right)}{\|y_0 - x_{n_k}\|} - \|y - y_{n_k}\| = \frac{d(y_0, M)}{\|y_0 - x_{n_k}\|} - \|y - y_{n_k}\|,$$

其中由 M 是 X 的子空间可知 $x_{n_k} + \|y_0 - x_{n_k}\|M = M$. 对上面的不等式令 $k \to \infty$, 可得 $d(y, M) \geqslant 1$. 故 $d(y, M) = 1$.

17. 证明无穷维的赋范线性空间中的紧集没有内点.

证明 设 X 是无穷维的赋范线性空间, M 是 X 中的紧集. 如果 M 中有内点 x_0, 则存在 $r > 0$, 使得开球 $B(x_0, r) \subset M$, 并且 $B(x_0, r)$ 是相对紧集. 对于 X 中的有界集 A, 存在 $m_0 > 0$, 使得 $\forall x \in A, \|x\| \leqslant m_0$. 令 $\Omega = \dfrac{r}{m_0 + 1} A + x_0$, 于是 $\forall y \in \Omega$, 存在 $x \in A$, 使得 $y = \dfrac{r}{m_0 + 1} x + x_0$, 故

$$\|y - x_0\| = \left\| \frac{r}{m_0 + 1} x \right\| \leqslant \frac{r m_0}{m_0 + 1} < r,$$

即 $\Omega \subset B(x_0, r)$, 所以 Ω 是相对紧集. 设 $\{x_n\}$ 是 A 中的无限点列, $y_n = \dfrac{r}{m_0 + 1} x_n + x_0$, 则 $\{y_n\}$ 是 Ω 中的无限点列, 故 $\{y_n\}$ 有收敛的子列, 从而 $\{x_n\} = \left\{ \dfrac{m_0 + 1}{r} (y_n - x_0) \right\}$ 有收敛的子列. 这说明 A 是相对紧集, 根据定理 4.17, X 是有限维的赋范线性空间, 矛盾.

18. 设 D 是线性空间 X 的子集, 则 $x \in \mathrm{co} D$ 的充分必要条件是: 存在正整数 n, 使得 $x = \lambda_1 x_1 + \lambda_2 x_2 + \cdots + \lambda_n x_n$, 其中 $x_1, x_2, \cdots, x_n \in D$, $0 \leqslant \lambda_1, \lambda_2, \cdots, \lambda_n \leqslant 1$, $\lambda_1 + \lambda_2 + \cdots + \lambda_n = 1$.

证明 设 Ω 表示满足以下条件元素 x 的集合: 存在正整数 n, 使得

$$x = \lambda_1 x_1 + \lambda_2 x_2 + \cdots + \lambda_n x_n,$$

其中 $x_1, x_2, \cdots, x_n \in D$, $0 \leqslant \lambda_1, \lambda_2, \cdots, \lambda_n \leqslant 1$, $\lambda_1 + \lambda_2 + \cdots + \lambda_n = 1$.

（必要性）由于 $\forall x \in D$, $x = 1x$, 故 $D \subset \Omega$. 而 $\forall x, y \in \Omega$ 及 $\lambda, \mu \in \mathbf{R}$, $\lambda + \mu = 1$, $\lambda \geqslant 0, \mu \geqslant 0$, 因为存在正整数 n 和 m, 使得

$$x = \lambda_1 x_1 + \lambda_2 x_2 + \cdots + \lambda_n x_n, \quad y = \mu_1 y_1 + \mu_2 y_2 + \cdots + \mu_m y_m,$$

其中 $x_1, x_2, \cdots, x_n \in D$, $y_1, y_2, \cdots, y_m \in D$,

$$0 \leqslant \lambda_1, \lambda_2, \cdots, \lambda_n \leqslant 1, \quad 0 \leqslant \mu_1, \mu_2, \cdots, \mu_m \leqslant 1,$$

$$\lambda_1 + \lambda_2 + \cdots + \lambda_n = 1, \quad \mu_1 + \mu_2 + \cdots + \mu_m = 1,$$

所以

$$\lambda x + \mu y = \lambda \lambda_1 x_1 + \lambda \lambda_2 x_2 + \cdots + \lambda \lambda_n x_m + \mu \mu_1 y_1 + \mu \mu_2 y_2 + \cdots + \mu \mu_m y_m,$$

其中 $0 \leqslant \lambda \lambda_1, \lambda \lambda_2, \cdots, \lambda \lambda_n \leqslant 1$, $0 \leqslant \mu \mu_1, \mu \mu_2, \cdots, \mu \mu_m \leqslant 1$, 并且

$$\lambda\lambda_1 + \lambda\lambda_2 + \cdots + \lambda\lambda_n + \mu\mu_1 + \mu\mu_2 + \cdots + \mu\mu_m$$
$$= \lambda(\lambda_1 + \lambda_2 + \cdots + \lambda_n) + \mu(\mu_1 + \mu_2 + \cdots + \mu_m) = \lambda + \mu = 1,$$

故 $\lambda x + \mu y \in \Omega$, 这说明 Ω 是包含 D 的凸集. 由于 $\mathrm{co}\,D$ 是包含 D 的最小凸集, 从而 $\mathrm{co}D \subset \Omega$, 必要性得证.

(充分性) 设 $x \in \Omega$, 如果 $n=1$, 则 $x = 1x_1$, 其中 $x_1 \in D$, 从而 $x \in D \subset \mathrm{co}\,D$. 归纳假设当 $n=k$ 时, $x \in \mathrm{co}D$. 于是当 $n=k+1$ 时, $x = \lambda_1 x_1 + \lambda_2 x_2 + \cdots + \lambda_k x_k + \lambda_{k+1} x_{k+1}$, 其中 $x_1, x_2, \cdots, x_k, x_{k+1} \in D$,

$$0 \leqslant \lambda_1, \lambda_2, \cdots, \lambda_k, \lambda_{k+1} \leqslant 1, \quad \lambda_1 + \lambda_2 + \cdots + \lambda_k + \lambda_{k+1} = 1.$$

如果 $\lambda_{k+1}=1$, 那么 $\lambda_1 = \lambda_2 = \cdots = \lambda_k = 0$, 从而 $x = x_{k+1} \in D \subset \mathrm{co}D$; 如果 $\lambda_{k+1} \neq 1$,

$$x = (1 - \lambda_{k+1})\left(\frac{\lambda_1}{1-\lambda_{k+1}} x_1 + \frac{\lambda_2}{1-\lambda_{k+1}} x_2 + \cdots + \frac{\lambda_k}{1-\lambda_{k+1}} x_k \right) + \lambda_{k+1} x_{k+1},$$

由于 $0 \leqslant \dfrac{\lambda_1}{1-\lambda_{k+1}}, \dfrac{\lambda_2}{1-\lambda_{k+1}}, \cdots, \dfrac{\lambda_k}{1-\lambda_{k+1}} \leqslant 1$,

$$\frac{\lambda_1}{1-\lambda_{k+1}} + \frac{\lambda_2}{1-\lambda_{k+1}} + \cdots + \frac{\lambda_k}{1-\lambda_{k+1}} = \frac{1-\lambda_{k+1}}{1-\lambda_{k+1}} = 1,$$

根据归纳假设,

$$\frac{\lambda_1}{1-\lambda_{k+1}} x_1 + \frac{\lambda_2}{1-\lambda_{k+1}} x_2 + \cdots + \frac{\lambda_k}{1-\lambda_{k+1}} x_k \in D \subset \mathrm{co}D,$$

而 $\mathrm{co}\,D$ 是凸集以及 $x_{k+1} \in D \subset \mathrm{co}\,D$, 故 $x \in \mathrm{co}\,D$. 因此 $\Omega \subset \mathrm{co}\,D$.

19. 设 D 是赋范线性空间 X 中的凸集, 证明 $\overline{D}$ 是 X 中的凸集.

证明 $\forall x, y \in \overline{D}$, 以及 $\lambda, \mu \in \mathbf{R}$, $\lambda + \mu = 1$, $\lambda \geqslant 0, \mu \geqslant 0$, 根据第 1 章习题第 15 题的注, 存在 D 中的点列 $\{x_n\}$ 和 $\{y_n\}$, 使得 $x_n \to x$, $y_n \to y$. 由于 D 是凸集, 于是 $\lambda x_n + \mu y_n \in D \subset \overline{D}$. 而 $\overline{D}$ 是闭集, 根据定理 1.15, $\lambda x_n + \mu y_n \to \lambda x + \mu y \in \overline{D}$, 可知 $\overline{D}$ 是 X 中的凸集.

20. 设 M 是赋范线性空间 X 中的非空集合, 证明 $\overline{\mathrm{co}M} = \overline{\mathrm{co}}M$.

证明 因为 $\mathrm{co}\,M$ 是包含 M 的凸集, 所以由本章习题的第 19 题可知, $\overline{\mathrm{co}M}$ 是包含 M 的凸闭集, 而 $\overline{\mathrm{co}}\,M$ 是包含 M 的最小凸闭集, 故 $\overline{\mathrm{co}}M \subset \overline{\mathrm{co}M}$. 反之, 因为 $\overline{\mathrm{co}}\,M$ 是包含 M 的凸集, 而 $\mathrm{co}\,M$ 是包含 M 的最小凸集, 所以 $\overline{\mathrm{co}}\,M \supset \mathrm{co}M$, 又由于 $\overline{\mathrm{co}}\,M$ 是闭集, 故 $\overline{\mathrm{co}}M \supset \overline{\mathrm{co}}\,M$.

21. 设 D 是 Banach 空间 X 中的列紧集, 证明 $\mathrm{co}\,D$ 是列紧集.

证明 根据本章习题的第 18 题, $\forall x \in \mathrm{co}\,D$, 存在 $x_1, x_2, \cdots, x_n \in D$, 使得 $x = \lambda_1 x_1 + \lambda_2 x_2 + \cdots + \lambda_n x_n$, 其中 $0 \leqslant \lambda_1, \lambda_2, \cdots, \lambda_n \leqslant 1$, $\lambda_1 + \lambda_2 + \cdots + \lambda_n = 1$. 因为 D 是

列紧集, 根据本章问题 8 中的 Hausdorff 定理, $\forall \varepsilon > 0$, 存在 D 有限 $\dfrac{\varepsilon}{2}$ 网 $A =$ $\{y_1, y_2, \cdots, y_m\}$. 于是对于 $x_i\ (1 \leqslant i \leqslant n)$, 存在 $y^{(i)} \in A$, 使得 $\left\| x_i - y^{(i)} \right\| < \dfrac{\varepsilon}{2}$. 令 $\bar{x} = \lambda_1 y^{(1)} + \lambda_2 y^{(2)} + \cdots + \lambda_n y^{(n)}$, 则 $\bar{x} \in \mathrm{co} A$, 并且

$$\left\| x - \bar{x} \right\| \leqslant \lambda_1 \left\| x_1 - y^{(1)} \right\| + \lambda_2 \left\| x_2 - y^{(2)} \right\| + \cdots + \lambda_n \left\| x_n - y^{(n)} \right\| < \frac{\varepsilon}{2}.$$

令 $\Omega = \left\{ (\mu_1, \mu_2, \cdots, \mu_m) \in \mathbf{R}^m \left| \sum_{i=1}^{m} \mu_i = 1, \mu_i \geqslant 0, 1 \leqslant i \leqslant m \right. \right\}$, 则 Ω 是 $\mathbf{R}^m$ 中的有界闭集即紧集. 定义 $\varphi : \mathbf{R}^m \to X$ 为 $\varphi(\mu_1, \mu_2, \cdots, \mu_m) = \sum_{i=1}^{m} \mu_i y_i$, 则 φ 是连续的, 并且 $\varphi(\Omega) = \mathrm{co} A$, 于是由定理 4.11 可知 $\mathrm{co}\, A$ 是紧集, 故存在 $\mathrm{co}\, A$ 的有限 $\dfrac{\varepsilon}{2}$ 网 $B = \{z_1, z_2, \cdots, z_k\}$. 从而对 $\bar{x} \in \mathrm{co}\, A$, 存在 $z_j \in B (1 \leqslant j \leqslant k)$, 使得 $\left\| \bar{x} - z_j \right\| < \dfrac{\varepsilon}{2}$. 因此 $\left\| x - z_j \right\| \leqslant \left\| x - \bar{x} \right\| + \left\| \bar{x} - z_j \right\| < \varepsilon$, 这说明 B 是 $\mathrm{co}\, D$ 的有限 ε 网, 再利用本章问题 8 中的 Hausdorff 定理, 可知 $\mathrm{co}\, D$ 是列紧集.

22. 在度量空间中, 证明紧集上的下(上)半连续函数有下(上)界, 并且可以达到它的下(上)确界(即有最小(大)值).

证明　设 (X, d) 为度量空间, E 是 X 中的紧集, $\varphi : E \to \mathbf{R}$ 在 E 上是下半连续的. 记 $m = \inf_{x \in E} \varphi(x)$, 则 $m \neq -\infty$. 否则, 存在 $x_n \in E$ 使得

$$\varphi(x_n) < -n \quad (n = 1, 2, \cdots),$$

而 E 是 X 中的紧集, 因此存在 $\{x_n\}$ 的子列 $\{x_{n_k}\}$ 使得 $x_{n_k} \to x_0 \in E$. 但是 φ 在 x_0 处下半连续, 从而 $\varphi(x_0) \leqslant \varliminf_{k \to \infty} \varphi(x_{n_k}) = -\infty$, 矛盾.

于是根据下确界的定义, 存在 $x_n \in E$ 使得 $\varphi(x_n) < m + \dfrac{1}{n} (n = 1, 2, \cdots)$. 因此存在 $\{x_n\}$ 的子列 $\{x_{n_k}\}$, 使得 $x_{n_k} \to x_0 \in E$. 但是 φ 在 x_0 处下半连续, 从而

$$m \leqslant \varphi(x_0) \leqslant \varliminf_{k \to \infty} \varphi(x_{n_k}) \leqslant m,$$

故 $\varphi(x_0) = m$. 类似可证 φ 在 E 上是上半连续的情形.

注　可与定理 4.12 比较, 当考虑最小值(最大值)的时候, 只需要函数下半连续(上半连续)的条件.

内 积 空 间

第5章

一、知识梗概梳理

定义 5.1 设 H 是数域 $\mathbf{K}$ 上的线性空间, 如果对于 H 中任意两个元素 x 和 y, 有唯一 $\mathbf{K}$ 中的数与之对应, 记为 $\langle x, y \rangle$, 且满足下述条件(称为**内积公理**):

(I1) $\langle x, x \rangle \geqslant 0$, $\forall x \in H$, 且 $\langle x, x \rangle = 0 \Leftrightarrow x = \theta$;

(I2) $\langle x, y \rangle = \overline{\langle y, x \rangle}$, $\forall x, y \in H$;

(I3) $\langle x + y, z \rangle = \langle x, z \rangle + \langle y, z \rangle$, $\forall x, y, z \in H$;

(I4) $\langle \lambda x, y \rangle = \lambda \langle x, y \rangle$, $\forall x, y \in H$, $\lambda \in \mathbf{K}$.

则称 $\langle x, y \rangle$ 为向量 x 与 y 的**内积**. 定义了内积的线性空间, 称为**内积空间**, 记为 $(H, \langle \cdot, \cdot \rangle)$, 简记为 H. 当 $\mathbf{K}$ 为实数域 $\mathbf{R}$ (或复数域 $\mathbf{C}$)时, 称 H 为**实(或复)内积空间**. 若无特别说明, 内积空间一般均指复内积空间.

由条件(I2)~(I4)易得, $\forall x, y, z \in H$, $\alpha, \beta \in \mathbf{K}$,

$$\langle \alpha x + \beta y, z \rangle = \alpha \langle x, z \rangle + \beta \langle y, z \rangle, \quad \langle x, \alpha y + \beta z \rangle = \overline{\alpha} \langle x, y \rangle + \overline{\beta} \langle x, z \rangle.$$

定理 5.1(Schwarz 不等式) 设 H 为内积空间, $\forall x, y \in H$, 成立不等式:

$$|\langle x, y \rangle| \leqslant \sqrt{\langle x, x \rangle} \cdot \sqrt{\langle y, y \rangle}.$$

定理 5.2(内积空间的范数) 设 H 是内积空间, $\forall x \in H$, 令 $\|x\| = \sqrt{\langle x, x \rangle}$, 则 $\|\cdot\|$ 是 H 上的范数(称为由内积诱导的范数).

内积与由内积诱导的范数之间成立如下极化恒等式: 对于复内积空间 H,

$$\langle x, y \rangle = \frac{1}{4}\left(\|x+y\|^2 - \|x-y\|^2 + \mathrm{i}\|x+\mathrm{i}y\|^2 - \mathrm{i}\|x-\mathrm{i}y\|^2\right), \quad \forall x, y \in H;$$

对于实内积空间 H,

$$\langle x, y \rangle = \frac{1}{4}\left(\|x+y\|^2 - \|x-y\|^2\right), \quad \forall x, y \in H.$$

定义 5.2 如果内积空间 H 按内积诱导的范数是完备的, 则称 H 是 Hilbert **空间**.

定理 5.3 内积 $\langle \cdot, \cdot \rangle$ 是 $H \times H \to \mathbf{K}$ 的二元连续函数, 即如果 $x_n \to x$, $y_n \to y$

$(n \to \infty)$, 则 $\langle x_n, y_n \rangle \to \langle x, y \rangle$ $(n \to \infty)$.

定理 5.4　线性空间 H 上的范数 $\|\cdot\|$ 能由内积诱导的充要条件是 $\|\cdot\|$ 满足平行四边形公式

$$\|x + y\|^2 + \|x - y\|^2 = 2\left(\|x\|^2 + \|y\|^2\right), \quad \forall x, y \in H.$$

定义 5.3　设 H 是内积空间, $x, y \in H$, $M \subset H$, $N \subset H$ 且 $M, N \neq \varnothing$.

(1) 如果 $\langle x, y \rangle = 0$, 则称 x 与 y **正交**或**垂直**, 记为 $x \perp y$;

(2) 如果 x 与 M 中每个向量都正交, 则称 x 与 M **正交**, 记为 $x \perp M$;

(3) 如果 $\forall x \in M$, $y \in N$, 有 $x \perp y$, 则称 M 与 N **正交**, 记为 $M \perp N$.

零向量 θ 与空间中的任何向量正交, 即 $\theta \perp H$; 且 $x \perp x$ 当且仅当 $x = 0$.

定理 5.5　设 H 是内积空间, $x, y, y_k \in H$ ($k \in \mathbf{N}$), $M \subset H$ 且 $M \neq \varnothing$, 则

(1) 如果 $x \perp y_k$ $(k = 1, 2)$, 则 $x \perp \lambda_1 y_1 + \lambda_2 y_2$, $\forall \lambda_k \in \mathbf{K}$ $(k = 1, 2)$;

(2) 如果 $x \perp y_k$ ($k \in \mathbf{N}$), 且 $y_k \to y (k \to \infty)$, 则 $x \perp y$;

(3) 如果 $x \perp M$, 则 $x \perp \overline{\operatorname{span} M}$;

(4) 如果 $x \perp M$ 且 $\overline{\operatorname{span} M} = H$, 则 $x = \theta$.

定理 5.6　设 H 是内积空间, $x, y \in H$. 如果 $x \perp y$, 则有勾股定理

$$\|x + y\|^2 = \|x\|^2 + \|y\|^2.$$

定义 5.4　设 H 是内积空间, M 是 H 的非空子集, 记 $M^\perp = \{x \in H \mid x \perp M\}$, 称为 M 的**正交补**.

定理 5.7　设 M, N 是内积空间 H 的非空子集, 则

(1) $M^\perp$ 是 H 的闭子空间;

(2) 如果 $M \subset N$, 则 $M^\perp \supset N^\perp$;

(3) $M \subset M^{\perp\perp}$, 其中 $M^{\perp\perp} = \left(M^\perp\right)^\perp$;

(4) $M \bigcap M^\perp = \varnothing$ 或 $\{\theta\}$;

(5) $\{\theta\}^\perp = H$, $H^\perp = \{\theta\}$;

(6) $M^\perp = (\overline{\operatorname{span} M})^\perp$.

定理 5.8 (变分引理)　设 H 是 Hilbert 空间, M 为 H 中的非空闭凸子集, 则 $\forall x \in H$, 在 M 中必存在唯一的对 x 的最佳逼近元 x_0, 即存在唯一的 $x_0 \in M$, 使

$$\|x - x_0\| = \inf_{y \in M} \|x - y\|.$$

定理 5.9 (正交分解定理)　设 H 是 Hilbert 空间, M 是 H 中的闭子空间, 则

$\forall x \in H$，存在 $x_0 \in M$ 及 $z \in M^{\perp}$ 使 $x = x_0 + z$，且上述形式的分解是唯一的.

定义 5.5　设 H 是 Hilbert 空间，M 是 H 的闭子空间，$\forall x \in H$，如果记 Px 为 x 在 M 上的投影，则称算子 $P: x \to Px$ 为 $H \to M$ 的**投影算子**.

定义 5.6　设 $\{e_k \mid k \in I\}$ 是内积空间 H 中至多可数个非零向量所成的集. 如果 $\langle e_i, e_j \rangle = 0$，$\forall i, j \in I, i \neq j$，则称 $\{e_k \mid k \in I\}$ 为 H 的一个正交系. 如果每一个 e_i 的范数都是 1(称为单位向量)，则称 $\{e_k \mid k \in I\}$ 为 H 的**标准正交系**，即 $\{e_k \mid k \in I\}$ 为 H 的标准正交系是指

$$\langle e_i, e_j \rangle = \delta_{ij} = \begin{cases} 1, & i = j, \\ 0, & i \neq j. \end{cases}$$

定理 5.10　设 H 是内积空间，$\{x_k \mid k \in \mathbf{N}\}$ 是 H 中可数个线性无关的向量构成的集合，则存在标准正交系 $\{e_k \mid k \in \mathbf{N}\}$，使得 $\forall n \in \mathbf{N}$，有

$$\operatorname{span}\{e_1, e_2, \cdots, e_n\} = \operatorname{span}\{x_1, x_2, \cdots, x_n\}.$$

定义 5.7　设 H 是内积空间，$\{e_n \mid n \in \mathbf{N}\}$ 为 H 的一个标准正交系，$x \in H$，称 $c_n = \langle x, e_n \rangle$ 为 x 关于 e_n 的 Fourier 系数 $(n \in \mathbf{N})$，简称为 x 的 Fourier **系数**. 于是有形式级数 $\sum\limits_{n=1}^{\infty} c_n e_n$ 称为 x 关于 $\{e_n\}$ 的 Fourier **级数**. 当 $x = \sum\limits_{n=1}^{\infty} c_n e_n$ 成立时，就说 x 关于 $\{e_n\}$ 可以展开为 Fourier 级数.

定理 5.11　设 $\{e_n \mid n \in \mathbf{N}\}$ 为内积空间 H 的一个标准正交系，记

$$H_n = \operatorname{span}\{e_1, e_2, \cdots, e_n\},$$

则 $\forall x \in H$，x 在 H_n 上的投影是 $s_n = \sum\limits_{k=1}^{n} c_k e_k$，其中 $c_k = \langle x, e_k \rangle$ $(k = 1, 2, \cdots, n)$，即 s_n 是 x 在 H_n 中的最佳逼近元.

定理 5.12 (Bessel 不等式)　设 $\{e_n \mid n \in \mathbf{N}\}$ 是内积空间 H 中的标准正交系，则 $\forall x \in H$，成立 $\sum\limits_{n=1}^{\infty} |c_n|^2 \leqslant \|x\|^2$，其中 $c_n = \langle x, e_n \rangle$ $(n \in \mathbf{N})$.

推论　设 $\{e_n \mid n \in \mathbf{N}\}$ 是内积空间 H 中的标准正交系，则 $\forall x \in H$ 有 $\lim\limits_{n \to \infty} \langle x, e_n \rangle = 0$.

定理 5.13　设 H 是 Hilbert 空间，$\{e_n \mid n \in \mathbf{N}\}$ 是 H 中的标准正交系，则 $\forall x \in H$，x 关于 $\{e_n\}$ 的 Fourier 级数 $\sum\limits_{n=1}^{\infty} c_n e_n$ 收敛，其中 $c_n = \langle x, e_n \rangle$ $(n \in \mathbf{N})$.

定义 5.8　设 $A = \{e_k \mid k \in I\}$ 是内积空间 H 的标准正交系，如果 $A^{\perp} = \{\theta\}$，就

称 A 是**完全的**.

定理 5.14　设 H 是 Hilbert 空间, $\{e_n \mid n \in \mathbf{N}\}$ 是 H 中的标准正交系, 则下面的命题等价:

(1) $\{e_n \mid n \in \mathbf{N}\}$ 是完全的;

(2) $\forall\, x \in H$, 成立 Parseval 等式

$$\sum_{n=1}^{\infty} |c_n|^2 = \|x\|^2,$$

其中 $c_n = \langle x, e_n \rangle$ $(n \in \mathbf{N})$;

(3) $\forall\, x \in H$, x 关于 $\{e_n\}$ 可以展开为 Fourier 级数 $x = \sum_{n=1}^{\infty} c_n e_n$, 其中

$$c_n = \langle x, e_n \rangle \quad (n \in \mathbf{N});$$

(4) $\forall\, x, y \in H$, 有 $\langle x, y \rangle = \sum_{n=1}^{\infty} \langle x, e_n \rangle \cdot \overline{\langle y, e_n \rangle}$.

二、典型问题讨论

问题 1.　在实线性赋范空间 $(H, \|\cdot\|)$ 中, 如果范数满足平行四边形公式:

$$\|x+y\|^2 + \|x-y\|^2 = 2\left(\|x\|^2 + \|y\|^2\right), \quad \forall\, x, y \in H,$$

则范数 $\|\cdot\|$ 能由内积诱导.

证明　定义

$$\langle x, y \rangle = \frac{1}{4}\left(\|x+y\|^2 - \|x-y\|^2\right), \quad \forall\, x, y \in H,$$

下面验证 $\langle \cdot, \cdot \rangle$ 是 H 上的内积.

显然 $\langle x, x \rangle = \|x\|^2 \geqslant 0$, $\langle x, x \rangle = 0 \Leftrightarrow x = \theta$, 并且 $\langle x, y \rangle = \langle y, x \rangle$. 由 $\langle \cdot, \cdot \rangle$ 的定义以及平行四边形公式, 可得

$$\langle x, z \rangle + \langle y, z \rangle = \frac{1}{4}\left(\|x+z\|^2 - \|x-z\|^2 + \|y+z\|^2 - \|y-z\|^2\right)$$

$$= \frac{1}{2}\left(\left\|\frac{x+y}{2}+z\right\|^2 - \left\|\frac{x+y}{2}-z\right\|^2\right) = 2\left\langle \frac{x+y}{2}, z \right\rangle, \quad \forall\, x, y, z \in H.$$

取 $y = \theta$, 从

$$\langle \theta, z \rangle = \frac{1}{4}\left(\|z\|^2 - \|-z\|^2\right) = 0$$

和上面的等式可见，

$$\langle x,z\rangle = 2\left\langle \frac{x}{2},z\right\rangle,\quad \forall x,z\in H.$$

于是

$$\langle x+y,z\rangle = 2\left\langle \frac{x+y}{2},z\right\rangle = \langle x,z\rangle + \langle y,z\rangle.$$

最后证明 $\forall x,y\in H$，$\lambda\in\mathbf{R}$，有 $\langle \lambda x,y\rangle = \lambda\langle x,y\rangle$. 令 $f(t)=\langle tx,y\rangle$，$t\in\mathbf{R}$，$x,y\in H$. 再由 $\langle\cdot,\cdot\rangle$ 的定义，当 $t_n\to t$ 时，

$$f(t_n)=\langle t_n x,y\rangle = \frac{1}{4}\left(\|t_n x+y\|^2 - \|t_n x-y\|^2\right)\to f(t),$$

于是 $f(t)$ 在 $\mathbf{R}$ 上连续. 另外对于 $t_1,t_2\in\mathbf{R}$，有

$$f(t_1+t_2)=\langle (t_1+t_2)x,y\rangle = \langle t_1 x+t_2 x,y\rangle = \langle t_1 x,y\rangle + \langle t_2 x,y\rangle = f(t_1)+f(t_2).$$

而 $f(0)=\langle\theta,y\rangle=0$，故 $0=f(\lambda-\lambda)=f(\lambda)+f(-\lambda)$，即 $f(\lambda)=-f(-\lambda)$，$\forall\lambda\in\mathbf{R}$.

当 $\lambda=m\in\mathbf{N}$ 时，$f(\lambda)=f(m)=mf(1)=\lambda f(1)$；

当 $\lambda=\dfrac{1}{n}(n\in\mathbf{N})$ 时，$f(1)=f\left(n\cdot\dfrac{1}{n}\right)=nf\left(\dfrac{1}{n}\right)$，故

$$f(\lambda)=f\left(\frac{1}{n}\right)=\frac{1}{n}f(1)=\lambda f(1);$$

当 $\lambda=\dfrac{m}{n}(m,n\in\mathbf{N})$ 为正有理数时，

$$f(\lambda)=f\left(\frac{m}{n}\right)=mf\left(\frac{1}{n}\right)=\frac{m}{n}f(1)=\lambda f(1);$$

当 λ 为负有理数时，$f(\lambda)=-f(-\lambda)=\lambda f(1)$；

当 λ 为任意实数时，取有理数列 $\{\lambda_n\}$，使得 $\lambda_n\to\lambda$，根据 $f(t)$ 的连续性，

$$f(\lambda)=\lim_{n\to\infty}f(\lambda_n)=\left(\lim_{n\to\infty}\lambda_n\right)f(1)=\lambda f(1),$$

即 $\langle\lambda x,y\rangle = f(\lambda)=\lambda f(1)=\lambda\langle x,y\rangle$.

注 在复线性赋范空间 $(H,\|\cdot\|)$ 中，如果范数满足平行四边形公式，则范数 $\|\cdot\|$ 能由内积诱导. 事实上，定义

$$\mathrm{Re}\langle x,y\rangle = \frac{1}{4}\left(\|x+y\|^2-\|x-y\|^2\right),\quad \mathrm{Im}\langle x,y\rangle = \frac{1}{4}\left(\|x+\mathrm{i}y\|^2-\|x-\mathrm{i}y\|^2\right),$$

可验证 $\langle\cdot,\cdot\rangle$ 是 H 上的内积, 参见郑维行和王声望的《实变函数与泛函分析概要》.

问题 2. 常见的 Hilbert 空间.

(1) n 维欧氏空间 $\mathbf{R}^n$ 与 n 维酉空间 $\mathbf{C}^n$, 内积为 $\langle x,y\rangle=\sum_{i=1}^{n}\xi_i\overline{\eta_i}$, 其中

$$x=(\xi_1,\xi_2,\cdots,\xi_n), \quad y=(\eta_1,\eta_2,\cdots,\eta_n).$$

内积诱导的范数为

$$\|x\|=\sqrt{\langle x,x\rangle}=\sqrt{\sum_{i=1}^{n}|\xi_i|^2},$$

即为欧氏范数.

(2) 空间 l^2, 对于 $x=(\xi_1,\xi_2,\cdots,\xi_k,\cdots)$, $y=(\eta_1,\eta_2,\cdots,\eta_k,\cdots)\in l^2$, 内积为 $\langle x,y\rangle=\sum_{k=1}^{\infty}\xi_k\overline{\eta_k}$. 内积诱导的范数为

$$\|x\|=\left(\sum_{k=1}^{\infty}|\xi_k|^2\right)^{\frac{1}{2}}.$$

(3) 空间 $L^2[a,b]$, 对于设 x, $y\in L^2[a,b]$, 内积为 $\langle x,y\rangle=\int_a^b x(t)\overline{y(t)}\mathrm{d}t$. 内积诱导的范数为

$$\|x\|=\left(\int_a^b|x(t)|^2\,\mathrm{d}t\right)^{\frac{1}{2}}.$$

问题 3. 设 M 是 Hilbert 空间 H 的闭子空间, $x\in H$, 则 $x_0\in M$ 是 M 对 x 的最佳逼近元(见定理 5.8)的充要条件是 $(x-x_0)\perp M$. 实际上, 如果 $x_0\in M$ 是 M 对 x 的最佳逼近元, 从文献(宋叔尼等, 2019)中的定理 5.9(正交分解定理)的证明过程可知 $(x-x_0)\perp M$. 反之, 如果 $(x-x_0)\perp M$, 那么 $\forall y\in M$, $x_0-y\in M$ 且 $(x-x_0)\perp(x_0-y)$, 而

$$x-y=(x_0-y)+(x-x_0),$$

故根据定理 5.6,

$$\|x-y\|^2=\|x_0-y\|^2+\|x-x_0\|^2\geqslant\|x-x_0\|^2,$$

即 $x_0\in M$ 是 M 对 x 的最佳逼近元.

问题 4. 按照 $(1)\Rightarrow(3)\Rightarrow(4)\Rightarrow(2)\Rightarrow(1)$ 的顺序来证明定理 5.14.

(1) $\Rightarrow$ (3)：因为 $\{e_n \mid n \in \mathbf{N}\}$ 是标准正交系，由定理 5.13 知 $\forall x \in H$，$\sum\limits_{n=1}^{\infty} c_n e_n$ 在 H 中收敛，设它收敛于 $y \in H$．于是

$$\langle y, e_n \rangle = \lim_{k \to \infty} \left\langle \sum_{i=1}^{k} c_i e_i, e_n \right\rangle = c_n = \langle x, e_n \rangle, \quad \forall n \in \mathbf{N},$$

即 $\langle y - x, e_n \rangle = 0, \forall n \in \mathbf{N}$．而 $\{e_n \mid n \in \mathbf{N}\}$ 是完全的，故 $y - x = \theta$，故 $x = \sum\limits_{n=1}^{\infty} c_n e_n$．

(3) $\Rightarrow$ (4)：$\forall x, y \in H$，令 $c_n = \langle x, e_n \rangle$，$d_n = \langle y, e_n \rangle$，则由 (3) 知 $x = \lim\limits_{n \to \infty} \sum\limits_{k=1}^{n} c_k e_k$，$y = \lim\limits_{n \to \infty} \sum\limits_{k=1}^{n} d_k e_k$．于是有

$$\langle x, y \rangle = \lim_{n \to \infty} \left\langle \sum_{k=1}^{n} c_k e_k, \sum_{k=1}^{n} d_k e_k \right\rangle = \lim_{n \to \infty} \sum_{k=1}^{n} c_k \overline{d_k} = \sum_{n=1}^{\infty} c_n \overline{d_n} = \sum_{n=1}^{\infty} \langle x, e_n \rangle \cdot \overline{\langle y, e_n \rangle}.$$

(4) $\Rightarrow$ (2)：在 (4) 的等式中令 $y = x$，即得 $\|x\|^2 = \langle x, x \rangle = \sum\limits_{n=1}^{\infty} |c_n|^2, \forall x \in H$．

(2) $\Rightarrow$ (1)：设 $x \in H$，如果 $x \perp e_n$，$\forall n \in \mathbf{N}$，那么 $c_n = 0, \forall n \in \mathbf{N}$．于是从 (2) 的 Parseval 等式可知 $\|x\| = 0$，故 $x = \theta$，即 $\{e_n \mid n \in \mathbf{N}\}$ 是完全的.

注　这里证明顺序与《实变函数与泛函分析(第二版)》(宋叔尼等, 2019) 中的不同.

三、习题详解与精析

1. (1) 证明在实内积空间中，勾股定理的逆命题成立；

(2) 举例说明在复内积空间中，勾股定理的逆命题不成立.

证明　设 H 是实内积空间，$x, y \in H$，满足 $\|x + y\|^2 = \|x\|^2 + \|y\|^2$，于是

$$\langle x, x \rangle + 2 \langle x, y \rangle + \langle y, y \rangle = \langle x + y, x + y \rangle = \langle x, x \rangle + \langle y, y \rangle,$$

从而 $\langle x, y \rangle = 0$，即 $x \perp y$.

在复内积空间 $\mathbf{C}^2$ 中，取 $x = (0, \mathrm{i})$，$y = (1,1)$，则 $\|x + y\|^2 = \|x\|^2 + \|y\|^2 = 3$，但是 $\langle x, y \rangle = \mathrm{i} \neq 0$，即勾股定理的逆命题不成立.

2. 设 H 是内积空间，$x, y \in H$. 如果 $\forall z \in H$，都有 $\langle x, z \rangle = \langle y, z \rangle$，则必有 $x = y$.

证明　由于 $\langle x, z \rangle = \langle y, z \rangle$，故 $\langle x - y, z \rangle = 0$，$\forall z \in H$．取 $z = x - y$，有 $\|x - y\| = 0$，从而 $x = y$.

3. 设 H 是内积空间, $x, y \in H$. 证明 x 与 y 正交的充要条件是 $\forall \alpha \in \mathbf{K}$,
$$\|x + \alpha y\| \geqslant \|x\|.$$

证明 (必要性) 设 x 与 y 正交, 即 $\langle x, y \rangle = 0$, 于是 $\forall \alpha \in \mathbf{K}$,

$$\begin{aligned} \|x + \alpha y\|^2 &= \langle x + \alpha y, x + \alpha y \rangle \\ &= \langle x, x \rangle + \alpha \langle y, x \rangle + \overline{\alpha} \langle x, y \rangle + |\alpha|^2 \langle y, y \rangle \\ &= \langle x, x \rangle + |\alpha|^2 \langle y, y \rangle = \|x\|^2 + |\alpha|^2 \|y\|^2 \geqslant \|x\|^2, \end{aligned}$$

故 $\|x + \alpha y\| \geqslant \|x\|$.

(充分性) 若 $y = \theta$, 当然 x 与 y 正交. 若 $y \neq \theta$, 由于 $\forall \alpha \in \mathbf{K}$, $\|x + \alpha y\| \geqslant \|x\|$, 则 $\|x + \alpha y\|^2 = \|x\|^2 + \alpha \langle y, x \rangle + \overline{\alpha} \langle x, y \rangle + |\alpha|^2 \|y\|^2 \geqslant \|x\|^2$, 即

$$\alpha \langle y, x \rangle + \overline{\alpha} \langle x, y \rangle + |\alpha|^2 \|y\|^2 \geqslant 0.$$

取

$$\alpha = -\frac{\langle x, y \rangle}{\|y\|^2},$$

于是

$$-2 \frac{|\langle x, y \rangle|^2}{\|y\|^2} + \frac{|\langle x, y \rangle|^2}{\|y\|^2} \geqslant 0,$$

从而 $|\langle x, y \rangle|^2 = 0$, 即 $\langle x, y \rangle = 0$.

4. 证明内积对于第二变元是共轭线性的.

证明 设 H 是数域 $\mathbf{K}$ 上的内积空间, $x, y_1, y_2 \in H$, $\alpha, \beta \in \mathbf{K}$, 于是由定义 5.1 可得

$$\begin{aligned} \langle x, \alpha y_1 + \beta y_2 \rangle &= \overline{\langle \alpha y_1 + \beta y_2, x \rangle} = \overline{\alpha \langle y_1, x \rangle + \beta \langle y_2, x \rangle} \\ &= \overline{\alpha} \overline{\langle y_1, x \rangle} + \overline{\beta} \overline{\langle y_2, x \rangle} = \overline{\alpha} \langle x, y_1 \rangle + \overline{\beta} \langle x, y_2 \rangle. \end{aligned}$$

5. 在 $\mathbf{C}^2$ 中定义范数如下: $\forall x = (\varepsilon_1, \varepsilon_2) \in \mathbf{C}^2$, $\|x\|_1 = |\varepsilon_1| + |\varepsilon_2|$, 证明范数 $\|\cdot\|_1$ 不能由内积诱导.

证明 在 $\mathbf{C}^2$ 中取 $x = (1,0)$, $y = (0,1)$, 则 $\|x + y\|_1^2 + \|x - y\|_1^2 = 8$, $2(\|x\|_1^2 + \|y\|_1^2) = 4$, 于是从定理 5.4 可知, 范数 $\|\cdot\|_1$ 不能由内积诱导.

6. 设 $E = C[-1,1]$ 是实值连续函数空间, 定义内积 $\langle f, g \rangle = \int_{-1}^{1} f(t) g(t) \mathrm{d}t$,

$\forall f, g \in C[-1,1]$. 如果 M 为 $C[-1,1]$ 中奇函数的全体, N 为 $C[-1,1]$ 中的偶函数的全体. 证明 $C[-1,1] = M \oplus N$.

证明　$\forall f \in C[-1,1]$,

$$f(x) = \frac{1}{2}(f(x) - f(-x)) + \frac{1}{2}(f(x) + f(-x)),$$

令

$$f_1(x) = \frac{1}{2}(f(x) - f(-x)), \quad f_2(x) = \frac{1}{2}(f(x) + f(-x)),$$

而 $f_1 \in M, f_2 \in N$, 故 $C[-1,1] \subset M + N$. 由 $C[-1,1] \supset M + N$ 知, $C[-1,1] = M + N$. 如果 $f \in M, g \in N$, 则 $fg \in M$, 从而

$$\langle f, g \rangle = \int_{-1}^{1} f(t) g(t) \mathrm{d}t = 0,$$

可见 $f \perp g$, 即 $M \perp N$. 如果 $f \in M \cap N$, 那么 $f \perp f$, 即 $f(x) \equiv 0$, 由高等代数的知识可知 $C[-1,1] = M \oplus N$.

注　容易证明

$$\langle f, g \rangle = \int_{-1}^{1} f(t) g(t) \mathrm{d}t$$

定义了 $C[-1,1]$ 中的内积, 也易见 M 和 N 都是 $C[-1,1]$ 的线性子空间. 实际上本题的结论与内积无关, 从 $f \in M \cap N$ 即知, $f(x)$ 既是奇函数又是偶函数, 故 $f(x) \equiv 0$.

7. 设 M 为实 Hilbert 空间 H 的闭子空间, $P: H \to M$ 为投影算子, 证明:

$$Px = x \Leftrightarrow x \in M ; \quad Px = \theta \Leftrightarrow x \in M^{\perp} .$$

证明　根据投影算子的定义(定义 5.5)和正交分解定理(定理 5.9), $\forall x \in H$, 存在唯一的 $z \in M^{\perp}$, 使得 $x = Px + z$. 若 $Px = x$, 那么 $x = Px \in M$; 反之, 若 $x \in M$, 那么由 $x - Px \in M$ 可得 $\langle z, z \rangle = \langle x - Px, z \rangle = 0$, 即 $z = \theta$, 从而 $Px = x$.

另一方面, 若 $Px = \theta$, 那么 $x = z \in M^{\perp}$; 反之, 若 $x \in M^{\perp}$, 那么由 $x - z \in M^{\perp}$ 可得 $\langle Px, Px \rangle = \langle x - z, Px \rangle = 0$, 即 $Px = \theta$.

8. 设 H 是 Hilbert 空间, M 是 H 的非空子集, 证明: $M^{\perp\perp} = \overline{\mathrm{span} M}$.

证明　从定理 5.7(3)知 $M \subset M^{\perp\perp}$, 而 $M^{\perp\perp}$ 是 H 的闭子空间, $\overline{\mathrm{span} M} \subset M^{\perp\perp}$.

另一方面, 设 $x \in M^{\perp\perp}$, 因为 $\overline{\mathrm{span} M}$ 是 Hilbert 空间 H 的闭子空间, 所以根据正交分解定理(定理 5.9), 存在 $y \in \overline{\mathrm{span} M}$ 和 $z \in (\overline{\mathrm{span} M})^{\perp} = M^{\perp}$ (定理 5.7(6)),

使得 $x = y + z$. 前面已证得 $\overline{\mathrm{span}M} \subset M^{\perp\perp}$, 从而 $z = x - y \in M^{\perp\perp}$, 故 $z \perp M^{\perp}$. 再由 $z \in M^{\perp}$ 可知 $z \perp z$, 即 $z = \theta$. 因此 $x = y \in \overline{\mathrm{span}M}$, $M^{\perp\perp} \subset \overline{\mathrm{span}M}$.

9. 设 H 是 Hilbert 空间, 元素列 $x_n \in H(n \in \mathbf{N})$ 两两正交, 证明级数 $\sum\limits_{n=1}^{\infty} x_n$ 收敛的充要条件是数值级数 $\sum\limits_{n=1}^{\infty} \|x_n\|^2$ 收敛.

证明 (必要性) 因为 $\{x_n\}$ 两两正交, 所以

$$\sum_{n=1}^{m} \|x_n\|^2 = \left\| \sum_{n=1}^{m} x_n \right\|^2.$$

由于级数 $\sum\limits_{n=1}^{\infty} x_n$ 收敛, 故

$$\lim_{m\to\infty} \sum_{n=1}^{m} \|x_n\|^2 = \left\| \sum_{n=1}^{\infty} x_n \right\|^2,$$

即数值级数 $\sum\limits_{n=1}^{\infty} \|x_n\|^2$ 收敛.

(充分性) 由于 $\sum\limits_{n=1}^{\infty} \|x_n\|^2$ 收敛, 则根据 Cauchy 收敛原理, $\forall \varepsilon > 0$, 存在 $N \in \mathbf{N}$, 使得当 $m > n > N$ 时, $\sum\limits_{k=n+1}^{m} \|x_k\|^2 < \varepsilon^2$. 令 $S_n = \sum\limits_{k=1}^{n} x_k$, 于是

$$\|S_m - S_n\|^2 = \left\| \sum_{k=n+1}^{m} x_k \right\|^2 = \sum_{k=n+1}^{m} \|x_k\|^2 < \varepsilon^2,$$

故 $\{S_n\}$ 是 Hilbert 空间 H 中的 Cauchy 列, 从而 $\{S_n\}$ 收敛, 即级数 $\sum\limits_{n=1}^{\infty} x_n$ 收敛.

10. 如果 $\{e_n \mid n \in \mathbf{N}\}$ 是内积空间 H 中的标准正交系, 则 $\forall x, y \in H$, 成立

$$\sum_{n=1}^{\infty} |\langle x, e_n \rangle \langle y, e_n \rangle| \leq \|x\| \cdot \|y\|.$$

证明 由离散型的 Hölder 不等式和 Bessel 不等式(定理 5.12),

$$\sum_{n=1}^{\infty} |\langle x, e_n \rangle \langle y, e_n \rangle| \leq \left(\sum_{n=1}^{\infty} |\langle x, e_n \rangle|^2 \right)^{\frac{1}{2}} \left(\sum_{n=1}^{\infty} |\langle y, e_n \rangle|^2 \right)^{\frac{1}{2}} \leq \left(\|x\|^2 \right)^{\frac{1}{2}} \left(\|y\|^2 \right)^{\frac{1}{2}} = \|x\| \cdot \|y\|.$$

注　由本题可知 $\sum_{n=1}^{\infty}\left|\langle x,e_n\rangle\overline{\langle y,e_n\rangle}\right|$ 收敛, 从而 $\sum_{n=1}^{\infty}\langle x,e_n\rangle\overline{\langle y,e_n\rangle}$ 收敛. 根据定

理 5.14, 当且仅当 $\{e_n\}$ 是完全的, $\sum_{n=1}^{\infty}\langle x,e_n\rangle\overline{\langle y,e_n\rangle}=\langle x,y\rangle$.

11. 设 M 是内积空间 H 的稠密子集, 如果 $x\in X$, 使得 $x\perp M$, 则 $x=\theta$.

证明　因为 M 是 H 的稠密子集, 所以存在 M 中的点列 $\{x_n\}$, 使得 $x_n\to x$. 由于 $x\perp M$, 有 $\langle x,x_n\rangle=0$, 根据内积的连续性(定理 5.3), 令 $n\to\infty$ 得 $\langle x,x\rangle=\|x\|^2=0$, 从而 $x=\theta$.

12. 证明内积空间中有限个两两正交的非零元素是线性无关的.

证明　设 $x_1,x_2,\cdots,x_n$ 是内积空间中 n 个两两正交的非零元素, 对于数域 $\mathbf{K}$ 中的 n 个数 $\lambda_1,\lambda_2,\cdots,\lambda_n$, 如果 $\lambda_1 x_1+\lambda_2 x_2+\cdots+\lambda_n x_n=\theta$, 根据 $x_1,x_2,\cdots,x_n$ 是两两正交的, $0=\langle x_i,\lambda_1 x_1+\lambda_2 x_2+\cdots+\lambda_n x_n\rangle=\lambda_i\langle x_i,x_i\rangle=\lambda_i\|x_i\|^2 (1\leqslant i\leqslant 1)$, 而 $\|x_i\|\neq 0$, 故 $\lambda_i=0$ $(1\leqslant i\leqslant 1)$, 即 $x_1,x_2,\cdots,x_n$ 是线性无关的.

第6章 有界线性算子与有界线性泛函

定义 6.1 设 X，Y 是同一数域 $\mathbf{K}$ 上的两个线性空间，$\mathscr{D}(T)$ 是 X 的线性子空间，如果映射 $T:\mathscr{D}(T)\subset X\to Y$ 满足

$$T(\alpha x+\beta y)=\alpha Tx+\beta Ty,\quad \forall\, x,y\in\mathscr{D}(T),\quad \forall\,\alpha,\beta\in\mathbf{K},$$

则称 T 是**线性算子**，$\mathscr{D}(T)$ 称为 T 的**定义域**. 当 $\mathscr{D}(T)=X$ 时，记为 $T:X\to Y$.

设 $T:\mathscr{D}(T)\subset X\to Y$ 是线性算子，记

$$\mathscr{N}(T)=\{x\in X\mid Tx=\theta\},\qquad \mathscr{R}(T)=\{y\in Y\mid y=Tx,x\in\mathscr{D}(T)\}$$

分别称为算子 T 的**零空间**(或**核空间**)和**值域**. 不难证明 $\mathscr{N}(T)$ 与 $\mathscr{R}(T)$ 分别是 X 与 Y 的线性子空间.

定义 6.2 设 $T:\mathscr{D}(T)\subset X\to Y$ 是线性算子，如果存在常数 $M\geqslant 0$，使得

$$\|Tx\|\leqslant M\|x\|,\quad \forall x\in\mathscr{D}(T),$$

则称 T 是**有界线性算子**. 不是有界的线性算子称为**无界线性算子**.

定义 6.3 在定义 6.1 与定义 6.2 中，如果 $Y=\mathbf{K}$ 为数域，则分别称 T 为线性泛函与有界线性泛函，通常把线性泛函记为 f.

定理 6.1 设 $T:\mathscr{D}(T)\subset X\to Y$ 是线性算子，如果 T 在一点 $x_0\in\mathscr{D}(T)$ 连续，则 T 在 $\mathscr{D}(T)$ 上连续.

定理 6.2 设 $T:\mathscr{D}(T)\subset X\to Y$ 是线性算子，则 T 连续的充要条件是 T 有界.

定理 6.3 设 $f:X\to\mathbf{K}$ 是线性泛函，则 f 连续的充要条件是 f 的零空间 $\mathscr{N}(f)$ 是 X 的闭子空间.

定义 6.4 设 $T:X\to Y$ 是有界线性算子，定义

$$\|T\|=\sup_{x\neq\theta}\frac{\|Tx\|}{\|x\|},$$

称为算子 T 的**范数**.

定理 6.4 设 $T:X\to Y$ 是线性算子，则

(1) T 是有界线性算子 $\Leftrightarrow \|T\|<+\infty$；

(2) 如果 T 是有界线性算子，那么 $\|Tx\|\leqslant\|T\|\|x\|,\forall x\in X$；

（3）有界线性算子 T 的范数 $\|T\|$ 是使不等式 $\|Tx\| \leqslant M\|x\|$（$\forall x \in X$）成立的非负数 M 的下确界. 即

$$\|T\| = \inf\left\{M \,\middle|\, \|Tx\| \leqslant M\|x\|, \forall x \in X\right\}.$$

定理 6.5　设 $T : X \to Y$ 是有界线性算子, 则

$$\|T\| = \sup_{\|x\| \leqslant 1}\|Tx\| = \sup_{\|x\| = 1}\|Tx\|.$$

推论　有界线性泛函 f 的范数

$$\|f\| = \sup_{x \neq 0} \frac{|f(x)|}{\|x\|} = \sup_{\|x\| \leqslant 1}|f(x)| = \sup_{\|x\| = 1}|f(x)|.$$

设 X, Y 是同一数域 $\mathbf{K}$ 上的两个线性赋范空间, 用 $\mathscr{B}(X,Y)$ 表示 X 到 Y 的有界线性算子的全体所成的空间, 即 $\mathscr{B}(X,Y) = \{T \mid T : X \to Y$ 是有界性算子$\}$, 并在 $\mathscr{B}(X,Y)$ 中引入线性运算如下: 设 T_1, $T_2 \in \mathscr{B}(X,Y)$, 定义

$$(T_1 + T_2)x = T_1 x + T_2 x, \quad (\alpha T_1)x = \alpha \cdot T_1 x, \quad \forall x \in X, \quad \forall \alpha \in \mathbf{K}.$$

则 $\mathscr{B}(X,Y)$ 构成一个线性空间. $\mathscr{B}(X,Y)$ 中的零元素就是零算子 $\varTheta$.

定理 6.6　$\mathscr{B}(X,Y)$ 是线性空间, 且按定义 6.4 所定义的范数 $\|\cdot\|$ 成为线性赋范空间.

定理 6.7　如果 Y 是 Banach 空间, 则 $\mathscr{B}(X,Y)$ 也是 Banach 空间.

定义 6.5　设 X, Y 是线性赋范空间, $T : X \to Y$. 如果 X 中每个开集 G 的像 $T(G)$ 是 Y 中开集, 则称 T 是**开映射**.

定理 6.8（开映射定理）　设 X, Y 都是 Banach 空间, $T : X \to Y$ 是连续线性映射且为满射, 则 T 是开映射.

定理 6.9（逆算子定理）　设 X, Y 都是 Banach 空间, $T : X \to Y$ 是有界线性算子且为双射, 则 T 的逆算子 $T^{-1} : Y \to X$ 也是有界线性算子.

定理 6.10　设 $\|\cdot\|_1$, $\|\cdot\|_2$ 是线性空间 X 上的两个范数, 且 X 按这两个范数都成为 Banach 空间. 如果 $\|\cdot\|_2$ 强于 $\|\cdot\|_1$, 则 $\|\cdot\|_1$ 也必强于 $\|\cdot\|_2$. 从而 $\|\cdot\|_1$ 与 $\|\cdot\|_2$ 等价.

定理 6.11（共鸣定理或一致有界定理）　设 X 是 Banach 空间, Y 是线性赋范空间, 算子列 $\{T_n\} \subset \mathscr{B}(X,Y)$, 如果 $\forall x \in X$, $\sup\{\|T_n x\| \mid n \in \mathbf{N}\} < +\infty$, 则

$$\sup\{\|T_n\| \mid n \in \mathbf{N}\} < +\infty.$$

推论（Banach-Steinhaus 定理）　设 X 是 Banach 空间, Y 是线性赋范空间, $\{T_n\} \subset \mathscr{B}(X,Y)$, 如果 $\forall x \in X$, $\lim\limits_{n \to \infty} T_n x$ 在 Y 中存在, 定义算子 $T : X \to Y$ 为

$Tx = \lim\limits_{n \to \infty} T_n x$，则 $T \in \mathscr{B}(X,Y)$．

定理 6.12 (Hahn-Banach 定理)　设 M 是线性赋范空间 X 的线性子空间，g 是定义在 M 上的有界线性泛函，则存在定义在全空间 X 上的有界线性泛函 f，满足条件: (i) $f(x) = g(x), \forall\, x \in M$；(ii) $\|f\| = \|g\|_M$，其中

$$\| g \|_M = \sup\{|g(x)| \,|\, \|x\| = 1, x \in M\}.$$

定理 6.13　设 X 是线性赋范空间，$\forall\, x_0 \in X$ 且 $x_0 \ne \theta$，则必存在 X 上的连续线性泛函 f，使 $f(x_0) = \|x_0\|$，且 $\|f\| = 1$．

推论　设 X 是线性赋范空间，$x_0 \in X$，如果对所有 X 上的连续线性泛函 f，都有 $f(x_0) = 0$，则必有 $x_0 = \theta$．

定理 6.14　设 M 是线性赋范空间 X 的线性子空间，$x_0 \in X$，$x_0 \notin M$，$d = d(x_0, M) > 0$，则必存在 X 上的连续线性泛函 f，使得

(1) $\forall\, x \in M$，$f(x) = 0$；

(2) $f(x_0) = d$；

(3) $\|f\| = 1$．

定义 6.6　设 X，Y 是线性赋范空间，$T: \mathscr{D}(T) \subset X \to Y$ 是线性算子，$X \times Y$ 中的集合 $\mathscr{G}(T) = \{(x,y) \,|\, x \in \mathscr{D}(T), y = Tx\}$ 称为算子 T 的**图像**. 如果在 $X \times Y$ 中，定义 $\|(x,y)\| = \|x\| + \|y\|$，$X \times Y$ 按此范数成为线性赋范空间. 如果 $\mathscr{G}(T)$ 是 $X \times Y$ 中的闭集，则称 T 是**闭算子**.

定理 6.15 (闭图像定理)　设 X，Y 是 Banach 空间，$T: \mathscr{D}(T) \subset X \to Y$ 是线性算子且为闭算子. 如果 $\mathscr{D}(T)$ 是 X 的闭子空间，则 T 是有界算子.

定义 6.7　设 X 是线性赋范空间，称 X 上全体连续线性泛函所成的空间为 X 的**共轭空间**(或对偶空间)，记为 X^*，即

$$X^* = \{f \,|\, f \text{ 是} X \text{上的连续线性泛函}\} = \mathscr{B}(X, \mathbf{K}).$$

定理 6.16　设 X 是线性赋范空间，X^* 是 X 的共轭空间，则 X^* 按范数

$$\|f\| = \sup_{x \ne \theta} \frac{|f(x)|}{\|x\|}, \quad \forall\, f \in X^*$$

构成 Banach 空间.

设 X，Y 是两个线性赋范空间，共轭空间分别为 X^*，Y^*. 又设 $T \in \mathscr{B}(X,Y)$，通过 T 诱导出算子 $T^*: Y^* \to X^*$: 设 $y^* \in Y^*$. 令 $f(x) = y^*(Tx)\,(x \in X)$，则

$$|f(x)|=|y^*(Tx)|\leqslant\|y^*\|\|Tx\|\leqslant\|y^*\|\|T\|\|x\|,$$

于是 f 是有界线性泛函, 且 $\|f\|\leqslant\|y^*\|\|T\|$, 定义 $T^*y^*=f\in X^*$.

定义 6.8　设 $T\in\mathscr{B}(X,Y)$, 称算子 $T^*:Y^*\to X^*$ 为 T 的共轭算子, 如果满足

$$\left(T^*y^*\right)(x)=y^*(Tx),\quad\forall x\in X,\quad\forall y^*\in Y^*.$$

定理 6.17　设 $T\in\mathscr{B}(X,Y)$, 则 $T^*\in\mathscr{B}(Y^*,X^*)$, 且 $\|T^*\|=\|T\|$.

定理 6.18　设 X 是内积空间, 则对每一个 $y\in X$, 存在唯一的有界线性泛函 f_y 使得 $f_y(x)=\langle x,y\rangle$, $\forall x\in X$, 且 $\|f_y\|=\|y\|$.

定理 6.19 (Riesz 表现定理)　设 H 是 Hilbert 空间, 则对于 H 上每个连续线性泛函 f, 存在唯一的 $y_f\in H$ 使 $f(x)=\langle x,y_f\rangle$, $\forall x\in H$, 且 $\|y_f\|=\|f\|$.

定理 6.20　设 H 是实 Hilbert 空间, 则在保范同构的意义下 $H^*=H$.

定义 6.9　设 X, Y 是两个内积空间, $T\in\mathscr{B}(X,Y)$. 又设 $T^*\in\mathscr{B}(Y,X)$, 如果 $\forall x\in X$, $y\in Y$, 都有 $\langle Tx,\ y\rangle=\langle x,\ T^*y\rangle$, 就称 T^* 是 T 的**共轭算子**(或伴随算子).

定理 6.21　设 X 是 Hilbert 空间, Y 是内积空间, $T\in\mathscr{B}(X,Y)$, 则必存在唯一的共轭算子 T^*.

定理 6.22 (共轭算子的性质)　设 X,Z 是 Hilbert 空间, Y 是内积空间. $T,S\in\mathscr{B}(X,Y)$, $Q\in\mathscr{B}(Z,X)$, λ 是复数, 则以下命题成立:

(1) $\left(\lambda T\right)^*=\bar{\lambda}T^*$;

(2) $\left(T+S\right)^*=T^*+S^*$;

(3) $\left(T^*\right)^*=T$;

(4) $\|T\|^2=\|T^*\|^2=\|T^*T\|$;

(5) $\left(TQ\right)^*=Q^*T^*$;

(6) T 存在有界线性逆算子的充要条件是 T^* 存在有界线性逆算子, 且当 T 存在有界线性逆算子时, 有 $\left(T^{-1}\right)^*=\left(T^*\right)^{-1}$.

定义 6.10　设 X 是 Hilbert 空间, $T\in\mathscr{B}(X)$. 如果 $T^*=T$, 则称 T 是 X 上的**自共轭算子**或**自伴算子**.

定理 6.23　设 $T\in\mathscr{B}(X)$, 那么 T 是自共轭算子的充分必要条件是 $\forall x\in X$, $\langle Tx,\ x\rangle$ 是实数.

定义 6.11　设 X 是线性赋范空间, $\{x_n|\ n\in\mathbf{N}\}\subset X$, $x\in X$. 如果 $\|x_n-x\|\to 0$

$(n \to \infty)$, 则称 $\{x_n\}$ **强收敛**于 x (或依范数收敛于 x), 记为 $x_n \to x$ 或 $x_n \overset{s}{\to} x$ $(n \to \infty)$. 如果 $\forall f \in X^*$, 相应的数列 $f(x_n) \to f(x)$ $(n \to \infty)$, 则称 $\{x_n\}$ **弱收敛**于 x, 记为 $x_n \overset{w}{\to} x$ $(n \to \infty)$.

定理 6.24 设 X 是线性赋范空间, $\{x_n \mid n \in \mathbf{N}\} \subset X$, $x \in X$.

(1) 如果 $x_n \overset{s}{\to} x$, 则 $x_n \overset{w}{\to} x$, 但其逆不真;

(2) 当 $\dim X < +\infty$ 时, $x_n \overset{s}{\to} x \Leftrightarrow x_n \overset{w}{\to} x$.

定理 6.25 设 X 是线性赋范空间, $\{x_n \mid n \in \mathbf{N}\} \subset X$, $x \in X$, 且 $x_n \overset{w}{\to} x$ $(n \to \infty)$, 则

(1) $\{x_n\}$ 的弱极限是唯一的;

(2) $\{x_n\}$ 的任一子序列也弱收敛于 x.

定理 6.26 设 H 是 Hilbert 空间, $\{x_n\} \subset H$, $x \in H$, 则

(1) $x_n \overset{w}{\to} x \Leftrightarrow \forall y \in H$, $\langle x_n, y \rangle \to \langle x, y \rangle$;

(2) $x_n \overset{s}{\to} x \Leftrightarrow x_n \overset{w}{\to} x$, 且 $\|x_n\| \to \|x\|$.

定义 6.12 设 X, Y 是线性赋范空间, $\{T_n\} \subset \mathscr{B}(X,Y)$, $T \in \mathscr{B}(X,Y)$.

(1) 如果 $\|T_n - T\| \to 0$ $(n \to \infty)$, 则称算子序列 $\{T_n\}$ **一致收敛**于 T;

(2) 如果 $\forall x \in X$, $\|T_n x - Tx\| \to 0$ $(n \to \infty)$, 则称 $\{T_n\}$ **强收敛**于 T;

(3) 如果 $\forall x \in X$, $\forall f \in Y^*$, $f(T_n x) \to f(Tx)$ $(n \to \infty)$, 则称 $\{T_n\}$ **弱收敛**于 T.

定义 6.13 设 X 是线性赋范空间, X^* 是 X 的共轭空间, $\{f_n\} \subset X^*$, $f \in X^*$.

(1) 如果 $\|f_n - f\| \to 0$ $(n \to \infty)$, 则称 $\{f_n\}$ 强收敛于 f, 也称 $\{f_n\}$ **依范数收敛**于 f, 记为 $f_n \overset{s}{\to} f$ 或 $f_n \overset{\|\cdot\|}{\to} f$ $(n \to \infty)$.

(2) 如果 $\forall x \in X$, $f_n(x) \to f(x)$ $(n \to \infty)$, 则称 $\{f_n\}$ **弱*收敛**于 f, 记为

$$f_n \overset{w^*}{\to} f (n \to \infty).$$

(3) 如果对于 X^* 上的每个有界线性泛函 x^{**} (即 $x^{**} \in \left(X^*\right)^* = X^{**}$), 有

$$x^{**}(f_n) \to x^{**}(f),$$

则称 $\{f_n\}$ **弱收敛**于 f, 记为 $f_n \overset{w}{\to} f$ $(n \to \infty)$.

定义 6.14 设 X 是一个 Banach 空间, T 是 X 到自身的有界线性算子, 即

$T \in \mathscr{B}(X)$，$\lambda \in \mathbf{C}$.

(1) 如果算子 $\lambda I - T$ 的值域 $\mathscr{R}(\lambda I - T) = X$，而且 $(\lambda I - T)^{-1}$ 存在且有界，即 $(\lambda I - T)^{-1} \in \mathscr{B}(X)$，则称 λ 为 T 的**正则值**，T 的正则值全体称为**正则集**，记作 $\rho(T)$. 而 $R_\lambda(T) \triangleq (\lambda I - T)^{-1}$ 称为 T 的**预解算子**；

(2) 如果 λ 不是 T 的正则值，则称 λ 为 T 的**谱点**，谱点的全体称为 T 的**谱集**，简称**谱**，记作 $\sigma(T)$. 对谱中的点又分三种类型：

① 如果存在 $x \neq \theta$，使 $(\lambda I - T)x = \theta$，即 $(\lambda I - T)^{-1}$ 不存在，则称 λ 为 T 的特征值，特征值的全体称为 T 的**点谱**，记作 $\sigma_p(T)$；

② 如果 $(\lambda I - T)^{-1}$ 存在，但是 $\mathscr{R}(\lambda I - T) \neq X$，而 $\overline{\mathscr{R}(\lambda I - T)} = X$，则这样的 λ 全体称为 T 的**连续谱**，记作 $\sigma_c(T)$；

③ 如果 $(\lambda I - T)^{-1}$ 存在，而 $\overline{\mathscr{R}(\lambda I - T)} \neq X$，则称这样的 λ 全体为 T 的**剩余谱**，记作 $\sigma_r(T)$.

定理 6.27　设 X 为 Banach 空间，$T \in \mathscr{B}(X)$，则

(1) T 的特征值 λ 对应的特征向量全体加上零元素 θ 组成 X 的闭子空间；

(2) 不同特征值对应的特征向量线性无关.

定理 6.28　设 X 为 Banach 空间，$T \in \mathscr{B}(X)$，则

(1) 当 $|\lambda| > \|T\|$ 时，$\lambda \in \rho(T)$；

(2) $\rho(T)$ 为无界开集，$\sigma(T)$ 为有界闭集.

称 $r_\sigma(T) = \sup\{\lambda \,|\, \lambda \in \sigma(T)\}$ 为 T 的**谱半径**，r_σ 的计算有 Gelfand 公式 $r_\sigma(T) = \lim\limits_{n \to \infty} \sqrt[n]{\|T^n\|}$，通常采用估计式 $r_\sigma(T) \leqslant \|T\|$.

定义 6.15　设 $T: X \to Y$ 是线性算子，T 称为**全连续算子**(或**紧算子**)，是指 T 将 X 中有界集映成 Y 中相对列紧集.

T 是全连续算子的充要条件是：设 $\{x_n\}$ 是 X 中的有界点列，则 $\{Tx_n\}$ 必有收敛子序列.

定理 6.29　设 X 是 Banach 空间，$T \in \mathscr{B}(X)$ 是全连续算子，

(1) 如果 X 为无限维空间，则 $0 \in \sigma(T)$；

(2) 如果 $\lambda \neq 0$，使得 $\mathscr{R}(\lambda I - T) = X$，则 $\lambda \in \rho(T)$.

定理 6.30　设 $T \in \mathscr{B}(X)$ 是全连续算子，

(1) 如果 $\lambda \in \sigma(T)$，$\lambda \neq 0$，则 $\lambda \in \sigma_p(T)$；

(2) $\lambda \in \sigma_p(T)$，$\lambda \neq 0$，对应的特征向量全体加上零向量 θ 组成的空间是有限

维的;

(3) $\sigma(T)$ 或者有限集或者是仅以 0 为聚点的可列集.

定义 6.16　设 T 是自伴算子, $M = \sup\limits_{\|x\|=1}\langle Tx, x\rangle$, $m = \inf\limits_{\|x\|=1}\langle Tx, x\rangle$ 分别称为 T 的

上界和下界.

定理 6.31　$\|T\| = \max\{|m|, |M|\}$.

定理 6.32　设 T 为自伴算子, 则 $\sigma(T) \subset [m, M]$.

定理 6.33　设 T 为自伴算子, 则 T 没有剩余谱.

定理 6.34　设 T 为自伴算子, 则 λ 为正则值的充分必要条件是: 存在常数 $C > 0$, 使得 $\|(\lambda I - T)x\| \geqslant C\|x\|, \forall x \in H$.

定理 6.35　设 T 为自伴算子, 如果 $\lambda_0 \in (m, M)$ 是正则值, 则必有包含 λ_0 的开区间 $(\alpha, \beta) \subset (m, M)$, 使 (α, β) 中的一切值均为 T 的正则值.

定理 6.36　设 T 为自伴算子, 则 $m, M \in \sigma(T)$.

二、典型问题讨论

问题 1.　根据定理 6.2 和本章习题的第 2 题, 线性算子 $T: \mathscr{D}(T) \subset X \to Y$ 是有界的当且仅当 T 将 $\mathscr{D}(T)$ 中的有界集映成 Y 中的有界集.

问题 2.　设映射 $T: \mathbf{R}^n \to \mathbf{R}^m$ 由 m 行 n 列的矩阵

$$T = \begin{pmatrix} a_{11} & a_{12} & \cdots & a_{1n} \\ a_{21} & a_{22} & \cdots & a_{2n} \\ \vdots & \vdots & & \vdots \\ a_{m1} & a_{m2} & \cdots & a_{mn} \end{pmatrix}$$

定义, 即当 $x = (t_1, t_2, \cdots, t_n) \in \mathbf{R}^n$ 时, 有

$$Tx = \left(\sum_{j=1}^{n} a_{1j} t_j, \sum_{j=1}^{n} a_{2j} t_j, \cdots, \sum_{j=1}^{n} a_{mj} t_j \right) \in \mathbf{R}^m,$$

显然 T 是线性的.

(1) 在 $\mathbf{R}^n$ 和 $\mathbf{R}^m$ 中取 Euclid 范数 $\|\cdot\|_2$. 用 T' 表示矩阵 T 的转置, 则 $T'T$ 是半正定矩阵. 设 $\lambda_1 \geqslant \lambda_2 \geqslant \cdots \geqslant \lambda_n \geqslant 0$ 为 $T'T$ 的特征值, $x_1, x_2, \cdots, x_n$ 是对应于这些特征值的标准正交特征向量, 则 $\forall x \in \mathbf{R}^n$, 存在唯一一组 $\alpha_1, \alpha_2, \cdots, \alpha_n \in \mathbf{R}$, 使得 $x = \alpha_1 x_1 + \alpha_2 x_2 + \cdots + \alpha_n x_n$, 于是 $\|x\|_2^2 = \langle x, x\rangle = \alpha_1^2 + \alpha_2^2 + \cdots + \alpha_n^2$. 因为

$$\|Tx\|_2^2 = \langle Tx, Tx \rangle = \langle x, T'Tx \rangle$$
$$= \langle \alpha_1 x_1 + \alpha_2 x_2 + \cdots + \alpha_n x_n, \lambda_1 \alpha_1 x_1 + \lambda_2 \alpha_2 x_2 + \cdots + \lambda_n \alpha_n x_n \rangle$$
$$= \lambda_1 \alpha_1^2 + \lambda_2 \alpha_2^2 + \cdots + \lambda_n \alpha_n^2 \leqslant \lambda_1 \left(\alpha_1^2 + \alpha_2^2 + \cdots + \alpha_n^2 \right) = \lambda_1 \|x\|_2^2,$$

所以 $\|Tx\|_2 \leqslant \sqrt{\lambda_1} \|x\|_2$，故 T 是有界算子，并且 $\|T\| \leqslant \sqrt{\lambda_1}$. 另一方面，

$$\|T\|^2 \geqslant \|Tx_1\|_2^2 = \langle Tx_1, Tx_1 \rangle = \langle x_1, T'Tx_1 \rangle = \langle x_1, \lambda_1 x_1 \rangle = \lambda_1,$$

从而 $\|T\| \geqslant \sqrt{\lambda_1}$，即 $\|T\| = \sqrt{\lambda_1}$.

(2) 在 $\mathbf{R}^n$ 和 $\mathbf{R}^m$ 中取范数 $\|\cdot\|_1$，即 $\forall x = (t_1, t_2, \cdots, t_n) \in \mathbf{R}^n$，$\|x\|_1 = \sum_{i=1}^n |t_i|$，则

$$\|Tx\|_1 = \sum_{i=1}^m \left| \sum_{j=1}^n a_{ij} t_j \right| \leqslant \sum_{i=1}^m \sum_{j=1}^n |a_{ij}| |t_j| = \sum_{j=1}^n |t_j| \left(\sum_{i=1}^m |a_{ij}| \right)$$
$$\leqslant \left(\max_{1 \leqslant j \leqslant n} \sum_{i=1}^m |a_{ij}| \right) \left(\sum_{j=1}^n |t_j| \right) = \left(\max_{1 \leqslant j \leqslant n} \sum_{i=1}^m |a_{ij}| \right) \|x\|_1,$$

故 T 是有界算子，并且 $\|T\| \leqslant \max_{1 \leqslant j \leqslant n} \sum_{i=1}^m |a_{ij}|$. 另一方面，设 $1 \leqslant k \leqslant n$ 满足

$$\sum_{i=1}^m |a_{ik}| = \max_{1 \leqslant j \leqslant n} \sum_{i=1}^m |a_{ij}|,$$

令 $x_0 = \left(t_1^{(0)}, t_2^{(0)}, \cdots, t_n^{(0)} \right) \in \mathbf{R}^n$，其中第 k 个分量等于 1，其他分量均为 0，那么 $\|x_0\|_1 = 1$. 于是

$$\|T\| \geqslant \|Tx_0\|_1 = \sum_{i=1}^m \left| \sum_{j=1}^n a_{ij} t_j^{(0)} \right| = \sum_{i=1}^m |a_{ik}| = \max_{1 \leqslant j \leqslant n} \sum_{i=1}^m |a_{ij}|,$$

从而 $\|T\| = \max_{1 \leqslant j \leqslant n} \sum_{i=1}^m |a_{ij}|$.

(3) 在 $\mathbf{R}^n$ 和 $\mathbf{R}^m$ 中取范数 $\|\cdot\|_\infty$，即 $\forall x = (t_1, t_2, \cdots, t_n) \in \mathbf{R}^n$，$\|x\|_\infty = \max_{1 \leqslant i \leqslant n} |t_i|$，则

$$\|Tx\|_\infty = \max_{1 \leqslant i \leqslant m} \left| \sum_{j=1}^n a_{ij} t_j \right| \leqslant \max_{1 \leqslant i \leqslant m} \sum_{j=1}^n |a_{ij}| |t_j|$$
$$\leqslant \left(\max_{1 \leqslant i \leqslant m} \sum_{j=1}^n |a_{ij}| \right) \left(\max_{1 \leqslant j \leqslant n} |t_j| \right) = \left(\max_{1 \leqslant i \leqslant m} \sum_{j=1}^n |a_{ij}| \right) \|x\|_\infty,$$

故 T 是有界算子, 并且 $\|T\| \leqslant \max\limits_{1 \leqslant i \leqslant m} \sum\limits_{j=1}^{n} |a_{ij}|$. 另一方面, 设 $1 \leqslant k \leqslant m$ 满足

$$\sum_{j=1}^{n} |a_{kj}| = \max_{1 \leqslant i \leqslant m} \sum_{j=1}^{n} |a_{ij}|,$$

令 $x_0 = \left(t_1^{(0)}, t_2^{(0)}, \cdots, t_n^{(0)}\right) \in \mathbf{R}^n$, 其中对于 $j = 1, 2, \cdots, n$, 当 $a_{kj} \neq 0$ 时, 第 j 个分量 $t_j^{(0)} = \dfrac{|a_{kj}|}{a_{kj}}$; 当 $a_{kj} = 0$ 时, 第 j 个分量 $t_j^{(0)} = 1$. 那么 $\|x_0\|_\infty = 1$, 并且当 $i \neq k$ 时,

$$\left| \sum_{j=1}^{n} a_{ij} t_j^{(0)} \right| \leqslant \sum_{j=1}^{n} |a_{ij}| \leqslant \max_{1 \leqslant i \leqslant m} \sum_{j=1}^{n} |a_{ij}| = \sum_{j=1}^{n} |a_{kj}|;$$

当 $i = k$ 时,

$$\left| \sum_{j=1}^{n} a_{ij} t_j^{(0)} \right| = \left| \sum_{j=1}^{n} a_{kj} t_j^{(0)} \right| = \sum_{j=1}^{n} |a_{kj}|.$$

因此,

$$\max_{1 \leqslant i \leqslant m} \left| \sum_{j=1}^{n} a_{ij} t_j^{(0)} \right| = \sum_{j=1}^{n} |a_{kj}|,$$

于是,

$$\|T\| \geqslant \|Tx_0\|_\infty = \max_{1 \leqslant i \leqslant m} \left| \sum_{j=1}^{n} a_{ij} t_j^{(0)} \right| = \sum_{j=1}^{n} |a_{kj}| = \max_{1 \leqslant i \leqslant m} \sum_{j=1}^{n} |a_{ij}|,$$

从而 $\|T\| = \max\limits_{1 \leqslant i \leqslant m} \sum\limits_{j=1}^{n} |a_{ij}|$.

问题 3. 定义算子 $T: C[a,b] \to C[a,b]$ 为 $\forall x \in C[a,b]$,

$$(Tx)(t) = \int_a^t x(\tau) \mathrm{d}\tau, \quad t \in [a, b],$$

以及泛函 $f: C[a,b] \to \mathbf{R}$ 为 $\forall x \in C[a,b]$,

$$f(x) = \int_a^b x(t)\, \mathrm{d}t.$$

则由积分的线性性质知, T 是线性算子, f 是线性泛函. 因为 $\forall x \in C[a,b]$,

$$\|Tx\| = \max_{a \leqslant t \leqslant b} \left| \int_a^t x(\tau) \mathrm{d}\tau \right| \leqslant \max_{a \leqslant t \leqslant b} \int_a^t |x(\tau)| \mathrm{d}\tau$$

$$\leqslant \int_a^b \left(\max_{a \leqslant \tau \leqslant b} | x(\tau) | \right) \mathrm{d}\tau = (b-a)\|x\|,$$

所以 T 是有界线性算子，并且由定理 6.4(3)，$\|T\| \leqslant b-a$．另一方面，取 $x_0(t) \equiv 1$，则 $x_0 \in C[a,b]$ 且 $\|x_0\| = 1$．于是

$$\|T\| = \sup_{\|x\|=1} \|Tx\| \geqslant \|Tx_0\| = b-a,$$

故 $\|T\| = b-a$．

因为

$$\left| f(x) \right| = \left| \int_a^b x(t)\mathrm{d}t \right| \leqslant \int_a^b | x(t) | \,\mathrm{d}t \leqslant (b-a)\|x\|,$$

所以 f 是有界线性泛函，并且 $\|f\| \leqslant b-a$．另一方面，同样取 $x_0(t) \equiv 1$，于是

$$\|f\| = \sup_{\|x\|=1} \left| f(x) \right| \geqslant \left| f(x_0) \right| = b-a,$$

故 $\|f\| = b-a$．

问题 4. 定义算子 $T : C^1[0,1] \subset C[0,1] \to C[0,1]$ 为 $(Tx)(t) = \dfrac{\mathrm{d}}{\mathrm{d}t}x(t)$，$\forall x \in C^1[0,1]$，这里 $C^1[0,1]$ 是具范数 $\|x\|_C = \max_{a \leqslant t \leqslant b} |x(t)|$ 的 $C[0,1]$ 子空间，则 T 是无界线性算子．如果 $C^1[0,1]$ 本身是 T 的定义空间，其范数

$$\|x\|_{C^1} = \max \left\{ \max_{a \leqslant t \leqslant b} |x(t)|, \max_{a \leqslant t \leqslant b} |x'(t)| \right\},$$

而不是看作 $C[0,1]$ 的子空间，则 $T : C^1[0,1] \to C[0,1]$ 是有界线性算子，并且 $\|T\| = 1$．

证明 由微分的线性性质知，T 是 $C^1[0,1] \subset C[0,1] \to C[0,1]$ 线性算子．如果取 $x_n(t) = t^n$（$n \in \mathbf{N}$），则 $\|x_n\|_C = \max_{0 \leqslant t \leqslant 1} |t^n| = 1$．但是 $\|Tx_n\| = \max_{0 \leqslant t \leqslant 1} |n \cdot t^{n-1}| = n \to \infty$，从而 T 是无界线性算子．

如果算子 $T : C^1[0,1] \to C[0,1]$，那么 $\forall x \in C^1[0,1]$，

$$\|Tx\|_C = \max_{0 \leqslant t \leqslant 1} |x'(t)| \leqslant \max \left\{ \max_{0 \leqslant t \leqslant 1} |x(t)|, \max_{0 \leqslant t \leqslant 1} |x'(t)| \right\} = \|x\|_{C^1},$$

于是 $T : C^1[0,1] \to C[0,1]$ 是有界线性算子，并且 $\|T\| \leqslant 1$．另外，取 $x_0(t) = \dfrac{1}{2}t^2$，则 $x_0 \in C^1[0,1]$，并且

$$\|x_0\|_{C^1} = \max \left\{ \max_{0 \leqslant t \leqslant 1} |x_0(t)|, \max_{0 \leqslant t \leqslant 1} |x_0'(t)| \right\} = 1,$$

从而根据定理 6.5，

$$\|T\| = \sup_{|x|=1} \|Tx\|_C \geqslant \|Tx_0\|_C = \max_{0 \leqslant t \leqslant 1} |x_0'(t)| = 1,$$

因此 $\|T\| = 1$.

　　注　由此可见线性算子 T 是否为有界算子, 依赖于它所在的工作空间.

　　问题 5.　将 $C^1[0,1]$ 看作 $C[0,1]$ 的子空间, 那么 $C^1[0,1]$ 不是 $C[0,1]$ 的闭子空间. 事实上, 设

$$x_n(t) = \left| t - \frac{1}{2} \right|^{1+\frac{1}{n}} \ (n \in \mathbf{N}), \qquad x_0(t) = \left| t - \frac{1}{2} \right|,$$

则 $x_n, x_0 \in C[0,1]$, 并且

$$\|x_n - x_0\|_C = \max_{0 \leqslant t \leqslant 1} |x_n(t) - x_0(t)| = \max_{0 \leqslant t \leqslant 1} \left(\left| t - \frac{1}{2} \right| - \left| t - \frac{1}{2} \right|^{1+\frac{1}{n}} \right).$$

而由

$$\frac{1}{2} \geqslant \left(\frac{n}{n+1} \right)^n > \frac{1}{\mathrm{e}}$$

可知

$$\left| t - \frac{1}{2} \right| - \left| t - \frac{1}{2} \right|^{1+\frac{1}{n}}$$

在

$$t = \frac{1}{2} \pm \left(\frac{n}{n+1} \right)^n \in [0,1]$$

处取到最大值,

$$\|x_n - x_0\|_C = \left(\frac{n}{n+1} \right)^n \left(1 - \frac{n}{n+1} \right) = \left(1 - \frac{1}{n+1} \right)^n \frac{1}{n+1} \to 0,$$

即在 $C[0,1]$ 中, $x_n \to x_0$. 因为

$$x_n'(t) = \begin{cases} -\left(1 + \dfrac{1}{n}\right)\left(\dfrac{1}{2} - t\right)^{\frac{1}{n}}, & 0 \leqslant t < \dfrac{1}{2}, \\[2mm] 0, & t = \dfrac{1}{2}, \\[2mm] \left(1 + \dfrac{1}{n}\right)\left(t - \dfrac{1}{2}\right)^{\frac{1}{n}}, & \dfrac{1}{2} < t \leqslant 1, \end{cases}$$

所以 $x_n \in C^1[0,1] (n \in \mathbf{N})$, 但是 $x_0 \notin C^1[0,1]$, 故 $C^1[0,1]$ 不是 $C[0,1]$ 的闭子空间. 根

据定理 4.8, $C[0,1]$ 的子空间是完备的当且仅当它是闭的, 因此, 前面的内容说明, 赋予范数 $\|x\|_C = \max\limits_{0 \leqslant t \leqslant 1}|x(t)|$ 的线性空间 $C^1[0,1]$ 不是 Banach 空间.

问题 6. 定义算子 $T : L^1[a,b] \to C[a,b]$ 为

$$(Tx)(t) = \int_a^t x(\tau)\mathrm{d}\tau, \quad \forall x \in L^1[a,b],$$

则 T 是有界线性算子, 且 $\|T\| = 1$.

证明 $\forall x \in L^1[a,b]$, 则 $\|x\| = \int_a^b |x(t)|\,\mathrm{d}t$. 因为 $Tx \in C[a,b]$, 所以

$$\|Tx\| = \max_{a \leqslant t \leqslant b}|(Tx)(t)| = \max_{a \leqslant t \leqslant b}\left|\int_a^t x(\tau)\mathrm{d}\tau\right|$$

$$\leqslant \max_{a \leqslant t \leqslant b}\int_a^t |x(\tau)|\,\mathrm{d}\tau = \int_a^b |x(\tau)|\,\mathrm{d}\tau = \|x\|,$$

这表明 $\|T\| \leqslant 1$. 另一方面, 取 $x_0(t) \equiv \dfrac{1}{b-a}$, 则 $x_0 \in L^1[a,b]$, 且 $\|x_0\| = \int_a^b \dfrac{1}{b-a}\mathrm{d}t = 1$, 于是

$$\|T\| = \sup_{\|x\|=1}\|Tx\| \geqslant \|Tx_0\| = \max_{a \leqslant t \leqslant b}\left|\int_a^t x_0(\tau)\mathrm{d}\tau\right| = \max_{a \leqslant t \leqslant b}\frac{t-a}{b-a} = 1$$

所以 $\|T\| = 1$.

问题 7. 从定理 6.3 知, 线性泛函 $f : X \to \mathbf{K}$ 连续的充要条件是 f 的零空间 $\mathcal{N}(f)$ 是 X 的闭子空间. 实际上, 对于充分性来说, f 不需要定义在全空间 X 上, 定义在 X 的线性子空间 $\mathcal{D}(f)$ 上即可. 但是对于必要性来说, 如果 $\mathcal{D}(f) \neq X$, 那么需要 $\mathcal{D}(f)$ 是 X 的闭子空间的条件, 然而此时对于更一般的线性算子也成立, 具体来说即是: 设 X, Y 是线性赋范空间, $\mathcal{D}(T)$ 是 X 的闭子空间, $T : \mathcal{D}(T) \subset X \to Y$ 是线性算子. 如果 T 连续, 那么 T 的零空间 $\mathcal{N}(T)$ 是 X 的闭子空间.

下面我们给出证明, 并且通过例子说明反之不成立.

设 $\{x_n\} \subset \mathcal{N}(T) = \{x \in \mathcal{D}(T) \mid Tx = \theta\}$, 且 $x_n \to x$, 由 $\mathcal{D}(T)$ 是 X 的闭子空间, 可知 $x \in \mathcal{D}(T)$, 即 T 在 x 处有定义. 再由 T 的连续性得到 $Tx = \lim\limits_{n \to \infty} Tx_n = \theta$. 因此 $x \in \mathcal{N}(T)$, 即 $\mathcal{N}(T)$ 是闭集.

对于本章问题 4 提到的无界线性算子 $T = \dfrac{\mathrm{d}}{\mathrm{d}t} : C^1[0,1] \subset C[0,1] \to C[0,1]$, 其零空间为 $\mathcal{N}(T) = \{x \in C^1[0,1] \mid x'(t) = 0\}$. 设 $\{x_n\} \subset \mathcal{N}(T)$, 且 $x_n \to x_0$, 于是 $x_n(t) \equiv C_n$ (常数), 并且 $x_0(t) \equiv C_0$ (常数). 故 $x_0 \in \mathcal{N}(T)$, 即 $\mathcal{N}(T)$ 是闭子空间. 这说明对于线性泛函, 定理 6.3 的充分性成立, 但是对于一般的线性算子, 其充分性不成立.

问题 8. 算子族的共鸣定理: 设 X 是 Banach 空间, Y 是赋范线性空间, 有界线性算子族 $\{T_\lambda \mid \lambda \in \Lambda\} \subset \mathscr{B}(X, Y)$. 如果 $\forall x \in X$, $\sup\limits_{\lambda \in \Lambda} \|T_\lambda x\| < +\infty$, 则存在常数 $M > 0$, 使得 $\|T_\lambda\| \leqslant M$, $\forall \lambda \in \Lambda$.

证明　$\forall x \in X$, 定义 $\|x\|_1 = \|x\| + \sup\limits_{\lambda \in \Lambda} \|T_\lambda x\|$. 易证 $\|\cdot\|_1$ 是 X 中的范数.

设 $\{x_n\} \subset (X, \|\cdot\|_1)$ 是 Cauchy 列, 即

$$\|x_m - x_n\|_1 = \|x_m - x_n\| + \sup_{\lambda \in \Lambda} \|T_\lambda x_m - T_\lambda x_n\| \to 0 \quad (m, n \to \infty).$$

由于 X 是 Banach 空间, 则存在 $x \in X$, 使得 $x_n \overset{\|\cdot\|}{\to} x$, 而且 $\forall \varepsilon > 0$, 存在正整数 N, 使得当 $m, n > N$ 时,

$$\sup_{\lambda \in \Lambda} \|T_\lambda x_m - T_\lambda x_n\| < \varepsilon.$$

从而 $\forall \lambda \in \Lambda$, $\|T_\lambda x_m - T_\lambda x_n\| < \varepsilon$. 令 $m \to \infty$, 得到当 $n > N$ 时, $\forall \lambda \in \Lambda$, 有 $\|T_\lambda x_n - T_\lambda x\| \leqslant \varepsilon$, 即当 $n > N$ 时, $\sup\limits_{\lambda \in \Lambda} \|T_\lambda x_n - T_\lambda x\| \leqslant \varepsilon$. 从而

$$\sup_{\lambda \in \Lambda} \|T_\lambda x_n - T_\lambda x\| \to 0 \quad (n \to \infty).$$

因此

$$\|x_n - x\|_1 = \|x_n - x\| + \sup_{\lambda \in \Lambda} \|T_\lambda x_n - T_\lambda x\| \to 0 \quad (n \to \infty).$$

即 $(X, \|\cdot\|_1)$ 是 Banach 空间.

显然 $\|\cdot\|_1$ 比 $\|\cdot\|$ 强. 根据等价范数定理, 存在常数 $M > 0$, 使得

$$\|T_\lambda x\| \leqslant \sup_{\lambda \in \Lambda} \|T_\lambda x\| \leqslant \|x\|_1 \leqslant M \|x\|, \quad \forall x \in X.$$

从而 $\|T_\lambda\| \leqslant M$, $\forall \lambda \in \Lambda$.

问题 9. 设 X, Y 是赋范线性空间, 线性算子 $T: \mathscr{D}(T) \subset X \to Y$ 是闭算子的充分必要条件是 $\forall \{x_n\} \subset \mathscr{D}(T)$, 如果 $x_n \to x \in X$; $Tx_n \to y \in Y$, 则 $x \in \mathscr{D}(T)$, $y = Tx$.

证明　设 T 是闭算子, 如果 $x_n \to x$, $Tx_n \to y$, 则 $(x_n, Tx_n) \to (x, y)$. 由于 $\mathscr{G}(T)$ 是 $X \times Y$ 中的闭集, 那么 $(x, y) \in \mathscr{G}(T)$, 即 $x \in \mathscr{D}(T)$, $y = Tx$. 反之, 如果 $(x_n, Tx_n) \in \mathscr{G}(T)(n \in \mathbf{N})$, 并且 $(x_n, Tx_n) \to (x, y)$, 则 $x_n \to x$, $Tx_n \to y$. 由条件可知, $x \in \mathscr{D}(T)$, $y = Tx$, 即 $(x, y) \in \mathscr{G}(T)$, 所以 $\mathscr{G}(T)$ 是闭的.

注　本章问题 4 提到的无界线性算子 $T = \dfrac{\mathrm{d}}{\mathrm{d}t}: C^1[0,1] \subset C[0,1] \to C[0,1]$ 是闭线

性算子. 因为 $\forall \{x_n\} \subset C^1[0,1]$, 如果 $x_n \to x$, $Tx_n \to y$, 则在 $[0,1]$ 上, $x_n(t)$ 一致收敛到 $x(t)$, $x_n'(t)$ 一致收敛到 $y(t)$. 所以由数学分析的知识可知, $x(t)$ 连续可导, 且 $x'(t) = y(t)$, 即 $x \in C^1[0,1]$, $y = Tx$.

根据闭图像定理(定理 6.15), 从上面的结果直接就可得到本章问题 5 的结论: 将 $C^1[0,1]$ 看作 $C[0,1]$ 的子空间, 那么 $C^1[0,1]$ 不是 $C[0,1]$ 的闭子空间.

问题 10. 闭图像定理(定理 6.15)的证明: 因为 $\mathscr{D}(T)$ 是 Banach 空间 X 的闭子空间, 则 $\mathscr{D}(T)$ 是 Banach 空间. 在 $\mathscr{D}(T)$ 中引入图范数 $\|\cdot\|_G$ 为 $\|x\|_G = \|x\| + \|Tx\|$, $\forall x \in \mathscr{D}(T)$. 下证 $(\mathscr{D}(T), \|\cdot\|_G)$ 是 Banach 空间.

设 $\{x_n\} \subset (\mathscr{D}(T), \|\cdot\|_G)$ 是 Cauchy 列, 即

$$\|x_m - x_n\|_G = \|x_m - x_n\| + \|Tx_m - Tx_n\| \to 0 \quad (m, n \to \infty).$$

由于 X 和 Y 是 Banach 空间, 则存在 $x \in X$, $y \in Y$, 使得 $x_n \overset{\|\cdot\|}{\to} x$, $Tx_n \to y$. 因为 $T: \mathscr{D}(T) \subset X \to Y$ 是闭线性算子, 由本章问题 9 知, $x \in \mathscr{D}(T), y = Tx$. 因此

$$\|x_n - x\|_G = \|x_n - x\| + \|Tx_n - Tx\| \to 0 \quad (n \to \infty),$$

所以 $(\mathscr{D}(T), \|\cdot\|_G)$ 是 Banach 空间.

显然图范数 $\|\cdot\|_G$ 比 $\|\cdot\|$ 强. 根据等价范数定理(定理 6.10), 存在常数 $M > 0$, 使得

$$\|Tx\| \leqslant \|x\|_G \leqslant M\|x\|, \quad \forall x \in D.$$

于是 T 是有界线性算子.

问题 11. 常见 Banach 空间的共轭空间

(1) $\mathbf{K}^n$ 的共轭空间 $(\mathbf{K}^n)^* = \mathbf{K}^n$, 即 $\forall f \in (\mathbf{K}^n)^*$, 存在唯一的

$$y_f = (\eta_1, \eta_2, \cdots, \eta_n) \in \mathbf{K}^n,$$

使得 $\|f\| = \|y_f\|$, 并且 $f(x) = \sum_{k=1}^{\infty} \xi_k \eta_k$, $\forall x = (\xi_1, \xi_2, \cdots, \xi_n) \in \mathbf{K}^n$.

(2) l^1 的共轭空间 $(l^1)^* = l^\infty$, 即 $\forall f \in (l^1)^*$, 存在唯一的

$$y_f = (\eta_1, \eta_2, \cdots, \eta_k, \cdots) \in l^\infty,$$

使得 $\|f\| = \|y_f\|_{l^\infty}$, 并且 $f(x) = \sum_{k=1}^{\infty} \xi_k \eta_k$, $\forall x = (\xi_1, \xi_2, \cdots, \xi_k, \cdots) \in l^1$.

(3) l^p $(1 < p < +\infty)$ 的共轭空间 $(l^p)^* = l^q$, 其中 $\frac{1}{p} + \frac{1}{q} = 1$, 即 $\forall f \in (l^p)^*$, 存在

唯一的 $y_f = (\eta_1, \eta_2, \cdots, \eta_k, \cdots) \in l^q$，使得 $\|f\| = \|y_f\|_{l^q}$，并且

$$f(x) = \sum_{k=1}^{\infty} \xi_k \eta_k, \quad \forall x = (\xi_1, \xi_2, \cdots, \xi_k, \cdots) \in l^p.$$

(4) $C[a,b]$ 的共轭空间

$$\left(C[a,b]\right)^* = BV_0[a,b] = \left\{ x \in BV[a,b] \,|\, x(a) = 0, x(t) 在 (a,b) 右连续 \right\},$$

其中 $V_0[a,b]$ 的范数为 $\|x\| = V_a^b(x)$，$\forall x \in BV_0[a,b]$，即 $\forall f \in \left(C[a,b]\right)^*$，存在唯一的 $y_f = y \in BV_0[a,b]$，使得 $\|f\| = \|y_f\|_{V_0}$，并且 $f(x) = \int_a^b x(t) \mathrm{d}y(t)$，$\forall x \in C[a,b]$，这里是 Riemann-Stieltjes 积分。

(5) $L^1[a,b]$ 的共轭空间 $\left(L^1[a,b]\right)^* = L^\infty[a,b]$，即 $\forall f \in \left(L^1[a,b]\right)^*$，存在唯一的 $y_f = y \in L^\infty[a,b]$，使得 $\|f\| = \|y_f\|_{L^\infty}$ 及

$$f(x) = \int_a^b x(t) y(t) \mathrm{d}t, \quad \forall x \in L^1[a,b].$$

(6) $L^p[a,b]$ $(1 < p < +\infty)$ 的共轭空间 $\left(L^p[a,b]\right)^* = L^q[a,b]$，其中 $\dfrac{1}{p} + \dfrac{1}{q} = 1$，即 $\forall f \in \left(L^p[a,b]\right)^*$，存在唯一的 $y_f = y \in L^q[a,b]$，使得 $\|f\| = \|y_f\|_{L^q}$，并且

$$f(x) = \int_a^b x(t) y(t) \mathrm{d}t, \quad \forall x \in L^p[a,b].$$

问题 12. 设 X 是 Banach 空间，$T \in \mathscr{B}(X)$．如果 $\|T\| < 1$，则 $I - T$ 存在逆算子 $\left(I - T\right)^{-1} \in \mathscr{B}(X)$，且

$$\left(I - T\right)^{-1} = \sum_{n=0}^{\infty} T^n, \quad \left\| \left(I - T\right)^{-1} \right\| \leqslant \frac{1}{1 - \|T\|},$$

其中 $T^0 = I$．

证明　因为 X 是 Banach 空间，所以由定理 6.7 可知 $\mathscr{B}(X)$ 也是 Banach 空间．令 $S_n = \sum_{i=0}^{n} T^i$，显然 $S_n \in \mathscr{B}(X)$．对任意的正整数 p，

$$\left\| S_{n+p} - S_n \right\| = \left\| \sum_{i=n+1}^{n+p} T^i \right\| \leqslant \sum_{i=n+1}^{n+p} \|T\|^i = \frac{\|T\|^{n+1} \left(1 - \|T\|^p\right)}{1 - \|T\|} \leqslant \frac{\|T\|^{n+1}}{1 - \|T\|} \to 0 \quad (n \to \infty),$$

即 $\{S_n\}$ 是 $\mathscr{B}(X)$ 中的 Cauchy 列，则存在 $S \in \mathscr{B}(X)$，使得 $S_n \to S$，$S = \sum\limits_{n=0}^{\infty} T^n$．又因为

$$\left(I-T\right)\left(\sum_{i=0}^{n} T^i\right) = \left(\sum_{i=0}^{n} T^i\right)\left(I-T\right) = I - T^{n+1},$$

而 $\left\|T^{n+1}\right\| \leqslant \|T\|^{n+1} \to 0(n \to \infty)$，即 $T^{n+1} \to \Theta$（零算子），所以令 $n \to \infty$，得

$$\left(I-T\right)S = S\left(I-T\right) = I,$$

则 $\left(I-T\right)^{-1}$ 存在，并且

$$\left(I-T\right)^{-1} = S \in \mathscr{B}(X),\quad \left(I-T\right)^{-1} = \sum_{n=0}^{\infty} T^n.$$

另外

$$\left\|\left(I-T\right)^{-1}\right\| = \|S\| = \lim_{n\to\infty}\|S_n\| = \lim_{n\to\infty}\left\|\sum_{i=0}^{n} T^i\right\| \leqslant \lim_{n\to\infty}\sum_{i=0}^{n}\|T\|^i = \frac{1}{1-\|T\|}.$$

问题 13.　线性赋范空间中弱收敛的点列是有界的(见宋叔尼和张国伟(2018)的《变分方法的理论及应用(第二版)》中的命题 4.7).

三、习题详解与精析

1. 设 X，Y 是线性赋范空间，$T: X \to Y$ 是线性算子，证明：

(1) $\mathscr{N}(T)$ 与 $\mathscr{R}(T)$ 分别是 X 与 Y 的线性子空间；

(2) 当 T 是有界线性算子时，$\mathscr{N}(T)$ 是 X 的闭子空间．

证明　设 $\alpha, \beta \in \mathbf{K}$，以及

$$x_1, x_2 \in \mathscr{N}(T) = \{x \in X \mid Tx = \theta\},\quad y_1, y_2 \in \mathscr{R}(T) = \{y \in Y \mid y = Tx, x \in \mathscr{D}(T)\},$$

于是有 $Tx_1 = \theta$，$Tx_2 = \theta$，并且存在 $\overline{x_1}$，$\overline{x_2} \in X$，使得 $y_1 = T\overline{x_1}$，$y_2 = T\overline{x_2}$．由于 T 是线性算子，故

$$T\left(\alpha x_1 + \beta x_2\right) = \alpha Tx_1 + \beta Tx_2 = \theta,\quad \alpha y_1 + \beta y_2 = \alpha T\overline{x_1} + \beta T\overline{x_2} = T\left(\alpha\overline{x_1} + \beta\overline{x_2}\right),$$

从而 $\alpha x_1 + \beta x_2 \in \mathscr{N}(T)$，$\alpha y_1 + \beta y_2 \in \mathscr{R}(T)$，即 $\mathscr{N}(T)$ 与 $\mathscr{R}(T)$ 分别是 X 与 Y 的线性子空间. 当 T 是有界线性算子时，由定理 6.2 知 T 连续，如果 $\{x_n\} \subset \mathscr{N}(T)$，并且 $x_n \to x_0 \in X$，那么 $\theta = Tx_n \to Tx_0$，从而 $Tx_0 = \theta$，故 $x_0 \in \mathscr{N}(T)$，即 $\mathscr{N}(T)$ 是 X 的闭子空间.

2. 设 X，Y 是线性赋范空间，$T: X \to Y$ 是线性算子，则 T 连续的充要条件是

T 把 X 中的有界集映成 Y 中的有界集.

证明　由定理 6.2 知，T 连续的充要条件是 T 有界，于是只需证明 T 有界当且仅当 T 把 X 中的有界集映成 Y 中的有界集. 如果 T 有界，那么存在常数 $M > 0$，使 $\|Tx\| \leqslant M\|x\|$，$\forall x \in X$. 设 A 是 X 中的有界集，于是存在常数 $M_1 > 0$，使得 $\forall x \in A$，$\|x\| \leqslant M_1$. 从而 $\forall x \in A$，$\|Tx\| \leqslant M\|x\| \leqslant MM_1$，即 $T(A)$ 是 Y 中的有界集. 反之，如果 T 把 X 中的有界集映成 Y 中的有界集，但是 T 不是有界的，那么 $\forall n \in \mathbf{N}$，存在 $x_n \in X$，使得 $\|Tx_n\| > n\|x_n\|$. 令 $y_n = \dfrac{x_n}{\|x_n\|}$，则 $\|y_n\| = 1$，即 $\{y_n\}$ 在 X 中是有界的，于是 $\{Ty_n\}$ 在 Y 中是有界的. 然而 $\|Ty_n\| = \dfrac{\|Tx_n\|}{\|x_n\|} > n$，矛盾.

注　从证明中可以看出，当线性算子 T 的定义域不是全空间 X，而是 X 的线性子空间 $\mathscr{D}(T)$ 时，结论依然成立.

3. 设 X, Y, Z 都是线性赋范空间，且 $A: X \to Y$ 和 $B: Y \to Z$ 都是有界线性算子. 如果定义 $(BA)(x) = B(Ax)$，$\forall x \in X$，证明 $BA: X \to Z$ 是有界线性算子，且 $\|BA\| \leqslant \|B\| \cdot \|A\|$.

证明　因为 $A: X \to Y$ 和 $B: Y \to Z$ 都是有界线性算子，所以 $BA: X \to Z$ 是线性算子，并且 $\forall x \in X$，

$$\|BAx\| = \|B(Ax)\| \leqslant \|B\|\|Ax\| \leqslant \|B\|\|A\|\|x\|,$$

可见 BA 是有界算子，同时 $\|BA\| \leqslant \|B\| \cdot \|A\|$.

4. 设 X 是线性赋范空间，$T: X \to X$ 是有界线性算子，且 $\|T\| < 1$，如果记 $T^n = \underbrace{T \cdot T \cdot \cdots \cdot T}_{n \uparrow}$，证明 $\lim\limits_{n \to \infty} T^n = \Theta$（零算子）.

证明　因为 $T: X \to X$ 是有界线性算子，所以根据定理 6.4，$\|T^n x\| \leqslant \|T\|^n \|x\|$，$\forall x \in X$. 于是 $T^n: X \to X$ 是有界线性算子，再由定理 6.5，

$$\|T^n\| = \sup_{\|x\|=1} \|T^n x\| \leqslant \|T\|^n \to 0 \quad (n \to \infty),$$

故 $\lim\limits_{n \to \infty} T^n = \Theta$.

5. 在 $C[a,b]$ 上定义泛函

$$f(x) = \int_a^{\frac{a+b}{2}} x(t)\mathrm{d}t \quad (\forall x \in C[a,b]).$$

证明 f 是 $C[a,b]$ 上的有界线性泛函，并求 $\|f\|$.

证明　由积分的线性性质可知，f 是 $C[a,b]$ 上的线性泛函. $\forall x \in C[a,b]$，

$$|f(x)| \leqslant \int_a^{\frac{a+b}{2}} |x(t)| \mathrm{d}t \leqslant \left(\max_{a \leqslant t \leqslant b} |x(t)|\right) \int_a^{\frac{a+b}{2}} \mathrm{d}t = \frac{b-a}{2} \|x\|,$$

因此 $f \in (C[a,b])^*$, 并且 $\|f\| \leqslant \dfrac{b-a}{2}$. 取 $x_0(t) \equiv 1$, 则 $x_0 \in C[a,b]$, 并且 $\|x_0\| = 1$. 于是由定理 6.5,

$$\|f\| = \sup_{\|x\|=1} |f(x)| \geqslant |f(x_0)| = \left| \int_a^{\frac{a+b}{2}} x_0(t) \mathrm{d}t \right| = \frac{b-a}{2},$$

从而 $\|f\| = \dfrac{b-a}{2}$.

6. 定义 $C[-1,1]$ 上的线性泛函 $f(x) = \int_{-1}^0 x(t)\mathrm{d}t - \int_0^1 x(t)\mathrm{d}t$, $\forall x \in C[-1,1]$. 求 $\|f\|$.

解　因为 $\forall x \in C[-1,1]$, $|f(x)| \leqslant \int_{-1}^0 |x(t)|\mathrm{d}t + \int_0^1 |x(t)|\mathrm{d}t = \int_{-1}^1 |x(t)|\mathrm{d}t \leqslant 2\|x\|$, 所以 $f \in (C[-1,1])^*$, 并且 $\|f\| \leqslant 2$. 另一方面, $\forall n \in \mathbf{N}(n \geqslant 2)$, 令

$$x_n(t) = \begin{cases} 1, & -1 \leqslant t < -\dfrac{1}{n}, \\ -nt, & -\dfrac{1}{n} \leqslant t < \dfrac{1}{n}, \\ -1, & \dfrac{1}{n} \leqslant t \leqslant 1. \end{cases}$$

于是 $x_n \in C[-1,1]$, 并且 $\|x_n\| = 1$. 由定理 6.5,

$$\|f\| = \sup_{\|x\|=1} |f(x)| \geqslant |f(x_n)| = 2 - \frac{1}{n},$$

令 $n \to \infty$ 可得 $\|f\| \geqslant 2$. 因此 $\|f\| = 2$.

7. 取定 n 个实数 $\alpha_1, \alpha_2, \cdots, \alpha_n$ 及 $a = t_1 < t_2 < \cdots < t_n = b$, 在 $C[a,b]$ 上定义泛函 $f(x) = \sum_{i=1}^n \alpha_i x(t_i)$, $\forall x \in C[a,b]$. 证明 $f \in (C[a,b])^*$, 并且 $\|f\| = \sum_{i=1}^n |\alpha_i|$.

证明　显然 f 是 $C[a,b]$ 上的线性泛函, 由于 $\forall x \in C[a,b]$,

$$|f(x)| \leqslant \sum_{i=1}^n |\alpha_i| |x(t_i)| \leqslant \left(\sum_{i=1}^n |\alpha_i|\right) \|x\|,$$

故 $f \in (C[a,b])^*$, 并且 $\|f\| \leqslant \sum_{i=1}^n |\alpha_i|$. 取 $x_0(t)$ 使得 $x_0(t_i) = \operatorname{sgn}(\alpha_i)$ $(i = 1,2,\cdots,n)$, 当 $t \in [t_i, t_{i+1}]$ $(i = 1,2,\cdots,n-1)$ 时, $x_0(t)$ 是连接点 $(t_i, x_0(t_i))$ 和点 $(t_{i+1}, x_0(t_{i+1}))$ 的直线段,

则 $x_0 \in C[a,b]$，并且 $\|x_0\| = 1$．于是由定理 6.5，

$$\|f\| = \sup_{\|x\|=1} |f(x)| \geqslant |f(x_0)| = \left| \sum_{i=1}^{n} \alpha_i x_0(t_i) \right| = \left| \sum_{i=1}^{n} \alpha_i \operatorname{sgn}(\alpha_i) \right| = \sum_{i=1}^{n} |\alpha_i|,$$

从而 $\|f\| = \sum_{i=1}^{n} |\alpha_i|$．

8. 设 $\{\alpha_n\}$ 为一有界数列：$\sup_n |\alpha_n| < +\infty$，定义算子 $T : l^p \to l^p$ $(p \geqslant 1)$ 为

$$\forall x = (\xi_1, \xi_2, \cdots, \xi_n, \cdots) \in l^p, \qquad Tx = (\alpha_1 \xi_1, \alpha_2 \xi_2, \cdots, \alpha_n \xi_n, \cdots).$$

证明 T 是有界线性算子，且 $\|T\| = \sup_n |\alpha_n|$．

证明　设 $x = (\xi_n)_{n=1}^{\infty}, y = (\eta_n)_{n=1}^{\infty} \in l^p, \lambda, \mu \in \mathbf{K}$，

$$T(\lambda x + \mu y) = (\alpha_n (\lambda \xi_n + \mu \eta_n))_{n=1}^{\infty} = (\lambda(\alpha_n \xi_n) + \mu(\alpha_n \eta_n))_{n=1}^{\infty} = \lambda Tx + \mu Ty,$$

故 T 是线性算子．设 $\alpha = \sup_n |\alpha_n|$．由于

$$\|Tx\| = \left(\sum_{n=1}^{\infty} |\alpha_n \xi_n|^p \right)^{\frac{1}{p}} \leqslant \alpha \left(\sum_{n=1}^{\infty} |\xi_n|^p \right)^{\frac{1}{p}} = \alpha \|x\|,$$

可见 $T : l^p \to l^p$ 是有界线性算子，且 $\|T\| \leqslant \alpha$．如果 $\alpha = 0$，则 T 是零算子，$\|T\| = \alpha$．如果 $\alpha > 0$，那么 $\forall \varepsilon \in (0, \alpha)$，由上确界定义，存在 $n_0 \in \mathbf{N}$，使得 $|\alpha_{n_0}| > \alpha - \varepsilon > 0$．取 $x_0 = (\xi_n^{(0)})_{n=1}^{\infty}$ 使得 $\xi_{n_0}^{(0)} = \dfrac{\overline{\alpha_{n_0}}}{|\alpha_{n_0}|}$ 以及 $\xi_n^{(0)} = 0$ $(n \neq n_0)$，则 $x_0 \in l^p$，并且 $\|x_0\| = 1$．于是由定理 6.5，$\|T\| = \sup_{\|x\|=1} \|Tx\| \geqslant \|Tx_0\| = |\alpha_{n_0}| > \alpha - \varepsilon$，从 ε 的任意性可得 $\|T\| \geqslant \alpha$．因此 $\|T\| = \alpha = \sup_n |\alpha_n|$．

9. 设 X 是线性赋范空间，$x, y \in X$．如果 $\forall f \in X^*$，有 $f(x) = f(y)$，则必有 $x = y$．

证明　因为 $\forall f \in X^*$，有 $f(x) = f(y)$，故 $f(x - y) = 0$，根据定理 6.13 的推论，可知 $x - y = \theta$，即 $x = y$．

10. 设 X 是线性赋范空间，如果 $x_0, y_0 \in X$ 且 $x_0 \neq y_0$，则存在 $f \in X^*$，使 $\|f\| = 1$ 且 $f(x_0) \neq f(y_0)$．

证明　因为 $x_0 \neq y_0$，所以 $x_0 - y_0 \neq \theta$，于是根据定理 6.13，存在 $f \in X^*$，使 $\|f\| = 1$，并且 $f(x_0 - y_0) = f(x_0) - f(y_0) = \|x_0 - y_0\| \neq 0$，即 $f(x_0) \neq f(y_0)$．

11. 设 H 是 Hilbert 空间, 证明 H 的共轭空间 H^* 也是 Hilbert 空间, 其内积 $\langle\cdot,\cdot\rangle_{H^*}$ 定义为 $\langle f,g\rangle_{H^*}=\overline{\langle\eta_f,\eta_g\rangle}=\langle\eta_g,\eta_f\rangle$, $\forall f,g\in H^*$, 其中 η_f, η_g 由 Riesz 表现定理所确定: $f(x)=\langle x,\eta_f\rangle$, $g(x)=\langle x,\eta_g\rangle$, $\forall x\in H$.

证明 由 Riesz 表现定理的唯一性, $\forall f\in H^*$, $\langle f,f\rangle_{H^*}=\langle\eta_f,\eta_f\rangle\geqslant0$, 并且

$$\langle f,f\rangle_{H^*}=\langle\eta_f,\eta_f\rangle=0\Leftrightarrow\|f\|=\|\eta_f\|=0\Leftrightarrow f=\theta.$$

而 $\forall f,g\in H^*$, $\lambda\in\mathbf{K}$, 有 $\langle f,g\rangle_{H^*}=\langle\eta_g,\eta_f\rangle=\overline{\langle\eta_f,\eta_g\rangle}=\overline{\langle g,f\rangle}_{H^*}$ 以及

$$\langle\lambda f,g\rangle_{H^*}=\langle\eta_g,\eta_{\lambda f}\rangle=\lambda f(\eta_g)=\lambda\langle\eta_g,\eta_f\rangle=\lambda\langle f,g\rangle_{H^*}.$$

另外 $\forall f,g,h\in H^*$,

$$\begin{aligned}\langle f+g,h\rangle_{H^*}&=\langle\eta_h,\eta_{f+g}\rangle=(f+g)(\eta_h)\\&=f(\eta_h)+g(\eta_h)=\langle\eta_h,\eta_f\rangle+\langle\eta_h,\eta_g\rangle=\langle f,h\rangle_{H^*}+\langle g,h\rangle_{H^*}.\end{aligned}$$

故 $\langle\cdot,\cdot\rangle_{H^*}$ 是 H^* 中的内积. 设 $\{f_n\}$ 是 H^* 中的 Cauchy 列, 则 $\forall\varepsilon>0$, 存在 $N\in\mathbf{N}$, 当 $m,n>N$ 时, $\|f_m-f_n\|_{H^*}<\varepsilon$, 于是

$$\begin{aligned}\|\eta_{f_m}-\eta_{f_n}\|^2&=\langle\eta_{f_m}-\eta_{f_n},\eta_{f_m}-\eta_{f_n}\rangle=\langle\eta_{f_m},\eta_{f_m}-\eta_{f_n}\rangle-\langle\eta_{f_n},\eta_{f_m}-\eta_{f_n}\rangle\\&=\overline{\langle\eta_{f_m}-\eta_{f_n},\eta_{f_m}\rangle}-\overline{\langle\eta_{f_m}-\eta_{f_n},\eta_{f_n}\rangle}=\overline{f_m(\eta_{f_m}-\eta_{f_n})}-\overline{f_n(\eta_{f_m}-\eta_{f_n})}\\&=\overline{f_m(\eta_{f_m}-\eta_{f_n})-f_n(\eta_{f_m}-\eta_{f_n})}=\overline{(f_m-f_n)(\eta_{f_m}-\eta_{f_n})}\\&=\overline{(f_m-f_n)(\eta_{f_m})-(f_m-f_n)(\eta_{f_n})}=\overline{\langle\eta_{f_m},\eta_{f_m-f_n}\rangle-\langle\eta_{f_n},\eta_{f_m-f_n}\rangle}\\&=\overline{\langle\eta_{f_m},\eta_{f_m-f_n}\rangle}-\overline{\langle\eta_{f_n},\eta_{f_m-f_n}\rangle}=f_m(\eta_{f_m-f_n})-f_n(\eta_{f_m-f_n})\\&=(f_m-f_n)(\eta_{f_m-f_n})=\langle\eta_{f_m-f_n},\eta_{f_m-f_n}\rangle=\langle f_m-f_n,f_m-f_n\rangle_{H^*}\\&=\|f_m-f_n\|_{H^*}^2<\varepsilon^2,\end{aligned}$$

即 $\|\eta_{f_m}-\eta_{f_n}\|<\varepsilon$, 故 $\{\eta_{f_n}\}$ 是 H 中的 Cauchy 列. 因为 H 是 Hilbert 空间, 所以存在 $\eta_0\in H$ 使得 $\eta_{f_n}\to\eta_0$. 令 $f_0(x)=\langle x,\eta_0\rangle$, $\forall x\in H$, 于是 $f_0\in H^*$, 根据 Riesz 表现定理, 存在唯一的 $\eta_{f_0}\in H$, 使得 $f_0(x)=\langle x,\eta_0\rangle=\langle x,\eta_{f_0}\rangle$, $\forall x\in H$, 故 $\eta_0=\eta_{f_0}$. 类似于前面的推导可得 $\|f_n-f_0\|_{H^*}=\|\eta_{f_n}-\eta_{f_0}\|=\|\eta_{f_n}-\eta_0\|\to0$, 因此 $f_n\to f_0$, 即 H^* 是 Hilbert 空间.

注 对于实 Hilbert 空间 H, 由定理 6.20 可知, 在保范同构的意义下 $H^*=H$,

因此直接可得 H^* 是 Hilbert 空间.

12. 设 X, Y 是线性赋范空间, $\{x_n\} \subset X$, $x \in X$, 且 $x_n \xrightarrow{w} x$ $(n \to \infty)$. 如果 $T \in \mathscr{B}(X,Y)$, 证明 Y 中的点列 $Tx_n \xrightarrow{w} Tx$ $(n \to \infty)$.

证明　因为 $T \in \mathscr{B}(X,Y)$, 所以根据定理 6.17, $T^* \in \mathscr{B}(Y^*,X^*)$. 于是 $\forall f \in Y^*$, $T^* f \in X^*$, 再由 $x_n \xrightarrow{w} x$, 可见

$$f(Tx_n) = (T^* f)(x_n) \to (T^* f)(x) = f(Tx),$$

故 $Tx_n \xrightarrow{w} Tx$.

注　如果 $T \in \mathscr{B}(X,Y)$, 从本题可知, T 在 X 上弱连续.

13. 设 $\{x_n \mid n \in \mathbf{N}\}$ 是 Hilbert 空间 H 中的点列, $x \in H$. 如果 $\|x_n\| \to \|x\|$, 并且 $\langle x_n, x \rangle \to \langle x, x \rangle$, 则必有 $x_n \xrightarrow{s} x$.

证明　因为 $\|x_n\| \to \|x\|$ 和 $\langle x_n, x \rangle \to \langle x, x \rangle$, 所以

$$\begin{aligned}
\|x_n - x\|^2 &= \langle x_n - x, x_n - x \rangle = \|x_n\|^2 + \|x\|^2 - \langle x_n, x \rangle - \langle x, x_n \rangle \\
&\to \|x\|^2 + \|x\|^2 - 2\langle x, x \rangle = 0,
\end{aligned}$$

故 $x_n \xrightarrow{s} x$.

14. 设 X 是 Banach 空间, $x_n, x \in X$, 且 $x_n \to x$, $f_n, f \in X^*$, $n \in \mathbf{N}$. 证明: 如果 $f_n \xrightarrow{w^*} f$, 则 $f_n(x_n) \to f(x)$.

证明　因为 $f_n \xrightarrow{w^*} f$, 所以 $\forall x \in X$, $f_n(x) \to f(x)$, 于是 $\forall x \in X$, $\{f_n(x)\}$ 有界. 根据共鸣定理(定理 6.11), $\{\|f_n\|\}$ 有界, 故存在常数 $M > 0$, 使得 $\|f_n\| \leqslant M$, $\forall n \in \mathbf{N}$. 由 $x_n \to x$ 可知,

$$\begin{aligned}
|f_n(x_n) - f(x)| &\leqslant |f_n(x_n) - f_n(x)| + |f_n(x) - f(x)| \\
&\leqslant \|f_n\| \|x_n - x\| + |f_n(x) - f(x)| \leqslant M \|x_n - x\| + |f_n(x) - f(x)| \to 0,
\end{aligned}$$

从而 $f_n(x_n) \to f(x)$.

注　从本题的证明过程可知, 若 X 是 Banach 空间, 如果 $f_n \xrightarrow{w^*} f$, 那么 $\{f_n\}$ 有界.

15. 设 T 是定义在 l^2 上的算子

$$Tx = (x_2, x_3, \cdots, x_{n+1}, \cdots), \quad x = (x_1, x_2, \cdots, x_n, \cdots) \in l^2.$$

证明: $|\lambda|>1$ 时, $\lambda\in\rho(T)$; $|\lambda|<1$ 时, $\lambda\in\sigma_p(T)$; $\sigma(T)=\{\lambda\,|\,|\lambda|\leqslant 1\}$.

证明 $\forall x=(x_1,x_2,\cdots,x_n,\cdots)\in l^2$, $\|Tx\|^2=\sum\limits_{n=2}^{\infty}|x_n|^2\leqslant\sum\limits_{n=1}^{\infty}|x_n|^2=\|x\|^2$, 于是 T 是有

界线性算子, 并且 $\|T\|\leqslant 1$. 取 $x_0=\left(x_n^{(0)}\right)_{n=1}^{\infty}$ 使得 $x_2^{(0)}=1$ 以及 $x_n^{(0)}=0$ $(n\neq 2)$, 则

$x_0\in l^2$, 并且 $\|x_0\|=1$. 由定理 6.5, $\|T\|=\sup\limits_{\|x\|=1}\|Tx\|\geqslant\|Tx_0\|=\left(\sum\limits_{n=2}^{\infty}\left|x_n^{(0)}\right|^2\right)^{\frac{1}{2}}=1$, 故

$\|T\|=1$. 根据定理 6.28, 当 $|\lambda|>1=\|T\|$ 时, $\lambda\in\rho(T)$. 当 $|\lambda|<1$ 时, 令 $\overline{x}=\left(\lambda^{n-1}\right)_{n=1}^{\infty}$,

则 $\overline{x}\in l^2$, 并且 $T\overline{x}=\left(\lambda^n\right)_{n=1}^{\infty}=\lambda\left(\lambda^{n-1}\right)_{n=1}^{\infty}=\lambda\overline{x}$, 故 $\lambda\in\sigma_p(T)\subset\sigma(T)$, 即

$\{\lambda\,|\,|\lambda|<1\}\subset\sigma(T)$. 再由定理 6.28 可知 $\sigma(T)$ 是有界闭集, 于是 $\sigma(T)=\{\lambda\,|\,|\lambda|\leqslant 1\}$.

16. 设 X 是 Banach 空间, $T_n\in\mathscr{B}(X)$ 依算子范数收敛于 $T\in\mathscr{B}(X)$, 如果 λ 是 T 的正则值, 则当 n 充分大时, λ 也是 T_n 的正则值, 且

$$\lim_{n\to\infty}\left(\lambda I-T_n\right)^{-1}=\left(\lambda I-T\right)^{-1}.$$

证明 因为 λ 是 T 的正则值, 所以存在 $\left(\lambda I-T\right)^{-1}\in\mathscr{B}(X)$. 由于 $\|T_n-T\|\to$ 0, 那么

$$\left\|(T_n-T)(\lambda I-T)^{-1}\right\|\leqslant\left\|(T_n-T)\right\|\left\|(\lambda I-T)^{-1}\right\|\to 0,$$

于是 $\forall\varepsilon\in(0,1)$, 存在 $N\in\mathbf{N}$, 当 $n>N$ 时, $\left\|(T_n-T)(\lambda I-T)^{-1}\right\|<\varepsilon<1$. 根据本章

的问题 12 可知, 当 $n>N$ 时, 存在 $\left(I-(T_n-T)(\lambda I-T)^{-1}\right)^{-1}\in\mathscr{B}(X)$, 并且

$$\left(I-(T_n-T)(\lambda I-T)^{-1}\right)^{-1}=\sum_{m=0}^{\infty}\left((T_n-T)(\lambda I-T)^{-1}\right)^m.$$

又因为

$$\lambda I-T_n=\left(I-(T_n-T)(\lambda I-T)^{-1}\right)(\lambda I-T),$$

所以当 $n>N$ 时, 存在

$$\left(\lambda I-T_n\right)^{-1}=\left(\lambda I-T\right)^{-1}\left(I-(T_n-T)(\lambda I-T)^{-1}\right)^{-1}$$

$$=\left(\lambda I-T\right)^{-1}\sum_{m=0}^{\infty}\left((T_n-T)(\lambda I-T)^{-1}\right)^m\in\mathscr{B}(X),$$

故 λ 是 T_n 的正则值. 另外, 当 $n>N$ 时,

$$\left\|\left(\lambda I-T_n\right)^{-1}-\left(\lambda I-T\right)^{-1}\right\|$$

$$=\left\|\left(\lambda I-T\right)^{-1}\sum_{m=0}^{\infty}\left(\left(T_n-T\right)\left(\lambda I-T\right)^{-1}\right)^m-\left(\lambda I-T\right)^{-1}\right\|$$

$$\leqslant\left\|\left(\lambda I-T\right)^{-1}\right\|\left\|\sum_{m=0}^{\infty}\left(\left(T_n-T\right)\left(\lambda I-T\right)^{-1}\right)^m-I\right\|$$

$$=\left\|\left(\lambda I-T\right)^{-1}\right\|\left\|\sum_{m=1}^{\infty}\left(\left(T_n-T\right)\left(\lambda I-T\right)^{-1}\right)^m\right\|$$

$$\leqslant\left\|\left(\lambda I-T\right)^{-1}\right\|\sum_{m=1}^{\infty}\left\|\left(T_n-T\right)\left(\lambda I-T\right)^{-1}\right\|^m$$

$$=\frac{\left\|\left(\lambda I-T\right)^{-1}\right\|\left\|\left(T_n-T\right)\left(\lambda I-T\right)^{-1}\right\|}{1-\left\|\left(T_n-T\right)\left(\lambda I-T\right)^{-1}\right\|},$$

于是

$$\left\|\left(\lambda I-T_n\right)^{-1}-\left(\lambda I-T\right)^{-1}\right\|\to 0\quad\left(n\to\infty\right),$$

即 $\lim\limits_{n\to\infty}\left(\lambda I-T_n\right)^{-1}=\left(\lambda I-T\right)^{-1}$.

17. 设 X,Y 是数域 **K** 上的两个线性赋范空间，$T\in\mathscr{B}(X,Y)$，证明 $\|T\|=\sup\limits_{\|x\|<1}\|Tx\|$.

证明 当 $\|x\|<1$ 时，$\|Tx\|\leqslant\|T\|\|x\|\leqslant\|T\|$，故 $\sup\limits_{\|x\|<1}\|Tx\|\leqslant\|T\|$. 而当 $\|x\|=1$ 时，

$\left\|\dfrac{n}{n+1}x\right\|=\dfrac{n}{n+1}<1$，所以根据定理 6.5,

$$\sup_{\|x\|<1}\|Tx\|\geqslant\sup_{\|x\|=1}\left\|T\left(\frac{n}{n+1}x\right)\right\|=\frac{n}{n+1}\sup_{\|x\|=1}\|Tx\|=\frac{n}{n+1}\|T\|,$$

令 $n\to\infty$ 可得 $\sup\limits_{\|x\|<1}\|Tx\|\geqslant\|T\|$.

18. 设 X 是实线性赋范空间，$f\in X^*$，证明 $\|f\|=\sup\limits_{\|x\|=1}f(x)$.

证明 因为 $\forall x\in X, f(x)\leqslant\left|f(x)\right|$，所以

$$\sup_{\|x\|=1}f(x)\leqslant\sup_{\|x\|=1}\left|f(x)\right|=\|f\|.$$

下证当 $\|x\|=1$ 时, $|f(x)| \leqslant \sup\limits_{\|x\|=1} f(x)$. 如果 $f(x) \geqslant 0$, 则 $|f(x)| = f(x)$, 不等式显

然成立; 如果 $f(x) < 0$, 则 $|f(x)| = -f(x)$, 而 $-f(x) = f(-x)$, $\|-x\|=1$, 因此

$-f(x) = f(-x) \leqslant \sup\limits_{\|x\|=1} f(x)$, 不等式仍成立. 从而

$$\|f\| = \sup_{\|x\|=1} |f(x)| \leqslant \sup_{\|x\|=1} f(x).$$

故 $\|f\| = \sup\limits_{\|x\|=1} f(x)$.

19. 设 $x_1, x_2, \cdots, x_n$ 是线性赋范空间 X 中的 n 个线性无关的元素, 证明存在

$f_1, f_2, \cdots, f_n \in X^*$, 使得 $(f_i, x_j) = f_i(x_j) = \delta_{ij} (i, j = 1, 2, \cdots, n)$, 其中 δ_{ij} 为 Kronecker

符号.

　　证明　设 $X_i = \operatorname{span}\{x_1, \cdots, x_{i-1}, x_{i+1}, \cdots, x_n\} (1 \leqslant i \leqslant n)$, 则 X_i 是 X 的有限维子空

间, 由定理 4.13 的推论 3 可知 X_i 是闭的. 而 $x_1, x_2, \cdots, x_n$ 是线性无关的, 故 $x_i \notin X_i$,

由定理 1.16, $d_i = d(x_i, X_i) > 0$. 从定理 6.14 可知, 存在 $\tilde{f_i} \in X^*$, 使得

$\forall x \in X_i, \tilde{f_i}(x) = 0$, 并且 $\tilde{f_i}(x_i) = d_i$. 令 $f_i = \dfrac{1}{d_i} \tilde{f_i}$, 于是 $f_i \in X^*$, 满足 $f_i(x_i) = 1$, 同

时 $f_i(x_j) = 0 (i \neq j)$, 即 $(f_i, x_j) = f_i(x_j) = \delta_{ij} (i, j = 1, 2, \cdots, n)$.

20. 设 X_0 是线性赋范空间 X 的闭子空间, $\{x_n\} \subset X_0$. 若 $x_n \xrightarrow{w} x_0$, 证明

$x_0 \in X_0$ (即闭子空间是序列弱闭的).

　　证明　如果 $x_0 \notin X_0$, 因为 X_0 是闭的, 所以根据定理 1.16, $d = d(x_0, X_0) > 0$.

从定理 6.14 可知, 存在 $f \in X^*$, 使得 $\forall x \in X_0, f(x) = 0$, 并且 $f(x_0) = d$. 由于

$x_n \xrightarrow{w} x_0$, 可知 $0 = f(x_n) \to f(x_0) = d$, 故 $d = 0$, 矛盾.

21. 在 Hilbert 空间中, 如果 $x_n \to x$, $y_n \xrightarrow{w} y$, 证明 $\langle x_n, y_n \rangle \to \langle x, y \rangle$.

　　证明　因为 $y_n \xrightarrow{w} y$, 所以由本章的问题 13 可知, $\{y_n\}$ 是有界的点列, 于是存

在常数 $M > 0$, 使得对任意的 n, $\|y_n\| \leqslant M$. 从定理 6.26(1) 知 $\langle x, y_n \rangle \to \langle x, y \rangle$, 故

$$|\langle x_n, y_n \rangle - \langle x, y \rangle| \leqslant |\langle x_n, y_n \rangle - \langle x, y_n \rangle| + |\langle x, y_n \rangle - \langle x, y \rangle|$$

$$= |\langle x_n - x, y_n \rangle| + |\langle x, y_n \rangle - \langle x, y \rangle| \leqslant \|x_n - x\| \|y_n\| + |\langle x, y_n \rangle - \langle x, y \rangle|$$

$$\leqslant M\|x_n - x\| + |\langle x, y_n \rangle - \langle x, y \rangle| \to 0 \quad (n \to \infty).$$

22. 设线性赋范空间 X, Y 中有一个无穷维的, $T : X \to Y$ 是紧线性算子, 则

T 没有有界的逆算子.

证明　设 X 是无穷维的, 如果存在 T 的有界逆算子 $T^{-1} \in \mathscr{B}(Y, X)$, 则根据定理 4.11, X 中的恒等算子 $I_X = T^{-1}T$ 为紧线性算子, 于是 I_X 将 X 中的有界集映成 X 中的相对紧集. 这就是说 X 中的任一有界集必为相对紧集, 由定理 4.17 知, X 为有限维空间, 矛盾.

设 Y 是无穷维的, 如果存在 T 的有界逆算子 $T^{-1} \in \mathscr{B}(Y, X)$, 由于 T^{-1} 将 Y 中的有界集映成 X 的有界集, 故 Y 中的恒等算子 $I_Y = TT^{-1}$ 为紧线性算子, 于是 I_Y 将 Y 中的有界集映成 Y 中的相对紧集. 这就是说 Y 中的任一有界集必为相对紧集, 由定理 4.17 知, Y 为有限维空间, 矛盾.

23. 设 X, Y 都是 Banach 空间, $T: X \to Y$ 是紧线性算子. 如果 Y 是无穷维的, 证明存在 $y \in Y$, 使得方程 $Tx = y$ 无解 (即 T 不是满射).

证明　如果 T 是满射, 那么根据开映射定理 (定理 6.8) 可知, T 是开映射, 于是对于 X 中的一个开球 B, $T(B)$ 是 Y 中的非空开集, 所以 $T(B)$ 存在内点. 而 T 是紧算子, 从而其闭包 $\overline{T(B)}$ 是 Y 中的紧集, 但 Y 是无穷维的, 这与第 4 章习题的第 17 题结论矛盾.

24. 在 $C[0,1]$ 空间中, 证明由 $(Tx)(t) = \int_0^t x(s)\,\mathrm{d}s$ 定义的算子 $T: C[0,1] \to C[0,1]$ 是紧线性算子.

证明　根据本章的问题 3 可知 $T: C[0,1] \to C[0,1]$ 是连续线性算子. 设 Ω 是 $C[0,1]$ 中的有界集, 则存在常数 $M > 0$, 使得 $\forall x \in \Omega$, 有 $\|x\| \leq M$, 于是

$$\left| (Tx)(t) \right| \leq \int_0^t |x(s)|\,\mathrm{d}s \leq \int_0^1 |x(s)|\,\mathrm{d}s \leq \|x\| \leq M, \quad \forall t \in [0,1],$$

所以 $T(\Omega)$ 是一致有界的. 另一方面, $\forall \varepsilon > 0$, 取 $\delta = \dfrac{\varepsilon}{M}$, $\forall x \in \Omega, t_1, t_2 \in [0,1]$, 当 $|t_1 - t_2| < \delta$ 时,

$$\left| (Tx)(t_1) - (Tx)(t_2) \right| \leq \left| \int_{t_2}^{t_1} |x(s)|\,\mathrm{d}s \right| \leq \|x\| \, |t_1 - t_2| < \varepsilon,$$

所以 $T(\Omega)$ 是一致有界的. 根据第 4 章的问题 10 可知, $T(\Omega)$ 是 $C[0,1]$ 中的列紧集, 因此 $T: C[0,1] \to C[0,1]$ 是紧线性算子.

第 7 章

Banach 空间中的微分和积分

一、知识梗概梳理

定义 7.1 设 X,Y 是线性赋范空间, $T:\mathscr{D}(T)\subset X\to Y$, 如果 T 映 $\mathscr{D}(T)$ 上的任一有界集为 Y 中的有界集, 则称 T 是 $\mathscr{D}(T)$ 上的**有界算子**.

定义 7.2 设 X,Y,T 同定义 7.1, $x_0\in\mathscr{D}(T)$. 如果对任意点列 $\{x_n\}\subset\mathscr{D}(T)$, 当 $x_n\to x_0$ 时, 有 $Tx_n\to Tx_0$. 则称 T **在 x_0 处连续**.

若 T 在 $\mathscr{D}(T)$ 中的每一点都连续, 则称 T 是 $\mathscr{D}(T)$ 上的**连续算子**.

定义 7.3 设 X,Y,T 同定义 7.1, 若对任意给定的 $\varepsilon>0$, 存在 $\delta=\delta(\varepsilon)>0$, 当 $x',x''\in\mathscr{D}(T)$ 且 $\|x'-x''\|<\delta$ 时, 有 $\|Tx'-Tx''\|<\varepsilon$, 则称 T 在 $\mathscr{D}(T)$ 上是**一致连续**的.

命题 7.1 设 X,Y 为线性赋范空间, $T:\overline{B}(x_0,r)\subset X\to Y$ 一致连续, 则 T 在 $\overline{B}(x_0,r)$ 上是有界算子.

定义 7.4 设 X,Y,T 同定义 7.1, $x_0\in\mathscr{D}(T)$.

(1) 如果对任意点列 $\{x_n\}\subset\mathscr{D}(T)$, 当 $x_n\to x_0$ 时, 有 $Tx_n\overset{\text{w}}{\to}Tx_0$. 则称 T 在 x_0 处**次连续**.

(2) 如果对任意点列 $\{x_n\}\subset\mathscr{D}(T)$, 当 $x_n\overset{\text{w}}{\to}x_0$ 时, 有 $Tx_n\overset{\text{w}}{\to}Tx_0$. 则称 T 在 x_0 处**弱连续**.

(3) 如果对任意点列 $\{x_n\}\subset\mathscr{D}(T)$, 当 $x_n\overset{\text{w}}{\to}x_0$ 时, 有 $Tx_n\to Tx_0$. 则称 T 在 x_0 处**强连续**.

(4) 设 $Y=X^*$, 如果对任意 $h\in X$, 当 $t_n>0$ 且 $t_n\to 0$, $x_0+t_nh\in\mathscr{D}(T)$ 时, 有 $T(x_0+t_nh)\overset{\text{w}^*}{\to}Tx_0$, 则称 T 在 x_0 处**半连续**.

定义 7.5 设 X, Y 为实线性赋范空间, $T:\mathscr{D}(T)\subset X\to Y$, 且 x_0 是 $\mathscr{D}(T)$ 的内点, $h\in X$. 如果

$$\lim_{t\to 0}\frac{T(x_0+th)-Tx_0}{t}$$

存在, 则称 T 在 x_0 处沿方向 h 可微分. 此时, 称其极限值为 T 在 x_0 处沿方向 h 的

微分, 也称为 T 在 x_0 处沿方向 h 的 G 变分, 记作 $\delta T(x_0)h$, 即

$$\lim_{t \to 0} \frac{1}{t} \| T(x_0 + th) - Tx_0 - t\delta T(x_0)h \| = 0 .$$

若对任何 $h \in X$, $\delta T(x_0)h$ 存在, 则称 T 在 x_0 处有 G 变分. 若在 $\Omega(\subset \mathscr{D}(T))$ 上每一点处有 G 变分, 则称 T 在 Ω 上有 G 变分.

如果

$$\lim_{t \to 0^+} \frac{T(x_0 + th) - T(x_0)}{t} = \delta_+ T(x_0)h$$

或

$$\lim_{t \to 0^-} \frac{T(x_0 + th) - T(x_0)}{t} = \delta_- T(x_0)h$$

存在, 则称 $\delta_+ T(x_0)h$ (或 $\delta_- T(x_0)h$) 为 T 在 x_0 处沿方向 h 的右(左)变分.

命题 7.2　G 变分具有如下性质:

(1) 若对 $h \neq \theta$, $\delta T(x_0)h$ 存在, 则对任意实数 $r \neq 0$, $\delta T(x_0)(rh)$ 存在且

$$\delta T(x_0)(rh) = r\delta T(x_0)(h) .$$

(2) 若 $\delta T(x_0)h$ 存在, 则 $\lim_{t \to 0}(T(x_0 + th) - Tx_0) = \theta$.

(3) 若 $\delta T(x_0)h$ 存在, 则对任何 $g \in Y^*$, $\varphi(t) = (g, T(x_0 + th))$ 在 $t = 0$ 处可微且

$$\frac{\mathrm{d}}{\mathrm{d}t}\varphi(t)\big|_{t=0} = (g, \delta T(x_0)h) .$$

算子 $\delta T(x_0)$ 关于 h 是齐次的, $\delta T(x_0)h$ 的存在蕴涵 T 在 x_0 处沿方向 h 连续. 当 $T : \mathscr{D}(T) \subset X \to X^*$ 在 x_0 处有 G 变分, 即当 $\mathscr{D}(\delta T(x_0)) = X$ 时, T 在 x_0 处半连续.

定理 7.1　设 X, Y 为实线性赋范空间, $T : \mathscr{D}(T) \subset X \to Y$, x_0 是 $\mathscr{D}(T)$ 的内点, 则 T 在 x_0 处有 G 变分的充要条件是: 存在 $V(x_0) : X \to Y$ 及 $Q(x_0) : \mathscr{D}(Q(x_0))$ $\to Y$, 当 $x_0 + h \in \mathscr{D}(T)$ 时, 有 $T(x_0 + h) - Tx_0 = V(x_0)h + Q(x_0)h$, 其中

$$V(x_0)(rh) = rV(x_0)h \quad (r \neq 0, \theta \neq h \in X),$$

$\frac{1}{t}\|Q(x_0)(th)\| \to 0 (t \to 0, h \in X)$, 即 $\|Q(x_0)(th)\| = o(t)$.

定理 7.2 (Lagrange 公式)　设 X 为实线性赋范空间, $\Omega \subset X$ 是凸开集, 泛函 $\varphi : \Omega \to \mathbf{R}$ 在 Ω 上有 G 变分, 则对任意 $x \in \Omega$ 及 $h \in X$, 当 $x + h \in \Omega$ 时, 存在 $\tau = \tau(x,h) \in (0,1)$, 满足 $\varphi(x + h) - \varphi(x) = \delta\varphi(x + \tau h)h$.

定理 7.3　设 X, Y 为实线性赋范空间, $\Omega \subset X$ 是凸开集, $T : \Omega \to Y$ 在 Ω 上有 G 变分, 则对任意 $x \in \Omega$, $h \in X$ 及 $e \in Y^*$, 当 $x + h \in \Omega$ 时, 存在 $\tau = \tau(x,h,e) \in (0, 1)$, 使得 $(e, T(x + h) - Tx) = (e, \delta T(x + \tau h)h)$.

定义 7.6　设 X, Y, T, x_0 同定理 7.1, 如果算子 T 在 x_0 处有 G 变分且满足 $\delta T(x_0) \in \mathscr{B}(X, Y)$, 则称 **$T$ 在 x_0 处 G 可微分**. 记 $\mathrm{d}T(x_0) = \delta T(x_0)$, 称 $\mathrm{d}T(x_0)$ 是 T **在 x_0 处的 G 导算子**, 亦可记作 $T'(x_0)$, 而 $\mathrm{d}T(x_0)h$ 称为 **G 微分**. 若 $\forall x \in \Omega$, T 在 x 处 G 可微分, 则称 **T 在 Ω 上 G 可微分**. G 微分是 Gâteaux 微分的缩写.

$\mathrm{d}T : \mathscr{D}(\mathrm{d}T) \subset \mathscr{D}(T) \to \mathscr{B}(X, Y)$, 即当 $x \in \mathscr{D}(\mathrm{d}T) \subset X$ 时, $\mathrm{d}T(x) \in \mathscr{B}(X, Y)$. 称 $\mathrm{d}T$ 为 T 的 **G 导映射**. 特别地, 对泛函 $\varphi : \mathscr{D}(\varphi) \subset X \to \mathbf{R}$, 称 $\mathrm{d}\varphi(x_0)$ 为 φ 在 x_0 处的梯度, 记作 $\mathrm{grad}\,\varphi(x_0)$.

定理 7.4　设 X, Y 为实线性赋范空间, $T : \mathscr{D}(T) \subset X \to Y$, x_0 是 $\mathscr{D}(T)$ 的内点. 则 T 在 x_0 处 G 可微的充要条件是存在 $a(x_0) \in \mathscr{B}(X, Y)$ 及 $q(x_0) : \mathscr{D}(q(x_0)) \to Y$, 当 $x_0 + h \in \mathscr{D}(T)$ 时, 有

$$T(x_0 + h) - Tx_0 = a(x_0)h + q(x_0)h,$$

其中 $\dfrac{1}{t}\|q(x_0)(th)\| \to 0$ $(t \to 0)$, 即 $\|q(x_0)(th)\| = o(t)$.

定理 7.5　设 X, Y 为实线性赋范空间, $\Omega \subset X$ 是凸开集, $T : \Omega \to Y$ 在 Ω 上 G 可微分, 则对任意 $x \in \Omega$ 及 $h \in X$, 当 $x + h \in \Omega$ 时, 存在 $\tau = \tau(x, h) \in (0, 1)$, 满足

$$\|T(x + h) - Tx\| \leqslant \|\mathrm{d}T(x + \tau h)\| \cdot \|h\|.$$

定义 7.7　设 X, Y 是实线性赋范空间, $T : \mathscr{D}(T) \subset X \to Y$, x_0 是 $\mathscr{D}(T)$ 的内点. 如果存在 $\mathrm{D}T(x_0) \in \mathscr{B}(X, Y)$, 满足

$$\lim_{\|h\| \to 0} \frac{1}{\|h\|} \|T(x_0 + h) - Tx_0 - \mathrm{D}T(x_0)h\| = 0,$$

则称 **T 在 x_0 处 Fréchet 可微分**(简称 F 可微). 称 $\mathrm{D}T(x_0)$ 为 T 在 x_0 处的 **Fréchet 导算子**(简称 F 导算子), 而称 $\mathrm{D}T(x_0)h$ 是 T 在 x_0 处的 **F 微分**. 若 $\Omega \subset X$ 并且 T 在 Ω 上每一点是 F 可微分, 则称 **T 在 Ω 上 F 可微分**.

$\mathrm{D}T : \mathscr{D}(\mathrm{D}T) \subset \mathscr{D}(T) \to \mathscr{B}(X, Y)$, 称 $\mathrm{D}T$ 是算子 T 的 **F 导映射**. 有时也把 $\mathrm{D}T(x_0)$ 记作 $T'(x_0)$.

如果导映射 $\mathrm{D}T$ 在 x_0 处连续, 则称映射 **T 在 x_0 处连续可微**.

定理 7.6　设 X, Y, T, x_0 同定义 7.7, 则 T 在 x_0 处 F 可微分的充要条件是存在 $A(x_0) \in \mathscr{B}(X, Y)$ 及 $R(x_0) : \mathscr{D}(R(x_0)) \to Y$, 对 $h \in X$, 当 $x_0 + h \in \mathscr{D}(T)$ 时, 满足

$$T(x_0 + h) - Tx_0 = A(x_0)h + R(x_0)h$$

其中 $\dfrac{1}{\|h\|}\|R(x_0)h\| \to 0$ $(\|h\| \to 0)$, 即 $\|R(x_0)h\| = o(\|h\|)$.

命题 7.3　设 X, Y 为实线性赋范空间, $T : \mathscr{D}(T) \subset X \to Y$ 在 x_0 处的 F 可微分, 则 T 在 x_0 处 G 可微分且 $\mathrm{d}T(x_0) = \mathrm{D}T(x_0)$.

定理 7.7　设 X, Y 为实线性赋范空间, $\Omega \subset X$ 是凸开集, $T: \Omega \to Y$ 在 Ω 上 G 可微分, 且 G 导映射 $\mathrm{d}T$ 在 Ω 上连续, 则 T 在 Ω 上 F 可微且 $\mathrm{D}T = \mathrm{d}T$.

命题 7.4　设 X, Y 为实线性赋范空间, $T: \mathscr{D}(T) \subset X \to Y$ 在 $x_0 \in \mathscr{D}(T)$ 处 F 可微分, 则 T 在 x_0 处连续.

定理 7.8 (链锁规则)　设 X, Y, Z 为实线性赋范空间, $T_1: \mathscr{D}(T_1) \subset X \to Y$ 在 x_0 处 G 可微分且 $T_1 x_0 \in \mathscr{D}(T_2)$, $T_2: \mathscr{D}(T_2) \subset Y \to Z$ 在 $T_1 x_0$ 处 F 可微分, 则

$$T = T_2 T_1: \mathscr{D}(T) \subset \mathscr{D}(T_1) \to Z$$

在 x_0 处 G 可微分且 $\mathrm{d}T(x_0) = \mathrm{D}T_2(T_1 x_0) \circ \mathrm{d}T_1(x_0)$. 此外, 若 T_1 是 F 可微, 则 T 也是 F 可微分的, 且 $\mathrm{D}T(x_0) = \mathrm{D}T_2(T_1 x_0) \circ \mathrm{D}T_1(x_0)$.

命题 7.5　设 X, Y 是实线性赋范空间.

(1) 设 $U \subset X$ 是开集, $x_0 \in U$, T, $S: U \to Y$ 在 x_0 处 F 可微(G 可微), 则对任何实数 a, b, $aT + bS$ 在 x_0 处 F 可微(G 可微)且

$$\mathrm{D}(aT + bS)(x_0) = a\mathrm{D}T(x_0) + b\mathrm{D}S(x_0)$$

或

$$\mathrm{d}(aT + bS)(x_0) = a\mathrm{d}T(x_0) + b\mathrm{d}S(x_0).$$

(2) 常值映射的导映射是 θ, 即 $\forall x \in X$, 有 $Tx = y_0$, 这里 $y_0 \in Y$, 则 $\mathrm{D}T(x) = \theta$.

(3) 若 $A \in \mathscr{B}(X, Y)$, 则 A 在 X 上 F 可微且 $\mathrm{D}A(x) = A$ 或 $\mathrm{D}A$ 为取值为 A 的常值映射.

定义 7.8　设 X 为实线性赋范空间, 算子 $x: [a, b] \to X$ 称为**抽象函数**(即自变量为实数, 取值在线性赋范空间 X 中的算子).

设 X 为实线性赋范空间, $x: I = [a, b] \to X$ 为一抽象函数, 作区间 I 上的划分 $T: a = t_0 < t_1 < \cdots < t_n = b$. 任取 $\xi_i \in [t_{i-1}, t_i]$, 构造和 $S(T) = \sum_{i=1}^{n} x(\xi_i)(t_i - t_{i-1})$, 称 $S(T)$ 是 Riemann 和. 记 $\omega(T) = \max_{1 \leqslant i \leqslant n} |t_i - t_{i-1}|$, 若

$$\lim_{\omega(T) \to 0} S(T) = \lim_{\omega(T) \to 0} \sum_{i=1}^{n} x(\xi_i)(t_i - t_{i-1}) = J,$$

则称 $x(t)$ 在区间 I 上 Riemann **可积**, 简称(R)**可积**, 而 J 称为 $x(t)$ 在 $[a, b]$ 上的(R)积分, 记为 $J = \int_a^b x(t)\mathrm{d}t$. 用 "$\varepsilon$-$\delta$" 的语言描述: 若存在 $J \in X$, $\forall \varepsilon > 0$, 存在 $\delta > 0$, 对 I 的任意划分 T, 当 $\omega(T) < \delta$ 时, 不论 ξ_i 是怎样取法, 总有 $\|S(T) - J\| < \varepsilon$, 则称 $x(t)$ 在 I 上(R)可积.

定理 7.9　设 X 为实 Banach 空间, $x(t)$ 在 $[a, b]$ 上连续, 则 $x(t)$ 在 $[a, b]$ 上(R)

可积.

以下设 X 是实 Banach 空间, $I = [a,b]$, $C(I,X)$ 是 I 到 X 的连续抽象函数的全体.

命题 7.6 设 $x \in C(I,X)$, 则

$$\left\| \int_a^b x(t)\mathrm{d}t \right\| \leqslant \int_a^b \|x(t)\| \mathrm{d}t \leqslant (b-a)\max_{t \in I} \|x(t)\|.$$

命题 7.7 设 $x_n \in C(I,X)$, $x_n(t)$ 在 I 上一致收敛于 $x(t)$, 则 $x \in C(I,X)$ 且

$$\lim_{n \to \infty} \int_a^b x_n(t)\mathrm{d}t = \int_a^b x(t)\mathrm{d}t.$$

命题 7.8 设 $x \in C(I,X)$, 记

$$y(t) = \int_a^t x(s)\mathrm{d}s \quad (t \in I),$$

则 $y(t)$ 在 I 上 F 可微分且

$$\frac{\mathrm{d}}{\mathrm{d}t} y(t) = x(t).$$

定理 7.10 设 X 是实 Banach 空间, $x: (a,b) \subset \mathbf{R} \to X$ 在 (a,b) 上具有连续的 F 导映射, 则

$$\int_c^d x'(s)\mathrm{d}s = x(d) - x(c),$$

其中 $[c,d] \subset (a,b)$.

设 $X_1, X_2, \cdots, X_n, Y$ 是 $n+1$ 个实线性赋范空间.

定义 7.9 设 $A: X_1 \times \cdots \times X_n \to Y$, 其中 $X_1 \times \cdots \times X_n$ 中的范数为

$$\|(x_1, x_2, \cdots, x_n)\| = \max_{1 \leqslant i \leqslant n} \|x_i\|_i \quad \forall (x_1, x_2, \cdots, x_n) \in X_1 \times \cdots \times X_n$$

(或等价范数 $\|(x_1, x_2, \cdots, x_n)\| = \|x_1\|_1 + \|x_2\|_2 + \cdots + \|x_n\|_n$, 这里 $\|\cdot\|_i$ 表示 X_i 中的范数 $(i = 1, 2, \cdots, n)$). 如果对任意给定的 $(x_1, \cdots, x_{i-1}, x_{i+1}, \cdots, x_n)$,

$$A_i x = A(x_1, \cdots, x_{i-1}, x, x_{i+1}, \cdots, x_n)$$

是 X_i 到 Y 的线性算子 $(i = 1, 2, \cdots, n)$, 则称 A 为 n **线性算子**. 若存在常数 $M \geqslant 0$, 满足

$$\|A(x_1, x_2, \cdots, x_n)\| \leqslant M \|x_1\|_1 \cdots \|x_n\|_n, \quad \forall (x_1, x_2, \cdots, x_n) \in X_1 \times \cdots \times X_n,$$

则称 A 是**有界 n 线性算子**. A 的范数

$$\|A\| = \sup_{\|x_1\|_1 \leqslant 1, \cdots, \|x_n\|_n \leqslant 1} \|A(x_1, x_2, \cdots, x_n)\|.$$

记 $\mathscr{B}(X_1,\cdots,X_n;Y)$ 是从 $X_1\times\cdots\times X_n$ 到 Y 的全体有界 n 线性算子, 按通常的算子加法、数乘及上述算子范数, 也构成实线性赋范空间. 若 Y 是 Banach 空间, 则 $\mathscr{B}(X_1,\cdots,X_n;Y)$ 也为 Banach 空间. 记

$$\mathscr{B}_1(X,Y)=\mathscr{B}(X,Y),\quad \mathscr{B}_2(X,Y)=\mathscr{B}(X,\mathscr{B}_1(X,Y)),\quad\cdots,$$
$$\mathscr{B}_n(X,Y)=\mathscr{B}(X,\mathscr{B}_{n-1}(X,Y)).$$

当 $X_1=\cdots=X_n=X$ 时, 下面我们来考虑 $\mathscr{B}(X,\cdots,X;Y)$ 与 $\mathscr{B}_n(X,Y)$ 的关系.

定理 7.11　空间 $\mathscr{B}(\overbrace{X,\cdots,X}^{n};Y)$ 与空间 $\mathscr{B}_n(X,Y)$ 等距同构.

定义 7.10　设 X,Y 为实线性赋范空间, Ω 是开集, $T:\Omega\subset X\to Y$. T 在 Ω 上 F 可微分(G 可微分), $x_0\in\Omega$. 如果 T 的 F 导映射 $\mathrm{D}T$ (G 导映射 $\mathrm{d}T$)在 x_0 处仍 F 可微分(G 可微分), 则称 T 在 x_0 处二阶 F 可微分(**二阶 G 可微分**), $\mathrm{D}^2T=\mathrm{D}(\mathrm{D}T)$ 记为 T 的二阶 F 导映射, $\mathrm{d}^2T=\mathrm{d}(\mathrm{d}T)$ 记为 T 的二阶 G 导映射.

符号 $\mathrm{D}^2T(x_0)(h_1,h_2)$ 表示 $(\mathrm{D}^2T(x_0)h_1)h_2$, $\mathrm{d}^2T(x_0)(h_1,h_2)$ 表示 $(\mathrm{d}^2T(x_0)h_1)h_2$, 其中 $h_1,h_2\in X$. $\mathrm{D}^2T(x_0):X\times X\to Y$; $\mathrm{D}^2T(x_0)(h_1,h_2)$ 关于 (h_1,h_2) 是有界双线性的.

可归纳地定义 n 阶微分 $\mathrm{D}^nT(x_0)(h_1,\cdots,h_n)$, 且 $\mathrm{D}^nT(x_0)(h_1,\cdots,h_n)$ 关于 $(h_1,\cdots,h_n)$ 是有界 n 线性的, 即 $\mathrm{D}^nT(x_0)\in\mathscr{B}(\overbrace{X,\cdots,X}^{n};Y)$. 类似地 $\mathrm{d}^nT(x_0)(h_1,\cdots,h_n)$.

定理 7.12　设 X,Y 为实线性赋范空间, Ω 是开集, $T:\Omega\subset X\to Y$, $x_0\in\Omega$, T 在 x_0 处 n 阶 F 可微分, 则

$$\mathrm{D}^nT(x_0)(h_1,\cdots,h_n)=\mathrm{D}^nT(x_0)(h_{p(1)},\cdots,h_{p(n)}),$$

其中 $(p(1),\cdots,p(n))$ 是 $(1,\cdots,n)$ 的任一排列.

记 $\mathrm{D}^nT(x)(h,\cdots,h)=\mathrm{D}^nT(x)h^n$.

定理 7.13(Taylor 公式)　设 X,Y 皆为实线性赋范空间, $T\in C^{n+1}(\Omega,Y)$, 即 T 有连续的 $n+1$ 阶 F 导映射, 其中 Ω 是 X 的凸开集. 则对于任意的 $x_0\in\Omega$ 及 $h\in X$, 当 $x_0+h\in\Omega$ 时, 有

$$T(x_0+h)=Tx_0+\mathrm{D}T(x_0)h+\cdots+\frac{1}{n!}\mathrm{D}^nT(x_0)h^n+\frac{1}{n!}\int_0^1(1-t)^n\mathrm{D}^{n+1}T(x_0+th)h^{n+1}\mathrm{d}t.$$

定理 7.14(隐函数定理)　设 X,Y,Z 是 Banach 空间, Ω 是乘积空间 $X\times Y$ 中的开集, $F(x,y)$ 在点 $(x_0,y_0)\in\Omega$ 的某邻域内连续, $F(x_0,y_0)=\theta$. 对固定的 $x\in\Omega$, $F(x,y)$ 关于 $y\in\Omega$ 的 F 导算子 $F_y'(x,y)$ 存在, 且 $F_y'(x,y)$ 在点 (x_0,y_0) 连续. 如果 $F_y'(x_0,y_0):Y\to Z$ 具有有界的逆(即 $F_y'(x_0,y_0)$ 是 Y 与 Z 间的同胚映射), 则存

在 $r>0$，$\tau>0$，使得当 $\|x-x_0\|<r$ 时，方程 $F(x,y)=\theta$ 在 $\|y-y_0\|<\tau$ 内有唯一解 $y=Tx$，$y_0=Tx_0$，且 Tx 在球 $\|x-x_0\|<r$ 内连续.

定理 7.15　在定理 7.14 的条件下，进一步假设在 (x_0,y_0) 的某邻域内，F 导算子 $F_x'(x,y)$ 与 $F_y'(x,y)$ 都存在且连续，则可取 $r>0$，$\tau>0$，使定理 7.14 结论中的 $y=Tx$ 在 $\|x-x_0\|<r$ 中具有连续的 F 导算子 $T'(x)$，且成立

$$T'(x)=-[F_y'(x,Tx)]^{-1}F_x'(x,Tx).$$

定理 7.16 (反函数定理)　设 X,Y 是 Banach 空间，设 $x_0\in D$，D 是 X 中的开集. $T:D\to Y$ 是 F 可微的，$T'(x)$ 在点 x_0 处连续且 $T'(x_0)$ 具有有界逆（即 $T'(x_0)$ 是 X 与 Y 的同胚映像），则 T 在点 x_0 处局部同胚（即存在 x_0 的邻域 $U(x_0)$ 及 $y_0=Tx_0$ 的邻域 $V(y_0)$，使 T 在 $U(x_0)$ 上的限制是 $U(x_0)$ 到 $V(y_0)$ 的同胚映像）.

推论　在定理 7.16 的条件下，若再设 $T'(x)$ 在 D 中连续，那么 $T(x)$ 在 x_0 处局部微分同胚(即存在 x_0 的邻域 $U(x_0)$ 及 $y_0=Tx_0$ 的邻域 $V(y_0)$，使 T 在 $U(x_0)$ 上的限制是 $U(x_0)$ 与 $V(y_0)$ 间的同胚映像，并且 T 在 $U(x_0)$ 内具有连续的 F 导算子，T^{-1} 在 $V(y_0)$ 上也具有连续的 F 导算子).

二、典型问题讨论

问题 1.　设 X,Y 是线性赋范空间，本章讨论的算子 $T:\mathscr{D}(T)\subset X\to Y$ 没有要求其是线性的，所以对于其定义域 $\mathscr{D}(T)$ 也没有要求是 X 的线性子空间.

问题 2.　无穷维线性赋范空间中有界闭集上的连续泛函不一定有界.

记 $X=l^2$，$Y=\mathbf{R}$，对 $x=(\eta_1,\eta_2,\cdots,\eta_m,\cdots)\in X$，定义泛函 $f:X\to Y$ 为

$$f(x)=\sum_{|\eta_m|\geqslant 1}(|\eta_m|-1)m=\sum_{m=1}^{\infty}r_m m,$$

其中 $r_m=\max\{|\eta_m|-1,0\}$. $\forall x\in X$，因为 $\sum_{m=1}^{\infty}|\eta_m|^2<+\infty$，所以 $\lim_{m\to\infty}|\eta_m|=0$，从而当 m 充分大时，$|\eta_m|<1$. 故泛函 $f(x)$ 仅对有限项求和，可见 f 在 X 上有定义. 下面说明 f 在 X 上连续.

设 $x_n=(\eta_1^{(n)},\eta_2^{(n)},\cdots,\eta_m^{(n)},\cdots)\in X$ $(n=0,1,2,\cdots)$，$x_n\to x_0$，则

$$f(x_n)=\sum_{|\eta_m^{(n)}|\geqslant 1}(|\eta_m^{(n)}|-1)m=\sum_{m=1}^{\infty}r_m^{(n)}m \quad (n=0,1,2,\cdots),$$

其中 $r_m^{(n)} = \max\left\{\left|\eta_m^{(n)}\right| - 1, 0\right\}$ $(n = 0, 1, 2, \cdots)$. 由于 $\sum\limits_{m=1}^{\infty}\left|\eta_m^{(0)}\right|^2 < +\infty$，$\lim\limits_{m\to\infty}\left|\eta_m^{(0)}\right| = 0$，于是

存在 $m_0 \in \mathbf{N}$，当 $m > m_0$ 时，$\left|\eta_m^{(0)}\right| < \dfrac{1}{2}$. 再由 $x_n \to x_0$，存在 $N_0 \in \mathbf{N}$，当 $n > N_0$ 时，

$\forall m \in \mathbf{N}, \left|\eta_m^{(n)} - \eta_m^{(0)}\right| \leqslant \|x_n - x_0\| < \dfrac{1}{2}$. 从而当 $n > N_0$，$m > m_0$ 时，

$$\left|\eta_m^{(n)}\right| < \frac{1}{2} + \left|\eta_m^{(0)}\right| < 1,$$

即 $r_m^{(n)} = 0$.

另外，对于给定的 m $(1 \leqslant m \leqslant m_0)$，若 $\left|\eta_m^{(0)}\right| < 1$，存在 $N_m \in \mathbf{N}$，当 $n > N_m$ 时，

$$\left|\eta_m^{(n)} - \eta_m^{(0)}\right| \leqslant \|x_n - x_0\| < 1 - \left|\eta_m^{(0)}\right|, \quad \left|\eta_m^{(n)}\right| - \left|\eta_m^{(0)}\right| \leqslant \|x_n - x_0\| < 1 - \left|\eta_m^{(0)}\right|,$$

故 $\left|\eta_m^{(n)}\right| < 1$，此时

$$\left|r_m^{(n)} - r_m^{(0)}\right| = 0 \leqslant \left\|\left|\eta_m^{(n)}\right| - \left|\eta_m^{(0)}\right|\right\|;$$

若 $\left|\eta_m^{(0)}\right| > 1$，存在 $N_m \in \mathbf{N}$，当 $n > N_m$ 时，

$$\left|\eta_m^{(n)} - \eta_m^{(0)}\right| \leqslant \|x_n - x_0\| < \left|\eta_m^{(0)}\right| - 1, \quad \left|\eta_m^{(0)}\right| - \left|\eta_m^{(n)}\right| \leqslant \|x_n - x_0\| < \left|\eta_m^{(0)}\right| - 1,$$

故 $\left|\eta_m^{(n)}\right| > 1$，此时

$$\left|r_m^{(n)} - r_m^{(0)}\right| = \left\|\left|\eta_m^{(n)}\right| - \left|\eta_m^{(0)}\right|\right\|;$$

若 $\left|\eta_m^{(0)}\right| = 1$，取 $N_m = N_0$，当 $n > N_m$ 时，或者 $\left|\eta_m^{(n)}\right| \geqslant 1$，则

$$\left|r_m^{(n)} - r_m^{(0)}\right| = \left\|\left|\eta_m^{(n)}\right| - 1\right\| = \left\|\left|\eta_m^{(n)}\right| - \left|\eta_m^{(0)}\right|\right\|,$$

或者 $\left|\eta_m^{(n)}\right| < 1$，则

$$\left|r_m^{(n)} - r_m^{(0)}\right| = 0 \leqslant \left\|\left|\eta_m^{(n)}\right| - \left|\eta_m^{(0)}\right|\right\|.$$

令 $N = \max\left\{N_0, N_1, N_2, \cdots, N_{m_0}\right\}$，于是当 $n > N$ 时，

$$\left|f(x_n) - f(x_0)\right| = \left|\left(\sum_{m=1}^{m_0} r_m^{(n)} m\right) - \left(\sum_{m=1}^{m_0} r_m^{(0)} m\right)\right|$$

$$\leqslant \sum_{m=1}^{m_0}\left|r_m^{(n)} - r_m^{(0)}\right| m \leqslant \sum_{m=1}^{m_0}\left\|\left|\eta_m^{(n)}\right| - \left|\eta_m^{(0)}\right|\right\| m \leqslant m_0 \sum_{m=1}^{m_0}\left|\eta_m^{(n)} - \eta_m^{(0)}\right|$$

$$\leqslant m_0 \sqrt{m_0}\left(\sum_{m=1}^{m_0}\left|\eta_m^{(n)} - \eta_m^{(0)}\right|^2\right)^{\frac{1}{2}} \leqslant m_0^{\frac{3}{2}}\|x_n - x_0\|,$$

f 在 $x_0 \in X$ 处连续. 而 x_0 是 X 中任意一点, 故 f 在 X 上连续.

下面证明 f 在 X 上不是有界算子. 事实上, 任取 $\varepsilon_0 > 0$, 令 $\eta_m^{(n)} = (1+\varepsilon_0)\delta_{mn}$, $x_n = (\eta_1^{(n)}, \eta_2^{(n)}, \cdots, \eta_m^{(n)}, \cdots)$, 其中 $\delta_{mn} = 1(m = n)$, $\delta_{mn} = 0(m \neq n)$, 那么

$$\{x_n\} \subset \overline{B}(\theta, 1+\varepsilon_0) = \{x \in X \mid \|x\| \leqslant 1+\varepsilon_0\},$$

其中 θ 表示 l^2 中的零元素. 而 $f(x_n) = n\varepsilon_0 \to \infty(n \to \infty)$, 由于 $\overline{B}(\theta, 1+\varepsilon_0)$ 是有界闭集, 故 f 无界.

问题 3. 由命题 7.1 可知, 如果 X, Y 为线性赋范空间, $T: \overline{B}(x_0, r) \subset X \to Y$ 一致连续, 则 T 在 $\overline{B}(x_0, r)$ 上是有界算子. 实际上, 若 Ω 是 X 的有界凸集, $T: \Omega \to Y$ 一致连续, 则 T 在 Ω 上是有界算子. 下面我们给出证明.

因为 Ω 是有界集, 所以 $\sup\limits_{x,y \in \Omega} \|x - y\| = r < +\infty$. 由于 $T: \Omega \to Y$ 一致连续, 则存在 $\delta > 0$, 当 $x', x'' \in \Omega$ 且 $\|x' - x''\| < \delta$ 时, 有 $\|Tx' - Tx''\| < 1$. 取 $n_0 \in \mathbf{N}$, 使得 $\dfrac{r}{n_0} < \delta$. 设 $x_0 \in \Omega$, $\forall x \in \Omega$, 令 $x_i = \dfrac{i}{n_0}x + \left(1 - \dfrac{i}{n_0}\right)x_0 (i = 0, 1, \cdots, n_0)$, 则根据 Ω 是凸集, $x_i \in \Omega$. 另外 $\|x_{i+1} - x_i\| = \dfrac{1}{n_0}\|x - x_0\| \leqslant \dfrac{r}{n_0} < \delta$, 从而有 $\|Tx_{i+1} - Tx_i\| < 1$ $(i = 0, 1, \cdots, n_0 - 1)$. 因此

$$\|Tx\| \leqslant \|Tx - Tx_0\| + \|Tx_0\| \leqslant \sum_{i=0}^{n_0-1}\|Tx_{i+1} - Tx_i\| + \|Tx_0\| \leqslant n_0 + \|Tx_0\|,$$

即 T 为有界算子.

但是, 如果 Ω 是 X 的有界闭集, $T: \Omega \to Y$ 一致连续, 那么 T 在 Ω 上不一定是有界算子. 例如考虑实空间 $X = l^2$, $\{e_n = (\underbrace{0, \cdots, 0}_{(n-1)\uparrow}, 1, 0, \cdots) \mid n = 1, 2, 3, \cdots\}$ 是标准正交系. 记 $\Omega = \bigcup\limits_{n=1}^{\infty}\Omega_n$, 其中 $\Omega_n = \{x = te_{n+1} + (1-t)e_n \mid 0 \leqslant t \leqslant 1\}$, 则 Ω 是有界闭集.

事实上, $\forall x \in \Omega$, $\|x\| \leqslant 1$, 即 Ω 是有界集. 设 $\{x_m\} \subset \Omega$, $x_m \to x_0 \in l^2$. 如果存在 $n_0 \in \mathbf{N}$ 以及子列 $\{x_{m_k}\} \subset \Omega_{n_0}$, 则 $x_{m_k} = t_{m_k}e_{n_0+1} + (1-t_{m_k})e_{n_0}$. 由于 $\{t_{m_k}\}$ 有收敛的子列, 不妨设其本身收敛, 即 $t_{m_k} \to t_0 \in [0,1]$, 则

$$x_{m_k} \to t_0 e_{n_0+1} + (1-t_0)e_{n_0} = x_0 \in \Omega_{n_0} \subset \Omega.$$

否则, $\forall n \in \mathbf{N}$, Ω_n 中只含有 $\{x_m\}$ 有限个点. 令 $m_1 = \min\{n \in \mathbf{N} \mid x_1 \in \Omega_n\}$, 记 $\overline{x}_{m_1} = x_1$, 则 $\overline{x}_{m_1} \in \Omega_{m_1}$; 令

$$m_2 = \min\{n \in \mathbf{N} \mid \Omega_n \bigcap \{x_2, x_3, \cdots\} \neq \varnothing, n > m_1\},$$

在 $\Omega_{m_2} \bigcap \{x_2, x_3, \cdots\}$ 中取一个元素 $x_{m_2'}$, 记 $\overline{x}_{m_2} = x_{m_2'}$, 则 $\overline{x}_{m_2} \in \Omega_{m_2}$; 令

$$m_3 = \min\left\{n \in \mathbf{N} \mid \Omega_n \bigcap \{x_{m_2'+1}, x_{m_2'+2}, \cdots\} \neq \varnothing,\ n > m_2\right\},$$

在 $\Omega_{m_3} \bigcap \{x_{m_2'+1}, x_{m_2'+2}, \cdots\}$ 中取一个元素 $x_{m_3'}$, 记 $\overline{x}_{m_3} = x_{m_3'}$, 则 $\overline{x}_{m_3} \in \Omega_{m_3}$. 依此下去, 于是存在 $\{x_m\}$ 的子列 $\{\overline{x}_{m_k}\}$, $\overline{x}_{m_k} = t_{m_k} e_{m_k+1} + (1 - t_{m_k}) e_{m_k} \in \Omega_{m_k}$, 并且 $\overline{x}_{m_k} \to x_0$.

令 $x_0 = (\xi_1, \xi_2, \cdots, \xi_n, \cdots) \in l^2$, 则存在 $N_1 \in \mathbf{N}$, 当 $n \geqslant N_1$ 时, $|\xi_n| < \dfrac{1}{16}$. 因为 $\overline{x}_{m_k} \to x_0$, 所以存在 $N > N_1$, 当 $k > N$ 时, 有 $\left\|\overline{x}_{m_k} - x_0\right\| < \dfrac{1}{2}$. 但是

$$
\begin{aligned}
\left\|\overline{x}_{m_k} - x_0\right\|^2 &\geqslant \left|t_{m_k} - \xi_{m_k+1}\right|^2 + \left|1 - t_{m_k} - \xi_{m_k}\right|^2 \\
&= t_{m_k}^2 - 2 t_{m_k} \xi_{m_k+1} + \xi_{m_k+1}^2 + \left(1 - t_{m_k}\right)^2 - 2\left(1 - t_{m_k}\right)\xi_{m_k} + \xi_{m_k}^2 \\
&\geqslant t_{m_k}^2 - 2 t_{m_k} \xi_{m_k+1} + \left(1 - t_{m_k}\right)^2 - 2\left(1 - t_{m_k}\right)\xi_{m_k} \\
&\geqslant t_{m_k}^2 + \left(1 - t_{m_k}\right)^2 - \frac{1}{4} \geqslant \frac{1}{4},
\end{aligned}
$$

这与 $\left\|\overline{x}_{m_k} - x_0\right\| < \dfrac{1}{2}$ 矛盾.

因此一定存在 $n_0 \in \mathbf{N}$ 以及子列 $\{x_{m_k}\} \subset \Omega_{n_0}$, 从而 $x_0 \in \Omega$, 即 Ω 是有界闭集.

定义 Ω 上的泛函 $\varphi(t e_{n+1} + (1-t) e_n) = n + t$ $(n = 1, 2, \cdots;\ 0 \leqslant t \leqslant 1)$, 则 φ 在 Ω 上无界. 然而 φ 在 Ω 上是一致连续的. 事实上, $\forall \varepsilon > 0$, 取 $\delta > 0$ 满足 $\delta < \min\left\{\dfrac{\varepsilon}{\sqrt{2}}, 1\right\}$, 设 $x_1, x_2 \in \Omega$, 并且 $\|x_1 - x_2\| < \delta$, 记 $x_1 = t_1 e_{n_1+1} + (1 - t_1) e_{n_1}$, $x_2 = t_2 e_{n_2+1} + (1 - t_2) e_{n_2}$.

如果 $n_1 = n_2$, 那么 $\|x_1 - x_2\| = \sqrt{2}|t_1 - t_2| < \delta$, 于是

$$\left|\varphi(x_1) - \varphi(x_2)\right| = \left|n_1 - n_2 + t_1 - t_2\right| = \left|t_1 - t_2\right| < \frac{\delta}{\sqrt{2}} < \varepsilon.$$

如果 $n_1 = n_2 + 1$, 那么

$$
\begin{aligned}
\delta^2 > \|x_1 - x_2\|^2 &= t_1^2 + \left(1 - t_1 - t_2\right)^2 + \left(1 - t_2\right)^2 \\
&= \frac{1}{2} t_1^2 + \frac{1}{2}\left(1 - t_2\right)^2 + \frac{3}{2} t_1^2 + \frac{3}{2}\left(1 - t_2\right)^2 - 2 t_1\left(1 - t_2\right) \\
&\geqslant \frac{1}{2} t_1^2 + \frac{1}{2}\left(1 - t_2\right)^2 + 3 t_1\left(1 - t_2\right) - 2 t_1\left(1 - t_2\right) \\
&= \frac{1}{2} t_1^2 + \frac{1}{2}\left(1 - t_2\right)^2 + t_1\left(1 - t_2\right) = \frac{1}{2}\left(1 + t_1 - t_2\right)^2,
\end{aligned}
$$

于是 $\left|\varphi(x_1) - \varphi(x_2)\right| = \left|n_1 - n_2 + t_1 - t_2\right| = \left|1 + t_1 - t_2\right| < \sqrt{2}\delta < \varepsilon$.

如果 $n_1 > n_2 + 1$，那么 $\left\|x_1 - x_2\right\|^2 = t_1^2 + (1 - t_1)^2 + t_2^2 + (1 - t_2)^2 \geqslant \dfrac{1}{2} + \dfrac{1}{2} = 1$，不满足 $\left\|x_1 - x_2\right\| < \delta$.

问题 4. 设 X 是实线性赋范空间，$\varphi(x) = \|x\|$，$x \in X$，则 $\forall h \in X$，φ 在 x 处沿方向 h 的右变分 $\delta_+\varphi(x)h$ 和左变分 $\delta_-\varphi(x)h$ 都存在，并且 $\delta_-\varphi(x)h \leqslant \delta_+\varphi(x)h$.

证明　如果 $0 < t_1 < t_2$，那么 $\forall h \in X$，

$$\frac{\varphi(x + t_1 h) - \varphi(x)}{t_1} = \frac{\|x + t_1 h\| - \|x\|}{t_1} = \frac{\left\|\left(1 - \dfrac{t_1}{t_2}\right)x + \dfrac{t_1}{t_2}(x + t_2 h)\right\| - \|x\|}{t_1}$$

$$\leqslant \frac{\left(1 - \dfrac{t_1}{t_2}\right)\|x\| + \dfrac{t_1}{t_2}\|x + t_2 h\| - \|x\|}{t_1} = \frac{\dfrac{t_1}{t_2}\|x + t_2 h\| - \dfrac{t_1}{t_2}\|x\|}{t_1} = \frac{\varphi(x + t_2 h) - \varphi(x)}{t_2},$$

并且 $\forall t > 0$，

$$\frac{\varphi(x + th) - \varphi(x)}{t} = \frac{\|x + th\| - \|x\|}{t} \geqslant \frac{\|x\| - t\|h\| - \|x\|}{t} = -\|h\|,$$

于是根据单调性以及存在下界，

$$\delta_+\varphi(x)h = \lim_{t \to 0^+} \frac{\varphi(x + th) - \varphi(x)}{t}$$

存在. 如果 $t_1 < t_2 < 0$，那么 $\forall h \in X$，

$$\frac{\varphi(x + t_2 h) - \varphi(x)}{t_2} = \frac{\|x + t_2 h\| - \|x\|}{t_2} = \frac{\left\|\left(1 - \dfrac{t_2}{t_1}\right)x + \dfrac{t_2}{t_1}(x + t_1 h)\right\| - \|x\|}{t_2}$$

$$\geqslant \frac{\left(1 - \dfrac{t_2}{t_1}\right)\|x\| + \dfrac{t_2}{t_1}\|x + t_1 h\| - \|x\|}{t_2} = \frac{\dfrac{t_2}{t_1}\|x + t_1 h\| - \dfrac{t_2}{t_1}\|x\|}{t_2} = \frac{\varphi(x + t_1 h) - \varphi(x)}{t_1},$$

并且 $\forall t < 0$，

$$\frac{\varphi(x + th) - \varphi(x)}{t} = \frac{\|x + th\| - \|x\|}{t} \leqslant \frac{\|x\| - \|th\| - \|x\|}{t} = \|h\|,$$

于是根据单调性以及存在上界，

$$\delta_-\varphi(x)h = \lim_{t \to 0^-} \frac{\varphi(x + th) - \varphi(x)}{t}$$

存在. 另外 $\forall h \in X$, $t > 0$,

$$\varphi(x) = \|x\| = \left\| \frac{x+th}{2} + \frac{x-th}{2} \right\| \leqslant \frac{\|x+th\|}{2} + \frac{\|x-th\|}{2} = \frac{\varphi(x+th) + \varphi(x-th)}{2},$$

于是 $\varphi(x) - \varphi(x - th) \leqslant \varphi(x + th) - \varphi(x)$,

$$\frac{\varphi(x-th) - \varphi(x)}{-t} \leqslant \frac{\varphi(x+th) - \varphi(x)}{t},$$

从而

$$\delta_-\varphi(x)h = \lim_{t \to 0^+} \frac{\varphi(x-th) - \varphi(x)}{-t} \leqslant \lim_{t \to 0^+} \frac{\varphi(x+th) - \varphi(x)}{t} = \delta_+\varphi(x)h.$$

问题 5.　设 $X = \mathbf{R}^2$, $Y = \mathbf{R}$, $x = (x_1, x_2) \in X$. 定义

$$f(x) = \begin{cases} \dfrac{x_2^3}{x_1^2 + x_2^2}, & (x_1, x_2) \neq (0, 0), \\ 0, & (x_1, x_2) = (0, 0). \end{cases}$$

取 $h \in X$, $h = (h_1, h_2) \neq \theta$, $\theta = (0, 0)$, 于是

$$\delta f(\theta)h = \lim_{t \to 0} \frac{f(\theta + th) - f(\theta)}{t} = \lim_{t \to 0} \frac{t^3 h_2^3}{t^3 (h_1^2 + h_2^2)} = f(h),$$

另外 $\delta f(\theta)\theta = 0 = f(\theta)$. 因此 f 在 θ 处的 G 变分为 $\delta f(\theta)h = f(h)$, 但是 $\delta f(\theta)$ 不是线性泛函, 从而 f 在 θ 处不是 G 可微分的.

　　问题 6.　设 X 是线性赋范空间, Ω 是 X 中的开集, 实泛函 $f: \Omega \to \mathbf{R}$. 对于 $x_0 \in \Omega$, 若存在 $\eta > 0$, 使得 $B(x_0, \eta) \subset \Omega$, 并且 $\forall x \in B(x_0, \eta)$, 有 $f(x_0) \leqslant f(x)$, 则称泛函 f 在 x_0 取局部极小值, x_0 称为 f 的局部极小值点. 同样也有局部极大值和局部极大值点的概念. 如果 f 在局部极值点 $x_0 \in \Omega$ 处有 G 变分, 则 $\forall h \in X$, 有 $\delta f(x_0)h = 0$.

　　证明　不妨设 f 在 x_0 处取极小值, 于是存在 $\eta > 0$, 使得 $B(x_0, \eta) \subset \Omega$, 并且 $\forall x \in B(x_0, \eta)$, 有 $f(x_0) \leqslant f(x)$. 对任意给定的 $h \in X$, 存在 $\tau > 0$, 当 $|t| < \tau$ 时, 有 $x_0 + th \in B(x_0, \eta)$. 令 $f_h(t) = f(x_0 + th)$, $|t| < \tau$, 则 $f_h(t) \geqslant f_h(0)$, $|t| < \tau$. 即实变量的实函数 $f_h(t)$ 在 $t = 0$ 处取局部极小值. 因为 f 在 x_0 处有 G 变分, 所以

$$f_h'(0) = \lim_{t \to 0} \frac{f_h(t) - f_h(0)}{t} = \lim_{t \to 0} \frac{f(x_0 + th) - f(x_0)}{t} = \delta f(x_0)h,$$

即 $f_h(t)$ 在 $t = 0$ 处可导, 故 $\delta f(x_0)h = f_h'(0) = 0$.

问题 7. 设 $X = \mathbf{R}^2$，$Y = \mathbf{R}$，$x = (x_1, x_2) \in X$．定义

$$f(x) = \begin{cases} \dfrac{x_1^3}{x_2}, & x_2 \neq 0, \\ 0, & x_2 = 0. \end{cases}$$

取 $h = (h_1, h_2) \in X$，$h_2 \neq 0$，$\theta = (0, 0)$，于是 f 在 θ 处的 G 微分为

$$\mathrm{d}f(\theta)h = \lim_{t \to 0} \frac{f(\theta + th) - f(\theta)}{t} = \lim_{t \to 0} \frac{t^3 h_1^3}{t^2 h_2} = 0.$$

但是 $\lim\limits_{x_2 = x_1^3 \to 0} f(x) = 1 \neq f(\theta)$．这说明 f 在 θ 处 G 可微分不能保证 f 在 θ 处连续.

注 可与命题 7.4 相比较.

问题 8. 设 X，Y 是实线性赋范空间，$T: \mathscr{D}(T) \subset X \to Y$，$x_0$ 是 $\mathscr{D}(T)$ 的内点. 如果 T 在 x_0 处 F 可微，则其 F 导算子 $DT(x_0) \in \mathscr{B}(X, Y)$ 是唯一的.

证明 如果存在 T 在 x_0 处的 F 导算子 $\overline{D}T(x_0) \in \mathscr{B}(X, Y)$，则 $\forall h \in X$，$h \neq \theta$，当 $t > 0$ 时，

$$\begin{aligned}
\left\| DT(x_0)h - \overline{D}T(x_0)h \right\| &= \lim_{t \to 0^+} \frac{1}{t} \left\| DT(x_0)(th) - \overline{D}T(x_0)(th) \right\| \\
&\leqslant \lim_{t \to 0^+} \frac{1}{\|th\|} \left\| T(x_0 + th) - Tx_0 - DT(x_0)(th) \right\| \|h\| \\
&\quad + \lim_{t \to 0^+} \frac{1}{\|th\|} \left\| T(x_0 + th) - Tx_0 - \overline{D}T(x_0)(th) \right\| \|h\| = 0,
\end{aligned}$$

因此 $\forall h \in X$，$DT(x_0)h = \overline{D}T(x_0)h$，即 $DT(x_0) = \overline{D}T(x_0)$.

问题 9. 设 $X = \mathbf{R}^2$，$Y = \mathbf{R}$，$x = (x_1, x_2) \in X$．定义

$$f(x) = \begin{cases} \dfrac{x_1^3 x_2}{x_1^4 + x_2^2}, & (x_1, x_2) \neq (0, 0), \\ 0, & (x_1, x_2) = (0, 0). \end{cases}$$

取 $h \in X$，$h = (h_1, h_2) \neq \theta$，$\theta = (0, 0)$．于是

$$\delta f(\theta)h = \lim_{t \to 0} \frac{f(\theta + th) - f(\theta)}{t} = \lim_{t \to 0} \frac{t^4 h_1^3 h_2}{t^3 (t^2 h_1^4 + h_2^2)} = \lim_{t \to 0} \frac{t h_1 h_2}{t^2 h_1^4 + h_2^2} = 0,$$

另外 $\delta f(\theta)\theta = 0$．因此 f 在 θ 处 G 可微分，并且 G 微分为 $\mathrm{d}f(\theta)h = 0$．但是 f 在 θ 处不是 F 可微分的．如果 f 在 θ 处是 F 可微分的，那么根据命题 7.3，$Df(\theta)h = 0$．然而当 $h_1 > 0$ 时，

$$\lim_{h_2=h_1^2\to 0^+}\frac{\left|f(\theta+h)-f(\theta)-\mathrm{D}f(\theta)h\right|}{\|h\|}$$

$$=\lim_{h_2=h_1^2\to 0^+}\frac{h_1^3 h_2}{\left(h_1^4+h_2^2\right)\sqrt{h_1^2+h_2^2}}=\lim_{h_1\to 0^+}\frac{h_1^5}{2h_1^4\sqrt{h_1^2\left(1+h_1^2\right)}}=\frac{1}{2},$$

矛盾.

问题 10. 设 $\mathbf{R}^n$ 与 $\mathbf{R}^m$ 分别为 n 维和 m 维实线性赋范空间, Ω 为 $\mathbf{R}^m$ 中的开集, 定义 $f:\Omega\subset\mathbf{R}^m\to\mathbf{R}^n$ 为 $y=f(x)=(y_1,y_2,\cdots,y_n)\in\mathbf{R}^n$, $\forall x=(x_1,x_2,\cdots,x_m)\in\Omega$. 如果记 $f=(f_1,f_2,\cdots,f_n)$, 则 $y_i=f_i(x_1,x_2,\cdots,x_m)\ (i=1,2,\cdots,n)$. 下面讨论 f 的 F 可微性.

令 $x_0=(x_1^{(0)},x_2^{(0)},\cdots,x_m^{(0)})\in\Omega$, 设 $f_i(i=1,2,\cdots,n)$ 在 x_0 的邻域内具有连续的一阶偏导数, 于是对于 $h=(h_1,h_2,\cdots,h_m)\in\mathbf{R}^m\setminus\{\theta\}$, 当 $\|h\|$ 充分小时, 利用中值公式,

$$f(x_0+h)-f(x_0)$$

$$=\Big(f_1(x_1^{(0)}+h_1,\cdots,x_m^{(0)}+h_m)-f_1(x_1^{(0)},\cdots,x_m^{(0)}),\ \cdots,$$

$$f_n(x_1^{(0)}+h_1,\cdots,x_m^{(0)}+h_m)-f_n(x_1^{(0)},\cdots,x_m^{(0)})\Big)$$

$$=\left(\sum_{j=1}^m\frac{\partial f_1(x_1^{(0)}+\theta_1 h_1,\cdots,x_m^{(0)}+\theta_1 h_m)}{\partial x_j}h_j,\cdots,\sum_{j=1}^m\frac{\partial f_n(x_1^{(0)}+\theta_n h_1,\cdots,x_m^{(0)}+\theta_n h_m)}{\partial x_j}h_j\right),$$

其中 $\theta_i\in(0,1)(i=1,2,\cdots,n)$. 记 Jacobi 矩阵

$$\mathrm{J}(x_0)=\begin{pmatrix}\dfrac{\partial f_1(x_0)}{\partial x_1}\cdots\dfrac{\partial f_1(x_0)}{\partial x_m}\\[2mm]\vdots\qquad\qquad\vdots\\[2mm]\dfrac{\partial f_n(x_0)}{\partial x_1}\cdots\dfrac{\partial f_n(x_0)}{\partial x_m}\end{pmatrix},$$

根据 Cauchy 不等式以及 $\dfrac{\partial f_i}{\partial x_j}(i=1,2,\cdots,n;j=1,2,\cdots,m)$ 的连续性,

$$\lim_{\|h\|\to 0}\frac{\left\|f(x_0+h)-f(x_0)-\mathrm{J}(x_0)h\right\|}{\|h\|}$$

$$=\lim_{\|h\|\to 0}\frac{1}{\|h\|}\left(\sum_{i=1}^n\left|\sum_{j=1}^m\left(\frac{\partial f_i(x_1^{(0)}+\theta_i h_1,\cdots,x_m^{(0)}+\theta_i h_m)}{\partial x_j}-\frac{\partial f_i(x_1^{(0)},\cdots,x_m^{(0)})}{\partial x_j}\right)h_j\right|^2\right)^{\frac{1}{2}}$$

$$\leqslant \lim_{\|h\|\to 0} \frac{1}{\|h\|}\left(\sum_{i=1}^{n}\left(\sum_{j=1}^{m}\left|\frac{\partial f_i(x_1^{(0)}+\theta_i h_1,\cdots,x_m^{(0)}+\theta_i h_m)}{\partial x_j}-\frac{\partial f_i(x_1^{(0)},\cdots,x_m^{(0)})}{\partial x_j}\right|\left|h_j\right|\right)^2\right)^{\frac{1}{2}}$$

$$\leqslant \lim_{\|h\|\to 0} \frac{1}{\|h\|}\left(\sum_{i=1}^{n}\left(\sum_{j=1}^{m}\left|\frac{\partial f_i(x_1^{(0)}+\theta_i h_1,\cdots,x_m^{(0)}+\theta_i h_m)}{\partial x_j}-\frac{\partial f_i(x_1^{(0)},\cdots,x_m^{(0)})}{\partial x_j}\right|^2\right)\left(\sum_{j=1}^{m}\left|h_j\right|^2\right)\right)^{\frac{1}{2}}$$

$$= \lim_{\|h\|\to 0}\left(\sum_{i=1}^{n}\left(\sum_{j=1}^{m}\left|\frac{\partial f_i(x_1^{(0)}+\theta_i h_1,\cdots,x_m^{(0)}+\theta_i h_m)}{\partial x_j}-\frac{\partial f_i(x_1^{(0)},\cdots,x_m^{(0)})}{\partial x_j}\right|^2\right)\right)^{\frac{1}{2}}=0,$$

于是 f 在 x_0 处 F 可微, 并且 F 导算子 $f'(x_0)=\mathrm{J}(x_0)$.

问题 11. 定理 7.2 的 Lagrange 公式是关于泛函的, 对于一般的算子而言, Lagrange 公式不再成立. 例如, 定义 $f:\mathbf{R}^2\to\mathbf{R}^2$ 为 $f(x_1,x_2)=\left(x_1^3,x_2^2\right)$, 根据本章的问题 10 可知, f 在任一点 F 可微, 并且 F 导算子

$$f'(x_1,x_2)=\begin{pmatrix}3x_1^2 & 0\\ 0 & 2x_2\end{pmatrix}.$$

取 $\theta=(0,0)$, $h=(1,1)$, 如果存在 $\tau\in(0,1)$, 使得

$$(1,1)=f(1,1)-f(0,0)=f'(\tau,\tau)h=\begin{pmatrix}3\tau^2 & 0\\ 0 & 2\tau\end{pmatrix}\begin{pmatrix}1\\ 1\end{pmatrix}=\left(3\tau^2,2\tau\right),$$

那么 $3\tau^2=1$, $2\tau=1$, 矛盾.

问题 12. 设 X,Y 为实线性赋范空间, $\Omega\subset X$ 是凸开集, $T:\Omega\to Y$ 在 Ω 上 G 可微分, 则对任意 $x\in\Omega$ 及 $h\in X$, 当 $x+h\in\Omega$ 时, 存在 $\tau=\tau(x,h)\in(0,1)$, 满足

$$\left\|T(x+h)-Tx-\mathrm{d}T(x)h\right\|\leqslant\left\|\mathrm{d}T(x+\tau h)-\mathrm{d}T(x)\right\|\|h\|.$$

证明 令 $A:\Omega\to Y$ 为 $Ay=Ty-\mathrm{d}T(x)y,\forall y\in\Omega$. 根据命题 7.5 可知, A 在 Ω 上 G 可微分, 并且 $\mathrm{d}A(y)=\mathrm{d}T(y)-\mathrm{d}T(x)$. 于是由定理 7.5, 存在 $\tau=\tau(x,h)\in(0,1)$, 满足

$$\left\|T(x+h)-Tx-\mathrm{d}T(x)h\right\|=\left\|A(x+h)-Ax\right\|$$
$$\leqslant\left\|\mathrm{d}A(x+\tau h)\right\|\|h\|=\left\|\mathrm{d}T(x+\tau h)-\mathrm{d}T(x)\right\|\|h\|.$$

问题 13. 考虑 Hammerstein 积分算子

$$(Tx)(t)=\int_a^b k(t,s)g(s,x(s))\mathrm{d}s,$$

其中核函数 $k(t,s)$ 在正方形 $a \leqslant t,s \leqslant b$ 上连续.

(1) 如果 $g(u,v)$ 在 $[a,b] \times \mathbf{R}$ 上连续, 则 $T:C[a,b] \to C[a,b]$ 是连续算子;

(2) 如果偏导数 $g_v'(u,v)$ 也在 $[a,b] \times \mathbf{R}$ 上连续, 则 T 在 $C[a,b]$ 上是 F 可微分的;

(3) 如果再有二阶偏导数 $g_{vv}''(u,v)$ 也在 $[a,b] \times \mathbf{R}$ 上连续的条件, 则 T 在 $C[a,b]$ 上二阶 F 可微分.

证明　设 $x \in C[a,b]$, 由于 $k(t,s)g(s,x(s))$ 在 $a \leqslant t,s \leqslant b$ 上连续, 根据数学分析的知识, 可知 $Tx \in C[a,b]$, 即 $T:C[a,b] \to C[a,b]$.

设 $x_n \in C[a,b] (n=0,1,2,\cdots)$, 并且在 $C[a,b]$ 中 $x_n \to x_0$, 于是函数列 $\{x_n(t)\}$ 在 $[a,b]$ 上一致收敛到 $x_0(t)$. 因为 $g(u,v)$ 在 $[a,b] \times \left[-\|x_0\|-1,\|x_0\|+1\right]$ 上一致连续, 所以 $\forall \varepsilon > 0$, 存在 $\delta \in (0,1)$, 使得当

$$(u_1,v_1),(u_2,v_2) \in [a,b] \times \left[-\|x_0\|-1,\|x_0\|+1\right], \quad |u_1-v_1| < \delta, \quad |u_2-v_2| < \delta$$

时,

$$|g(u_1,v_1) - g(u_2,v_2)| \leqslant \frac{\varepsilon}{(b-a)\left(\max\limits_{a \leqslant t,s \leqslant b} |k(t,s)|+1\right)}.$$

又因为存在 $N \in \mathbf{N}$, 使得当 $n > N$ 时, $\forall t \in [a,b]$, $|x_n(t)-x_0(t)| < \delta$, 即 $\forall t \in [a,b]$, $|x_n(t)| < |x_0(t)|+\delta < \|x_0\|+1$, 所以 $\forall s \in [a,b]$,

$$|g(s,x_n(s)) - g(s,x_0(s))| \leqslant \frac{\varepsilon}{(b-a)\left(\max\limits_{a \leqslant t,s \leqslant b} |k(t,s)|+1\right)}.$$

于是当 $n > N$ 时, $\forall t \in [a,b]$,

$$|(Tx_n)(t) - (Tx_0)(t)| \leqslant \int_a^b |k(t,s)||g(s,x_n(s)) - g(s,x_0(s))|ds$$

$$\leqslant (b-a)\left(\max\limits_{a \leqslant t,s \leqslant b} |k(t,s)|\right) \frac{\varepsilon}{(b-a)\left(\max\limits_{a \leqslant t,s \leqslant b} |k(t,s)|+1\right)} < \varepsilon,$$

即 $\|Tx_n - Tx_0\| < \varepsilon$, 因此 $T:C[a,b] \to C[a,b]$ 是连续算子.

再设 $g_v'(u,v)$ 也在 $[a,b] \times \mathbf{R}$ 上连续, 于是 $\forall h_1 \in C[a,b]$, 定义

$$(Ah_1)(t) = \int_a^b k(t,s)g_v'(s,x(s))h_1(s)ds,$$

则 $A:C[a,b] \to C[a,b]$ 是有界线性算子. 对于 $x \in C[a,b]$, 利用中值公式

$$\left|(T(x+h_1))(t)-(Tx)(t)-(Ax)(t)\right|$$

$$\leqslant \int_a^b |k(t,s)|\big|g(s,x(s)+h_1(s))-g(s,x(s))-g_v'(s,x(s))h_1(s)\big|\mathrm{d}s$$

$$= \int_a^b |k(t,s)|\big|g_v'(s,x(s)+\theta(s)h_1(s))h_1(s)-g_v'(s,x(s))h_1(s)\big|\mathrm{d}s$$

$$\leqslant \left(\max_{a\leqslant t,s\leqslant b}|k(t,s)|\right)\|h_1\|\int_a^b \big|g_v'(s,x(s)+\theta(s)h_1(s))-g_v'(s,x(s))\big|\mathrm{d}s,$$

其中 $0<\theta(s)<1$. 因为 $g_v'(u,v)$ 在 $[a,b]\times\big[-\|x\|-1,\|x\|+1\big]$ 上一致连续，所以 $\forall \varepsilon>0$，存在 $\delta\in(0,1)$，使得当 $\|h_1\|<\delta$ 时，

$$\big|g_v'(s,x(s)+\theta(s)h_1(s))-g_v'(s,x(s))\big|\leqslant \frac{\varepsilon}{(b-a)\left(\max\limits_{a\leqslant t,s\leqslant b}|k(t,s)|+1\right)},\quad \forall s\in[a,b],$$

从而 $\|T(x+h_1)-Tx-Ax\|<\varepsilon\|h_1\|$，即 T 是 F 可微分的，且

$$\big(\mathrm{D}T(x)h_1\big)(t)=\int_a^b k(t,s)g_v'(s,x(s))h_1(s)\mathrm{d}s.$$

如果 $g_{vv}''(u,v)$ 在 $[a,b]\times\mathbf{R}$ 上连续，记 $k_1(t,s)=k(t,s)h_1(s)$，则 $k_1(t,s)$ 在正方形 $a\leqslant t,s\leqslant b$ 上连续，因此 $\forall h_2\in C[a,b]$，

$$\big((\mathrm{D}^2T(x)h_1)h_2\big)(t)=\int_a^b k(t,s)g_v''(s,x(s))h_1(s)h_2(s)\mathrm{d}s,$$

即

$$\big(\mathrm{D}^2T(x)(h_1,h_2)\big)(t)=\int_a^b k(t,s)g_v''(s,x(s))h_1(s)h_2(s)\mathrm{d}s.$$

问题 14. 定义 $f:\mathbf{R}^2\to\mathbf{R}^2$ 为 $f(x_1,x_2)=\big(x_1,x_2^2\big)$，$g:\mathbf{R}^2\to\mathbf{R}$ 为

$$g(x_1,x_2)=\begin{cases}\dfrac{x_1^3 x_2}{x_1^4+x_2^2}, & (x_1,x_2)\neq(0,0),\\[3mm] 0, & (x_1,x_2)=(0,0).\end{cases}$$

分别由本章的问题 9 和问题 10 可知 g 在 $\theta=(0,0)$ 处 G 可微分，f 在 $\mathbf{R}^2$ 上 F 可微分. 而

$$(g\circ f)(x_1,x_2)=\begin{cases}\dfrac{x_1^3 x_2^2}{x_1^4+x_2^4}, & (x_1,x_2)\neq(0,0),\\[3mm] 0, & (x_1,x_2)=(0,0),\end{cases}$$

于是对于 $h=(h_1,h_2)\neq\theta$，

$$\delta(g\circ f)(\theta)h=\lim_{t\to 0}\frac{(g\circ f)(\theta+th)-(g\circ f)(\theta)}{t}=\lim_{t\to 0}\frac{t^5 h_1^3 h_2^2}{t^5\left(h_1^4+h_2^4\right)}=(g\circ f)(h),$$

另外 $\delta(g\circ f)(\theta)\theta=0=(g\circ f)(\theta)$. 因此 $g\circ f$ 在 θ 处的 G 变分为 $(g\circ f)(h)$, 但是 $\delta(g\circ f)(\theta)$ 不是线性泛函, 从而 $g\circ f$ 在 θ 处不是 G 可微分的. 与定理 7.8(链锁规则)中的条件相比较可见, 对于复合算子中两个算子 G 可微分和 F 可微分条件的顺序是不能改变的, 同时也说明了两个 G 可微分算子的复合算子不一定是 G 可微分的.

问题 15. 定义 $f:\mathbf{R}\to\mathbf{R}^2$ 为 $f\left(x\right)=\left(x,x^2\right)$, $g:\mathbf{R}^2\to\mathbf{R}$ 为

$$g(x,y)=\begin{cases}x, & y=x^2,\\ 0, & y\neq x^2.\end{cases}$$

于是 $(g\circ f)(x)=x$, 根据命题 7.5(3)可知, $\forall x\in\mathbf{R}$, $g\circ f$ 在 x 处 F 可微, 并且其 F 导算子 $\mathrm{D}(g\circ f)(x)=I$ (这里 I 为 $\mathbf{R}$ 中的恒等算子, 即 $I=1$). 根据前面的问题 10 可知, f 在 x 处 F 可微, 并且其 F 导算子 $\mathrm{D}f(x)=(1,2x)$. 特别地, $\mathrm{D}f(0)=(1,0)$. 另外对于 $h=(h_1,h_2)\in\mathbf{R}^2\setminus\{\theta\}$, 如果存在 $0\neq t_n\to 0$, 使得 $(t_n h_1)^2=t_n h_2$, 那么 $t_n h_1^2=h_2$, 令 $n\to\infty$ 可得 $h_2=0$, 从而 $h_1=0$, 矛盾. 故存在 $\delta>0$, 使得当 $0<|t|<\delta$ 时, $(th_1)^2\neq th_2$, 从而 $g(0+th_1,0+th_2)=0$. 于是 g 在 $\theta=(0.0)$ 处 G 可微, 并且

$$\mathrm{d}g(\theta)h=\lim_{t\to 0}\frac{g(0+th_1,0+th_2)-g(0,0)}{t}=0,$$

即 G 导算子 $\mathrm{d}g(\theta)$ 是零算子. 因此 $\mathrm{D}(g\circ f)(0)\neq\mathrm{d}g(f(0))\circ\mathrm{D}f(0)$. 与定理 7.8(链锁规则)中的条件相比较可见, 如果复合算子中两个算子 G 可微分和 F 可微分条件的顺序改变后, 即使复合算子是 G 可微分的, 链锁规则也不一定成立.

问题 16. 设 X,Y 为实 Banach 空间, G 是 X 中的开集. 如果 $f:[a,b]\times G\to Y$ 连续, 令 $g(x)=\int_a^b f(t,x)\mathrm{d}t$, $x\in G$, 则 $g:G\to Y$ 在 G 中连续.

证明　给定 $x_0\in G$, 对于任意的 $t_0\in[a,b]$, 因为 $f:[a,b]\times G\to Y$ 连续, 所以 $\forall\varepsilon>0$, 存在常数 $\delta_{t_0}>0$, 使得当 $t\in\left(t_0-\delta_{t_0},t_0+\delta_{t_0}\right)\bigcap[a,b]$, $x\in B\left(x_0,\delta_{t_0}\right)\subset G$ 时,

$$\left\|f(t,x)-f(t_0,x_0)\right\|<\frac{\varepsilon}{2(b-a)}.$$

由于

$$[a,b]\subset\bigcup_{t\in[a,b]}\left(t-\delta_t,t+\delta_t\right),$$

于是根据有限覆盖定理, 存在 $t_i \in [a,b]$ $(i = 1, 2, \cdots, n)$, 使得

$$[a,b] \subset \bigcup_{i=1}^{n} \left(t_i - \delta_{t_i}, t_i + \delta_{t_i} \right).$$

令 $\delta = \min\left\{ \delta_{t_1}, \delta_{t_2}, \cdots, \delta_{t_n} \right\}$, 而 $\forall t \in [a,b]$, 存在 $i(1 \leqslant i \leqslant n)$, 使得 $t \in \left(t_i - \delta_{t_i}, t_i + \delta_{t_i} \right)$, 于是当 $x \in B(x_0, \delta) \subset G$ 时,

$$\| f(t,x) - f(t,x_0) \| \leqslant \| f(t,x) - f(t_i,x_0) \| + \| f(t_i,x_0) - f(t,x_0) \| < \frac{\varepsilon}{b-a}.$$

因此根据命题 7.6, 当 $x \in B(x_0, \delta)$ 时,

$$\| g(x) - g(x_0) \| = \left\| \int_a^b f(t,x) \mathrm{d}t - \int_a^b f(t,x_0) \mathrm{d}t \right\|$$

$$\leqslant \int_a^b \| f(t,x) - f(t,x_0) \| \mathrm{d}t < (b-a) \frac{\varepsilon}{b-a} = \varepsilon,$$

即 $g(x) \to g(x_0)$ $(x \to x_0)$. 从而由 $x_0 \in G$ 的任意性, 可知 $g: G \to Y$ 在 G 中连续.

注 可与数学分析中含参变量函数积分的连续性结论相比较.

问题 17. 定义 7.9 中的 n 线性算子 $A: X_1 \times \cdots \times X_n \to Y$ 是有界 n 线性算子当且仅当 A 是连续的. 事实上, 如果 $A: X_1 \times \cdots \times X_n \to Y$ 是有界 n 线性算子, 则存在常数 $M \geqslant 0, \| A(x_1, x_2, \cdots, x_n) \| \leqslant M \| x_1 \|_1 \cdots \| x_n \|_n, \forall (x_1, x_2, \cdots, x_n) \in X_1 \times \cdots \times X_n$. 设在 $X_1 \times \cdots \times X_n$ 中

$$x^{(m)} = \left(x_1^{(m)}, x_2^{(m)}, \cdots, x_n^{(m)} \right) \to x^{(0)} = \left(x_1^{(0)}, x_2^{(0)}, \cdots, x_n^{(0)} \right) \quad (m \to \infty),$$

那么当 $m \to \infty$ 时, $\| x_i^{(m)} - x_i^{(0)} \|_i \leqslant \| x^{(m)} - x^{(0)} \| \to 0$ $(i = 1, 2, \cdots, n)$. 于是

$$\| Ax^{(m)} - Ax^{(0)} \| = \left\| A\left(x_1^{(m)}, x_2^{(m)}, \cdots, x_n^{(m)} \right) - A\left(x_1^{(0)}, x_2^{(0)}, \cdots, x_n^{(0)} \right) \right\|$$

$$\leqslant \left\| A\left(x_1^{(m)}, x_2^{(m)}, \cdots, x_n^{(m)} \right) - A\left(x_1^{(0)}, x_2^{(m)}, \cdots, x_n^{(m)} \right) \right\|$$

$$+ \left\| A\left((x_1^{(0)}, x_2^{(m)}, \cdots, x_n^{(m)} \right) - A(x_1^{(0)}, x_2^{(0)}, \cdots, x_n^{(0)}) \right\|$$

$$\leqslant \left\| \left(Ax_1^{(m)}, x_2^{(m)}, \cdots, x_n^{(m)} \right) - A\left(x_1^{(0)}, x_2^{(m)}, \cdots, x_n^{(m)} \right) \right\|$$

$$+ \left\| A\left(x_1^{(0)}, x_2^{(m)}, x_3^{(m)}, \cdots, x_n^{(m)} \right) - A\left(x_1^{(0)}, x_2^{(0)}, x_3^{(m)}, \cdots, x_n^{(m)} \right) \right\|$$

$$+ \cdots + \left\| A\left(x_1^{(0)}, x_2^{(0)}, \cdots, x_{n-1}^{(0)}, x_n^{(m)} \right) - A\left(x_1^{(0)}, x_2^{(0)}, \cdots, x_{n-1}^{(0)}, x_n^{(0)} \right) \right\|$$

$$= \left\| A\left(x_1^{(m)} - x_1^{(0)}, x_2^{(m)}, \cdots, x_n^{(m)}\right) \right\| + \left\| A\left(x_1^{(0)}, x_2^{(m)} - x_2^{(0)}, x_3^{(m)}, \cdots, x_n^{(m)}\right) \right\|$$

$$+ \cdots + \left\| A\left(x_1^{(0)}, x_2^{(0)}, \cdots, x_{n-1}^{(0)}, x_n^{(m)} - x_n^{(0)}\right) \right\|$$

$$\leqslant M \left\| x_1^{(m)} - x_1^{(0)} \right\|_1 \prod_{i=2}^{n} \left\| x_i^{(m)} \right\|_i + M \left\| x_1^{(0)} \right\|_1 \left\| x_2^{(m)} - x_2^{(0)} \right\|_2 \prod_{i=3}^{n} \left\| x_i^{(m)} \right\|_i$$

$$+ \cdots + M \prod_{i=1}^{n-1} \left\| x_i^{(0)} \right\|_i \left\| x_n^{(m)} - x_n^{(0)} \right\|_n \to 0 \quad (m \to \infty).$$

反之, 设 n 线性算子 $A: X_1 \times \cdots \times X_n \to Y$ 是连续的. 倘若 A 不是有界 n 线性算子, 则对任意正整数 m, 存在 $x^{(m)} = \left(x_1^{(m)}, x_2^{(m)}, \cdots, x_n^{(m)}\right) \in X_1 \times \cdots \times X_n$, 使得

$$\left\| A\left(x_1^{(m)}, x_2^{(m)}, \cdots, x_n^{(m)}\right) \right\| > m^n \left\| x_1^{(m)} \right\|_1 \left\| x_2^{(m)} \right\|_2 \cdots \left\| x_n^{(m)} \right\|_n.$$

由于 A 是 n 线性算子, 故 $x_i^{(m)} \neq \theta$ $(i = 1, 2, \cdots, n)$. 令

$$y^{(m)} = \left(\frac{x_1^{(m)}}{m \left\| x_1^{(m)} \right\|_1}, \frac{x_2^{(m)}}{m \left\| x_2^{(m)} \right\|_2}, \cdots, \frac{x_n^{(m)}}{m \left\| x_n^{(m)} \right\|_n} \right) \in X_1 \times \cdots \times X_n,$$

而当 $m \to \infty$ 时, $\dfrac{x_i^{(m)}}{m \left\| x_i^{(m)} \right\|_i} \to \theta$ $(i = 1, 2, \cdots, n)$, 故 $y^{(m)} \to (\theta, \theta, \cdots, \theta) \in X_1 \times \cdots \times X_n$. 但是 $\left\| A y^{(m)} \right\| > 1$, 即 $A y^{(m)} \nrightarrow \theta$, 这与 A 的连续性矛盾.

注　注意有界 n 线性算子(其全体记作 $\mathscr{B}(X_1, \cdots, X_n; Y)$)和 n 元有界线性算子(其全体记作 $\mathscr{B}(X_1 \times X_2 \times \cdots \times X_n, Y)$) 的区别. 例如, 算子 $A: \mathbf{R}^3 \to \mathbf{R}$ 为 $A(x, y, z) = xyz$, 则 $A \notin \mathscr{B}(\mathbf{R}^3, \mathbf{R})$, 但是 $A \in \mathscr{B}(\mathbf{R}, \mathbf{R}, \mathbf{R}; \mathbf{R})$, 即 A 是有界 3 线性算子; 又如算子 $A: L^p[0,1] \times L^q[0,1] \to \mathbf{R}$ 为 $A(x, y) = \int_0^1 x(t) y(t) \mathrm{d}t$, $x \in L^p[0,1]$, $y \in L^q[0,1]$ (其中 $p > 1, \frac{1}{p} + \frac{1}{q} = 1$), 由于 $|A(x, y)| \leqslant \int_0^1 |x(t) y(t)| \mathrm{d}t \leqslant \|x\|_{L^p} \|y\|_{L^q}$, 可见 A 是有界 2 线性算子, 但是 $A \notin \mathscr{B}(L^p[0,1] \times L^q[0,1], \mathbf{R})$.

问题 18.　定义 7.9 中有界 n 线性算子 A 的范数

$$\|A\| = \sup_{\|x_1\|_1 \leqslant 1, \cdots, \|x_n\|_n \leqslant 1} \left\| A(x_1, x_2, \cdots, x_n) \right\|$$

$$= \inf \left\{ M \geqslant 0 \mid \left\| A(x_1, \cdots, x_n) \right\| \leqslant M \|x_1\|_1 \cdots \|x_n\|_n, \quad \forall (x_1, \cdots, x_n) \in X_1 \times \cdots \times X_n \right\}.$$

事实上, 设

$$\mathbb{M} = \left\{ M \geqslant 0 \mid \|A(x_1,\cdots,x_n)\| \leqslant M \|x_1\|_1 \cdots \|x_n\|_n, \forall (x_1,\cdots,x_n) \in X_1 \times \cdots \times X_n \right\},$$

记 $\mathfrak{M} = \inf \mathbb{M}$. 因为 $\forall M \in \mathbb{M}$, 当 $(x_1,\cdots,x_n) \in X_1 \times \cdots \times X_n$ 且

$$\|x_1\|_1 \leqslant 1, \quad \cdots, \quad \|x_n\|_n \leqslant 1$$

时, $\|A(x_1,\cdots,x_n)\| \leqslant M$, 所以 $\|A\| \leqslant M$, 从而 $\|A\| \leqslant \inf \mathbb{M} = \mathfrak{M}$.

反之, 当 $(x_1,\cdots,x_n) \in X_1 \times \cdots \times X_n$, 且 $x_1 \neq \theta,\cdots,x_n \neq \theta$ 时,

$$\|A\| = \sup_{\|x_1\|_1 \leqslant 1,\cdots,\|x_n\|_n \leqslant 1} \|A(x_1,x_2,\cdots,x_n)\| \geqslant \left\| \frac{A(x_1,x_2,\cdots,x_n)}{\|x_1\|_1 \|x_2\|_2 \cdots \|x_n\|_n} \right\|,$$

所以 $\|A(x_1,\cdots,x_n)\| \leqslant \|A\| \|x_1\|_1 \cdots \|x_n\|_n$, 此式对于 $x_1,\cdots,x_n$ 中有零元素时也成立, 故 $\|A\| \in \mathbb{M}$, 从而 $\|A\| \geqslant \inf \mathbb{M} = \mathfrak{M}$.

问题 19. 设 $X_1,X_2,\cdots,X_n,Y$ 是 $n+1$ 个实线性赋范空间, $T:\mathscr{D}(T) \subset X_1 \times X_2 \times \cdots \times X_n \to Y$, 其中 $X_1 \times X_2 \times \cdots \times X_n$ 中的范数为

$$\|(x_1,x_2,\cdots,x_n)\| = \max_{1 \leqslant i \leqslant n} \|x_i\|_i, \quad \forall (x_1,x_2,\cdots,x_n) \in X_1 \times X_2 \times \cdots \times X_n$$

(或等价范数 $\|(x_1,x_2,\cdots,x_n)\| = \|x_1\|_1 + \|x_2\|_2 + \cdots + \|x_n\|_n$, 这里 $\|\cdot\|_i$ 表示 X_i 中的范数 $(i=1,2,\cdots,n)$). 令 $x_0 = \left(x_1^{(0)},x_2^{(0)},\cdots,x_n^{(0)}\right)$ 是 $\mathscr{D}(T)$ 的内点, 如果存在 $DT(x_0) \in \mathscr{B}(X_1 \times X_2 \times \cdots \times X_n, Y)$ 满足

$$\lim_{\|h\| \to 0} \frac{1}{\|h\|} \|T(x_0 + h) - Tx_0 - DT(x_0)h\| = 0,$$

其中 $h = (h_1,h_2,\cdots,h_n) \in X_1 \times X_2 \times \cdots \times X_n$, 则称 T 在 x_0 处 F 可微. 称 $DT(x_0)$ 为 T 在 x_0 处的 F 导算子, 而称 $DT(x_0)h$ 是 T 在 x_0 处的 F 微分. 若 $\Omega \subset X$ 并且 T 在 Ω 上每一点 F 可微分, 则称 T 在 Ω 上 F 可微分. 称 DT 是算子 T 的 F 导映射, 如果导映射 DT 在 x_0 处连续, 则称映射 T 在 x_0 处连续可微.

如果对于 $i \in \{1,2,\cdots,n\}$, 存在 $D_{x_i}T(x_0) \in \mathscr{B}(X_i,Y)$, 满足

$$\lim_{\|h_i\|_i \to 0} \frac{1}{\|h_i\|_i} \left\| T\left(x_1^{(0)},\cdots,x_i^{(0)}+h_i,\cdots,x_n^{(0)}\right) - Tx_0 - D_{x_i}T(x_0)h_i \right\|_i = 0,$$

则称 $D_{x_i}T(x_0)$ 为 T 在 x_0 处对 x_i 的 F 偏导算子.

三、习题详解与精析

1. 设算子 $T:l^2 \to l^2$ 定义如下: $\forall (x_1,x_2,\cdots,x_n,\cdots) \in l^2$,

$$T(x_1, x_2, \cdots, x_n, \cdots) = (x_1, x_2^2, \cdots, x_n^n, \cdots).$$

证明对任何 $r > 1$, T 在 $\overline{B}(\theta, r)$ 上连续, 但 $T(\overline{B}(\theta, r))$ 无界, 其中 θ 表示 l^2 中的零元素.

证明　设 $x_n = (x_1^{(n)}, x_2^{(n)}, \cdots, x_m^{(n)}, \cdots) \in l^2$ $(n = 0, 1, 2, \cdots)$, $x_n \to x_0$. 由于正项级数 $\sum\limits_{m=1}^{\infty} \left| x_m^{(0)} \right|^2 < +\infty$, 于是 $\forall \varepsilon \in (0, 1)$, 存在 $m_0 \in \mathbf{N}$, 使得

$$\sum_{m=m_0+1}^{\infty} \left| x_m^{(0)} \right|^2 < \frac{\varepsilon^2}{16},$$

并且同时满足

$$\left(\frac{\varepsilon^2}{4} \right)^{m_0} < 1 - \frac{\varepsilon^2}{4},$$

从而当 $m > m_0$ 时, $\left| x_m^{(0)} \right| < \frac{\varepsilon}{4}$. 因为 $x_n \to x_0$, 所以存在 $N \in \mathbf{N}$, 使得当 $n > N$ 时,

$$\left| x_m^{(n)} - x_m^{(0)} \right|^2 \leqslant \| x_n - x_0 \|^2 = \sum_{m=1}^{\infty} \left| x_m^{(n)} - x_m^{(0)} \right|^2 < \frac{\varepsilon^2}{16}, \quad \forall m \in \mathbf{N}.$$

于是可见 $\forall m \in \mathbf{N}$, $\lim\limits_{n \to \infty} \left| x_m^{(n)} - x_m^{(0)} \right| = 0$, 即 $\lim\limits_{n \to \infty} x_m^{(n)} = x_m^{(0)}$. 另外当 $n > N$, $m > m_0$ 时, 利用不等式

$$\left| x_m^{(n)} \right| - \left| x_m^{(0)} \right| \leqslant \left| x_m^{(n)} - x_m^{(0)} \right| < \frac{\varepsilon}{4},$$

得到

$$\left| x_m^{(n)} \right| < \frac{\varepsilon}{4} + \left| x_m^{(0)} \right| < \frac{\varepsilon}{4} + \frac{\varepsilon}{4} = \frac{\varepsilon}{2}.$$

从而当 $n > N$ 时,

$$\begin{aligned}
\| Tx_n - Tx_0 \|^2 &= \sum_{m=1}^{\infty} \left| \left(x_m^{(n)} \right)^m - \left(x_m^{(0)} \right)^m \right|^2 \\
&\leqslant \sum_{m=1}^{m_0} \left| \left(x_m^{(n)} \right)^m - \left(x_m^{(0)} \right)^m \right|^2 + \sum_{m=m_0+1}^{\infty} \left(\left| x_m^{(n)} \right|^m + \left| x_m^{(0)} \right|^m \right)^2 \\
&\leqslant \sum_{m=1}^{m_0} \left| \left(x_m^{(n)} \right)^m - \left(x_m^{(0)} \right)^m \right|^2 + \sum_{m=m_0+1}^{\infty} \left(\left(\frac{\varepsilon}{2} \right)^m + \left(\frac{\varepsilon}{4} \right)^m \right)^2
\end{aligned}$$

$$\leqslant \sum_{m=1}^{m_0} \left| \left(x_m^{(n)}\right)^m - \left(x_m^{(0)}\right)^m \right|^2 + \sum_{m=m_0+1}^{\infty} \left(\frac{\varepsilon^m}{2^{m-1}}\right)^2$$

$$= \sum_{m=1}^{m_0} \left| \left(x_m^{(n)}\right)^m - \left(x_m^{(0)}\right)^m \right|^2 + \frac{\varepsilon^2 \left(\varepsilon^2/4\right)^{m_0}}{1 - \left(\varepsilon^2/4\right)}$$

$$< \sum_{m=1}^{m_0} \left| \left(x_m^{(n)}\right)^m - \left(x_m^{(0)}\right)^m \right|^2 + \varepsilon^2,$$

因此从 $\lim\limits_{n\to\infty} \left|x_m^{(n)} - x_m^{(0)}\right| = 0$ 可得 $\varlimsup\limits_{n\to\infty} \|Tx_n - Tx_0\|^2 \leqslant \varepsilon^2$，再根据 ε 的任意性，就有 $\varlimsup\limits_{n\to\infty} \|Tx_n - Tx_0\|^2 = 0$，即 $\lim\limits_{n\to\infty} \|Tx_n - Tx_0\| = 0$．这说明 T 在 l^2 上连续．

另一方面，取 $x_n = (r\delta_{mn})_{m=1}^{\infty}$ $(n=1,2,\cdots)$，其中 $\delta_{mn} = 1(m=n)$，$\delta_{mn} = 0(m \neq n)$．显然 $x_n \in l^2$ $(n=1,2,\cdots)$，并且 $\|x_n\| = r$，即 $x_n \in \bar{B}(\theta,r)$．但是 $\|Tx_n\| = r^n \to \infty (n\to\infty)$，表明 $T(\bar{B}(\theta,r))$ 无界．

2. 证明空间 $C[a,b]$ 上的范数 $\varphi(x) = \|x\| = \max\limits_{a \leqslant t \leqslant b} |x(t)|$ 在 x 处 G 可微分当且仅当存在唯一的 $t_0 \in [a,b]$，使得 $|x(t_0)| = \|x\|$．

证明　（必要性）设 $\varphi(x)$ 在 x 处是 G 可微分的，但是使得 $|x(t_0)| = \|x\|$ 的 $t_0 \in [a,b]$ 不是唯一的，下面对不同情形进行讨论．

(1) 如果 $\|x\| = 0$，即 $x = \theta$(这里 θ 表示 $C[a,b]$ 中的零元素)，那么 $\forall h \neq \theta$，

$$\delta_+\varphi(x)h = \lim_{\tau\to 0^+} \frac{\varphi(\theta+\tau h) - \varphi(\theta)}{\tau} = \lim_{\tau\to 0^+} \frac{\tau\|h\|}{\tau} = \|h\|,$$

$$\delta_-\varphi(x)h = \lim_{\tau\to 0^-} \frac{\varphi(\theta+\tau h) - \varphi(\theta)}{\tau} = \lim_{\tau\to 0^-} \frac{-\tau\|h\|}{\tau} = -\|h\|,$$

于是 $\delta_+\varphi(x)h \neq \delta_-\varphi(x)h$，矛盾．

(2) 如果存在 $t_1, t_2 \in [a,b]$，$t_1 \neq t_2$，使得 $|x(t_1)| = |x(t_2)| = \|x\| > 0$，并且

$$\{t \in [a,b] \mid x(t) = -\|x\|\} = \varnothing,$$

那么 $x(t_1) = x(t_2) > 0$，同时

$$-x(t_1) = -x(t_2) < \min_{t\in[a,b]} x(t).$$

取 $h_0 \in C[a,b]$，满足 $\|h_0\| = 1$，$h_0(t) \geqslant 0$，$h_0(t_1) = 1$，$h_0(t_2) = 0$．于是当 $\tau > 0$ 时，$\forall t \in [a,b]$，

$$-x(t_1) < \min_{t\in[a,b]} x(t) \leqslant x(t) + \tau h_0(t) \leqslant x(t_1) + \tau h_0(t_1) = x(t_1) + \tau,$$

故

$$\delta_+\varphi(x)h_0 = \lim_{\tau\to 0^+}\frac{\|x+\tau h_0\|-\|x\|}{\tau} = \lim_{\tau\to 0^+}\frac{x(t_1)+\tau-x(t_1)}{\tau} = 1\,;$$

当 $\tau < 0$，并且满足

$$0 < -\tau < \min_{t\in[a,b]}x(t)+x(t_2)$$

时，$\forall t\in[a,b]$,

$$-x(t_2) < \min_{t\in[a,b]}x(t)+\tau \leqslant x(t)+\tau h_0(t) \leqslant x(t_2)+\tau h_0(t_2) = x(t_2),$$

故

$$\delta_-\varphi(x)h_0 = \lim_{\tau\to 0^-}\frac{\|x+\tau h_0\|-\|x\|}{\tau} = \lim_{\tau\to 0^+}\frac{x(t_2)-x(t_2)}{\tau} = 0.$$

从而 $\delta_+\varphi(x)h_0 \neq \delta_-\varphi(x)h_0$，矛盾.

(3) 如果存在 $t_1,t_2\in[a,b]$, $t_1\neq t_2$, 使得 $|x(t_1)|=|x(t_2)|=\|x\|>0$, 并且

$$\{t\in[a,b]\mid x(t)=\|x\|\} = \varnothing,$$

那么 $x(t_1)=x(t_2)<0$, 同时

$$-x(t_1) = -x(t_2) > \max_{t\in[a,b]}x(t).$$

取 $h_0\in C[a,b]$, 满足 $\|h_0\|=1$, $h_0(t)\geqslant 0$, $h_0(t_1)=1$, $h_0(t_2)=0$. 于是当 $\tau>0$, 并且满足

$$0 < \tau < -\max_{t\in[a,b]}x(t)-x(t_2)$$

时，$\forall t\in[a,b]$,

$$x(t_2) = x(t_2)+\tau h_0(t_2) \leqslant x(t)+\tau h_0(t) \leqslant \max_{t\in[a,b]}x(t)+\tau < -x(t_2),$$

故

$$\delta_+\varphi(x)h_0 = \lim_{\tau\to 0^+}\frac{\|x+\tau h_0\|-\|x\|}{\tau} = \lim_{\tau\to 0^+}\frac{-x(t_2)+x(t_2)}{\tau} = 0\,;$$

当 $\tau<0$ 时，$\forall t\in[a,b]$,

$$x(t_1)+\tau = x(t_1)+\tau h_0(t_1) \leqslant x(t)+\tau h_0(t) \leqslant \max_{t\in[a,b]}x(t) < -x(t_1),$$

故

$$\delta_-\varphi(x)h_0 = \lim_{\tau\to 0^-}\frac{\|x+\tau h_0\|-\|x\|}{\tau} = \lim_{\tau\to 0^+}\frac{-x(t_1)-\tau+x(t_1)}{\tau} = -1.$$

从而 $\delta_+\varphi(x)h_0 \neq \delta_-\varphi(x)h_0$，矛盾.

(4) 如果存在 $t_1, t_2 \in [a,b]$，$t_1 \neq t_2$，使得 $x(t_1) = -x(t_2) = \|x\| > 0$，

$$x(t_1) = \max_{t \in [a,b]} x(t), \quad x(t_2) = \min_{t \in [a,b]} x(t).$$

取 $h_0(t) \equiv 1$. 于是当 $\tau > 0$，$\forall t \in [a,b]$，

$$-x(t_1) - \tau < -x(t_1) = x(t_2) < x(t) + \tau h_0(t) \leqslant x(t_1) + \tau h_0(t_1) = x(t_1) + \tau,$$

故

$$\delta_+ \varphi(x) h_0 = \lim_{\tau \to 0^+} \frac{\|x + \tau h_0\| - \|x\|}{\tau} = \lim_{\tau \to 0^+} \frac{x(t_1) + \tau - x(t_1)}{\tau} = 1 ;$$

当 $\tau < 0$ 时，$\forall t \in [a,b]$，

$$x(t_2) + \tau = x(t_2) + \tau h_0(t_2) \leqslant x(t) + \tau h_0(t) < x(t_1) = -x(t_2) < -x(t_2) - \tau,$$

故

$$\delta_- \varphi(x) h_0 = \lim_{\tau \to 0^-} \frac{\|x + \tau h_0\| - \|x\|}{\tau} = \lim_{\tau \to 0^+} \frac{-x(t_2) - \tau + x(t_2)}{\tau} = -1.$$

从而 $\delta_+ \varphi(x) h_0 \neq \delta_- \varphi(x) h_0$，矛盾.

（充分性）设存在唯一的 $t_0 \in [a,b]$，使得 $|x(t_0)| = \|x\|$. 对于 $\tau \in \mathbf{R}$，$h \in C[a,b]$，记

$$t_\tau = \sup \{ t \in [a,b] \mid |x(t) + \tau h(t)| = \|x + \tau h\| \},$$

则存在 $\{t_n\} \subset [a,b]$ 满足 $t_n \to t_\tau$，并且 $|x(t_n) + \tau h(t_n)| = \|x + \tau h\|$，令 $n \to \infty$ 可得

$$|x(t_\tau) + \tau h(t_\tau)| = \|x + \tau h\|.$$

下面说明 $t_\tau \to t_0 (\tau \to 0)$. 如若不然，存在 $\varepsilon_0 > 0$ 以及 $\tau_n \to 0$，有 $|t_{\tau_n} - t_0| \geqslant \varepsilon_0$. 而 $t_{\tau_n} \in [a,b]$，则存在子列 $t_{\tau_{n_k}} \to t' \in [a,b]$，并且

$$\left| x\left(t_{\tau_{n_k}} \right) + \tau_{n_k} h\left(t_{\tau_{n_k}} \right) \right| = \|x + \tau_{n_k} h\|$$

以及 $\left| t_{\tau_{n_k}} - t_0 \right| \geqslant \varepsilon_0$. 令 $k \to \infty$ 可得 $|x(t')| = \|x\|$，$|t' - t_0| \geqslant \varepsilon_0$，矛盾.

根据本章问题 4 的结论可知 $\delta_- \varphi(x) h$，$\delta_+ \varphi(x) h$ 存在，并且

$$\delta_- \varphi(x) h \leqslant \delta_+ \varphi(x) h.$$

如果 $x(t_0) = \|x\| > 0$，则 $x(t_\tau) + \tau h(t_\tau) \to x(t_0) > 0 (\tau \to 0)$，于是存在 $\delta > 0$，使得当 $0 < |\tau| < \delta$ 时，$x(t_\tau) + \tau h(t_\tau) > 0$，此时 $x(t_\tau) + \tau h(t_\tau) = \|x + \tau h\|$. 另外

$$\delta_+ \varphi(x) h = \lim_{\tau \to 0^+} \frac{\|x + \tau h\| - \|x\|}{\tau} = \lim_{\tau \to 0^+} \frac{|x(t_\tau) + \tau h(t_\tau)| - x(t_0)}{\tau}$$

$$= \lim_{\tau \to 0^+} \left(\frac{x(t_\tau) - x(t_0)}{\tau} + h(t_\tau) \right) = \lim_{\tau \to 0^+} \frac{x(t_\tau) - x(t_0)}{\tau} + h(t_0) \leqslant h(t_0),$$

$$\delta_- \varphi(x) h = \lim_{\tau \to 0^-} \frac{\|x + \tau h\| - \|x\|}{\tau} = \lim_{\tau \to 0^-} \frac{|x(t_\tau) + \tau h(t_\tau)| - x(t_0)}{\tau}$$

$$= \lim_{\tau \to 0^-} \left(\frac{x(t_\tau) - x(t_0)}{\tau} + h(t_\tau) \right) = \lim_{\tau \to 0^-} \frac{x(t_\tau) - x(t_0)}{\tau} + h(t_0) \geqslant h(t_0).$$

于是 $\delta_- \varphi(x) h = \delta_+ \varphi(x) h = h(t_0)$, 即 $\delta\varphi(x) h = h(t_0)$. 显然 $\delta\varphi(x)$ 是线性泛函, 而 $\forall h \in C[a,b]$, $|\delta\varphi(x) h| = |h(t_0)| \leqslant \|h\|$, 故 $\delta\varphi(x)$ 是有界线性泛函, 即 $\varphi(x)$ 在 x 处是 G 可微分的, $\mathrm{d}\varphi(x) h = h(t_0)$.

如果 $-x(t_0) = \|x\| > 0$, 则 $x(t_\tau) + \tau h(t_\tau) \to x(t_0) < 0 (\tau \to 0)$, 于是存在 $\delta > 0$, 使得当 $0 < |\tau| < \delta$ 时, $x(t_\tau) + \tau h(t_\tau) < 0$, 此时 $-x(t_\tau) - \tau h(t_\tau) = \|x + \tau h\|$. 另外

$$\delta_+ \varphi(x) h = \lim_{\tau \to 0^+} \frac{\|x + \tau h\| - \|x\|}{\tau} = \lim_{\tau \to 0^+} \frac{|x(t_\tau) + \tau h(t_\tau)| + x(t_0)}{\tau}$$

$$= \lim_{\tau \to 0^+} \left(\frac{x(t_0) - x(t_\tau)}{\tau} - h(t_\tau) \right) = \lim_{\tau \to 0^+} \frac{x(t_0) - x(t_\tau)}{\tau} - h(t_0) \leqslant -h(t_0),$$

$$\delta_- \varphi(x) h = \lim_{\tau \to 0^-} \frac{\|x + \tau h\| - \|x\|}{\tau} = \lim_{\tau \to 0^-} \frac{|x(t_\tau) + \tau h(t_\tau)| + x(t_0)}{\tau}$$

$$= \lim_{\tau \to 0^-} \left(\frac{x(t_0) - x(t_\tau)}{\tau} - h(t_\tau) \right) = \lim_{\tau \to 0^-} \frac{x(t_0) - x(t_\tau)}{\tau} - h(t_0) \geqslant -h(t_0).$$

于是 $\delta_- \varphi(x) h = \delta_+ \varphi(x) h = -h(t_0)$, 即 $\delta\varphi(x) h = -h(t_0)$. 显然 $\delta\varphi(x)$ 是线性泛函, 而 $\forall h \in C[a,b]$, $|\delta\varphi(x) h| = |-h(t_0)| \leqslant \|h\|$, 故 $\delta\varphi(x)$ 是有界线性泛函, 即 $\varphi(x)$ 在 x 处是 G 可微分的, $\mathrm{d}\varphi(x) h = -h(t_0)$.

3. 设 X, Y 为实 Banach 空间, G 是 X 中的开集. 如果 $f:[a,b] \times G \to Y$ 连续且 F 偏导映射 $\mathrm{D}_x f(t,x)$ 连续, 记 $g(x) = \int_a^b f(t,x)\mathrm{d}t$, 证明 g 在 G 上 F 可微, 并且

$$\mathrm{D}g(x) = \int_a^b \mathrm{D}_x f(t,x)\mathrm{d}t.$$

证明　已知 $\forall t \in [a,b]$, $x \in G$, $\mathrm{D}_x f(t,x) \in \mathscr{B}(X,Y)$, 定义

$$\mathrm{D}g(x) h = \int_a^b \mathrm{D}_x f(t,x) h \mathrm{d}t, \quad \forall h \in X,$$

则 $\mathrm{D}g(x): X \to Y$ 是线性算子, 并且

$$\left\|\mathrm{D}g(x)h\right\| \leqslant \int_a^b \left\|\mathrm{D}_x f(t,x)\right\|\left\|h\right\|\mathrm{d}t \leqslant \left\|h\right\|\int_a^b \left\|\mathrm{D}_x f(t,x)\right\|\mathrm{d}t, \quad \forall h \in X,$$

故 $\mathrm{D}g(x) \in \mathscr{B}(X,Y)$.

给定 $x_0 \in G$, 对于任意的 $t_0 \in [a,b]$, 由于 $\mathrm{D}_x f(t,x)$ 在 $[a,b] \times G$ 上连续, 故 $\forall \varepsilon > 0$, 存在常数 $\delta_{t_0} > 0$, 使得当 $t \in \left(t_0 - \delta_{t_0}, t_0 + \delta_{t_0}\right) \bigcap [a,b]$, $x \in B\left(x_0, \delta_{t_0}\right) \subset G$ 时,

$$\left\|\mathrm{D}_x f(t,x) - \mathrm{D}_x f(t_0, x_0)\right\| < \frac{\varepsilon}{2(b-a)}.$$

因为

$$[a,b] \subset \bigcup_{t \in [a,b]} \left(t - \delta_t, t + \delta_t\right),$$

所以根据有限覆盖定理, 存在 $t_i \in [a,b]$ $(i = 1,2,\cdots,n)$, 使得

$$[a,b] \subset \bigcup_{i=1}^{n}\left(t_i - \delta_{t_i}, t_i + \delta_{t_i}\right).$$

令 $\delta = \min\left\{\delta_{t_1}, \delta_{t_2}, \cdots, \delta_{t_n}\right\}$, 而 $\forall t \in [a,b]$, 存在 $i(1 \leqslant i \leqslant n)$, 使得 $t \in \left(t_i - \delta_{t_i}, t_i + \delta_{t_i}\right)$, 于是当 $x \in B\left(x_0, \delta\right) \subset G$ 时,

$$\left\|\mathrm{D}_x f(t,x) - \mathrm{D}_x f(t,x_0)\right\| \leqslant \left\|\mathrm{D}_x f(t,x) - \mathrm{D}_x f(t_i, x_0)\right\| + \left\|\mathrm{D}_x f(t_i, x_0) - \mathrm{D}_x f(t,x_0)\right\| < \frac{\varepsilon}{b-a}.$$

对于 $h \in X$, $\|h\| < \delta$, 有 $x_0 + h \in B\left(x_0, \delta\right) \subset G$. 对任意给定的 $t \in [a,b]$, 定义算子 $T:B(\theta, \delta) \subset X \to Y$ 为 $Th = f(t, x_0 + h) - \mathrm{D}_x f(t, x_0)h$, $\forall h \in B(\theta, \delta)$, 其中 θ 表示 X 中的零元素. 根据命题 7.5, $\mathrm{D}Th = \mathrm{D}_x f(t, x_0 + h) - \mathrm{D}_x f(t, x_0)$, 于是再由定理 7.5 可知, 存在 $\tau = \tau(t,h) \in (0,1)$, 满足

$$\left\|f\left(t, x_0 + h\right) - f\left(t, x_0\right) - \mathrm{D}_x f(t, x_0)h\right\| = \left\|T(\theta + h) - T\theta\right\|$$

$$\leqslant \left\|\mathrm{D}T(\tau h)\right\|\left\|h\right\| = \left\|\mathrm{D}_x f\left(t, x_0 + \tau h\right) - \mathrm{D}_x f(t, x_0)\right\|\left\|h\right\| < \frac{\varepsilon}{b-a}\|h\|.$$

因此当 $\|h\| < \delta$ 时,

$$\left\|g(x_0 + h) - g(x_0) - \int_a^b \mathrm{D}_x f(t, x_0)h\mathrm{d}t\right\|$$

$$= \left\|\int_a^b f(t, x_0 + h)\mathrm{d}t - \int_a^b f(t, x_0)\mathrm{d}t - \int_a^b \mathrm{D}_x f(t, x_0)h\mathrm{d}t\right\|$$

$$\leqslant \int_a^b \left\|f(t, x_0 + h) - f(t, x_0) - \mathrm{D}_x f(t, x_0)h\right\|\mathrm{d}t$$

$$< (b-a)\frac{\varepsilon}{b-a}\|h\| = \varepsilon\|h\|.$$

所以 g 在 x_0 处 F 可微, 再由 $x_0 \in G$ 的任意性, g 在 G 上 F 可微.

注　可与数学分析中求导和积分交换次序的结论相比较. 由于 F 偏导映射 $D_x f(t,x)$ 连续, 故根据本章问题 16 的结论可知 F 导算子 Dg 在 G 上连续.

4. 设 X 为 Banach 空间, $T : X \to X$ 在 X 上 F 可微分, 并且对任何 $t \in \mathbf{R}$ 和 $x \in X$, 有 $T(tx) = tTx$. 证明 T 是线性的(实际上, $Tx = T'(\theta)x$).

证明　由于对任何 $t \in \mathbf{R}$ 和 $x \in X$, 有 $T(tx) = tTx$, 故取 $t = 0$ 可得 $T\theta = \theta$, 这里 θ 为 X 中的零元素. 因为 T 在 X 上 F 可微分, 所以对于 $x \neq \theta$,

$$\|Tx - T'(\theta)x\| = \lim_{t \to 0} \frac{\|tTx - tT'(\theta)x\|}{|t|}$$

$$= \lim_{t \to 0} \frac{\|T(tx) - T'(\theta)(tx)\|}{|t|} = \lim_{t \to 0} \frac{\|T(\theta + tx) - T\theta - T'(\theta)(tx)\|}{\|th\|} \|h\| = 0,$$

故 $Tx = T'(\theta)x$, $\forall x \in X$. 因此 $T = T'(\theta)$ 是线性的.

注　从证明中可见, T 只需在 θ 处 F 可微分即可.

5. 设 $X = C[a,b]$, $k : [a,b] \times [a,b] \to \mathbf{R}$ 连续, 定义积分算子

$$(Ku)(s) = u(s) \int_a^b k(s,t)u(t)\mathrm{d}t \quad (a \leqslant s \leqslant b, \ u \in X),$$

证明 K 在 X 上 F 可微, 并写出它的 F 微分.

证明　由于 $k : [a,b] \times [a,b] \to \mathbf{R}$ 连续, 根据数学分析的知识可知, $K : X \to X$. 另外当 $u \in X$ 时, $\forall h \in X$,

$$\big(K(u + h) - Ku\big)(s)$$

$$= (u + h)(s) \int_a^b k(s,t)\big(u(t) + h(t)\big)\mathrm{d}t - u(s) \int_a^b k(s,t)u(t)\mathrm{d}t$$

$$= h(s) \int_a^b k(s,t)u(t)\mathrm{d}t + u(s) \int_a^b k(s,t)h(t)\mathrm{d}t + h(s) \int_a^b k(s,t)h(t)\mathrm{d}t,$$

令

$$(Ah)(s) = h(s) \int_a^b k(s,t)u(t)\mathrm{d}t + u(s) \int_a^b k(s,t)h(t)\mathrm{d}t,$$

$$(Bh)(s) = h(s) \int_a^b k(s,t)h(t)\mathrm{d}t,$$

即 $K(u + h) - Ku = Ah + Bh$. 显然 A 为 X 上的线性算子, 并且

$$\|Ah\| \leqslant 2\|h\|\|u\| \max_{s \in [a,b]} \int_a^b k(s,t)\mathrm{d}t,$$

可见 $A \in \mathscr{B}(X)$. 另外

$$\|Bh\| \leqslant \|h\|^2 \max_{s \in [a,b]} \int_a^b k(s,t)\mathrm{d}t ,$$

即 $\|Bh\| = o(\|h\|)$. 因此根据定理 7.6, K 在 X 上 F 可微, 并且它的 F 微分

$$(\mathrm{D}K(u)h)(s) = h(s)\int_a^b k(s,t)u(t)\mathrm{d}t + u(s)\int_a^b k(s,t)h(t)\mathrm{d}t .$$

6. 设 $X = C^1[0,1]$, 其中的范数为

$$\| x \| = \max\left\{ \max_{a \leqslant t \leqslant b} | x(t) |, \max_{a \leqslant t \leqslant b} | x'(t) | \right\}, \quad \forall x \in C^1[0,1].$$

讨论泛函

$$\varphi(x) = \int_0^1 ((x(t))^3 + (x'(t))^4)\mathrm{d}t \quad (x \in X)$$

高阶微分的存在性.

解　设 $g_1(u,v) = u^3 + v^4$, 则

$$\frac{\partial g_1}{\partial u}(u,v) = 3u^2, \quad \frac{\partial g_1}{\partial v}(u,v) = 4v^3$$

在 $\mathbf{R}^2$ 上连续. 令 $x \in C^1[0,1]$, 定义

$$(A_1x)h_1 = \int_0^1 \left(\frac{\partial g_1}{\partial u}(x(t),x'(t))h_1(t) + \frac{\partial g_1}{\partial v}(x(t),x'(t))h_1'(t) \right)\mathrm{d}t, \quad \forall h_1 \in C^1[a,b],$$

则 A_1x 是 $C^1[0,1]$ 上的线性泛函, 并且

$$\left| (A_1x)h_1 \right| \leqslant \int_0^1 \left(\left| \frac{\partial g_1}{\partial u}(x(t),x'(t)) \right| |h_1(t)| + \left| \frac{\partial g_1}{\partial v}(x(t),x'(t)) \right| |h_1'(t)| \right)\mathrm{d}t$$

$$\leqslant \|h_1\| \int_0^1 \left(\left| \frac{\partial g_1}{\partial u}(x(t),x'(t)) \right| + \left| \frac{\partial g_1}{\partial v}(x(t),x'(t)) \right| \right)\mathrm{d}t,$$

故 A_1x 是 $C^1[0,1]$ 上的有界线性泛函. 利用多元函数的 Taylor 公式

$$\left| \varphi(x + h_1) - \varphi(x) - (Ax)h_1 \right|$$

$$\leqslant \int_0^1 \Big| g_1(x(t) + h_1(t), x'(t) + h_1'(t)) - g_1(x(t),x'(t))$$

$$- \frac{\partial g_1}{\partial u}(x(t),x'(t))h_1(t) - \frac{\partial g_1}{\partial v}(x(t),x'(t))h_1'(t) \Big|\mathrm{d}t$$

$$= \int_0^1 \Big| \frac{\partial g_1}{\partial u}(x(t) + \theta_1(t)h_1(t), x'(t) + \theta_1(t)h_1'(t))h_1(t)$$

$$+\frac{\partial g_1}{\partial v}\big(x(t)+\theta_1(t)h_1(t),x'(t)+\theta_1(t)h_1'(t)\big)h_1'(t)$$

$$-\frac{\partial g_1}{\partial u}\big(x(t),x'(t)\big)h_1(t)-\frac{\partial g_1}{\partial v}\big(x(t),x'(t)\big)h_1'(t)\bigg|dt$$

$$\leqslant\int_0^1\bigg|\frac{\partial g_1}{\partial u}\big(x(t)+\theta_1(t)h_1(t),x'(t)+\theta_1(t)h_1'(t)\big)-\frac{\partial g_1}{\partial u}\big(x(t),x'(t)\big)\bigg|\big|h_1(t)\big|dt$$

$$+\int_0^1\bigg|\frac{\partial g_1}{\partial v}\big(x(t)+\theta_1(t)h_1(t),x'(t)+\theta_1(t)h_1'(t)\big)-\frac{\partial g_1}{\partial v}\big(x(t),x'(t)\big)\bigg|\big|h_1'(t)\big|dt$$

$$\leqslant\|h_1\|\bigg(\int_0^1\bigg|\frac{\partial g_1}{\partial u}\big(x(t)+\theta_1(t)h_1(t),x'(t)+\theta_1(t)h_1'(t)\big)-\frac{\partial g_1}{\partial u}\big(x(t),x'(t)\big)\bigg|dt$$

$$+\int_0^1\bigg|\frac{\partial g_1}{\partial v}\big(x(t)+\theta_1(t)h_1(t),x'(t)+\theta_1(t)h_1'(t)\big)-\frac{\partial g_1}{\partial v}\big(x(t),x'(t)\big)\bigg|dt\bigg),$$

其中 $0<\theta_1(t)<1$. 因为 $\dfrac{\partial g_1}{\partial u}(u,v)$，$\dfrac{\partial g_1}{\partial v}(u,v)$ 在 $\big[-\|x\|-1,\|x\|+1\big]\times\big[-\|x\|-1,\|x\|+1\big]$ 上一致连续，所以 $\forall\varepsilon>0$，存在 $\delta_1\in(0,1)$，使得当 $\|h_1\|<\delta_1$ 时，$\forall t\in[0,1]$，

$$\bigg|\frac{\partial g_1}{\partial u}\big(x(t)+\theta_1(t)h_1(t),x'(t)+\theta_1(t)h_1'(t)\big)-\frac{\partial g_1}{\partial u}\big(x(t),x'(t)\big)\bigg|<\frac{\varepsilon}{2},$$

$$\bigg|\frac{\partial g_1}{\partial v}\big(x(t)+\theta_1(t)h_1(t),x'(t)+\theta_1(t)h_1'(t)\big)-\frac{\partial g_1}{\partial v}\big(x(t),x'(t)\big)\bigg|<\frac{\varepsilon}{2}.$$

从而 $\big|\varphi(x+h_1)-\varphi(x)-(A_1x)h_1\big|<\varepsilon\|h_1\|$，即 φ 是 F 可微分的，且

$$\mathrm{D}\varphi(x)h_1=\int_0^1\Big(3\big(x(t)\big)^2h_1(t)+4\big(x'(t)\big)^3h_1'(t)\Big)dt.$$

设

$$g_2(t,u,v)=\frac{\partial g_1}{\partial u}(u,v)h_1(t)+\frac{\partial g_1}{\partial v}(u,v)h_1'(t)=3u^2h_1(t)+4v^3h_1'(t),$$

则

$$\frac{\partial g_2}{\partial u}(t,u,v)=6uh_1(t),\quad\frac{\partial g_2}{\partial v}(t,u,v)=12v^2h_1'(t)$$

在 $[0,1]\times\mathbf{R}^2$ 上连续. 令 $x\in C^1[0,1]$，定义 $\forall h_2\in C^1[a,b]$，

$$(A_2x)h_2=\int_0^1\bigg(\frac{\partial g_2}{\partial u}\big(t,x(t),x'(t)\big)h_2(t)+\frac{\partial g_2}{\partial v}\big(t,x(t),x'(t)\big)h_2'(t)\bigg)dt,$$

则 A_2x 是 $C^1[0,1]$ 上的线性泛函，并且

$$\left|(A_2 x)h_2\right| \leqslant \int_0^1 \left(\left|\frac{\partial g_2}{\partial u}(t,x(t),x'(t))\right| |h_2(t)| + \left|\frac{\partial g_2}{\partial v}(t,x(t),x'(t))\right| |h_2'(t)|\right) \mathrm{d}t$$

$$\leqslant \|h_2\| \int_0^1 \left(\left|\frac{\partial g_2}{\partial u}(t,x(t),x'(t))\right| + \left|\frac{\partial g_2}{\partial v}(t,x(t),x'(t))\right|\right) \mathrm{d}t,$$

故 $A_2 x$ 是 $C^1[0,1]$ 上的有界线性泛函. 利用多元函数的 Taylor 公式

$$\left|\mathrm{D}\varphi(x+h_2)h_1 - \mathrm{D}\varphi(x)h_1 - (A_2 x)h_2\right|$$

$$\leqslant \int_0^1 \Big| g_2(t,x(t)+h_2(t),x'(t)+h_2'(t)) - g_2(t,x(t),x'(t))$$

$$-\frac{\partial g_2}{\partial u}(t,x(t),x'(t))h_2(t) - \frac{\partial g_2}{\partial v}(t,x(t),x'(t))h_2'(t)\Big| \mathrm{d}t$$

$$= \int_0^1 \Big| \frac{\partial g_2}{\partial u}\big(t,x(t)+\theta_2(t)h_2(t),x'(t)+\theta_2(t)h_2'(t)\big)h_2(t)$$

$$+\frac{\partial g_2}{\partial v}\big(t,x(t)+\theta_2(t)h_2(t),x'(t)+\theta_2(t)h_2'(t)\big)h_2'(t)$$

$$-\frac{\partial g_2}{\partial u}(t,x(t),x'(t))h_2(t) - \frac{\partial g_2}{\partial v}(t,x(t),x'(t))h_2'(t)\Big| \mathrm{d}t$$

$$\leqslant \int_0^1 \left|\frac{\partial g_2}{\partial u}\big(t,x(t)+\theta_2(t)h_2(t),x'(t)+\theta_2(t)h_2'(t)\big) - \frac{\partial g_2}{\partial u}(t,x(t),x'(t))\right| |h_2(t)| \mathrm{d}t$$

$$+\int_0^1 \left|\frac{\partial g_2}{\partial v}\big(t,x(t)+\theta_2(t)h_2(t),x'(t)+\theta_2(t)h_2'(t)\big) - \frac{\partial g_2}{\partial v}(t,x(t),x'(t))\right| |h_2'(t)| \mathrm{d}t$$

$$\leqslant \|h_2\| \Bigg(\int_0^1 \left|\frac{\partial g_2}{\partial u}\big(t,x(t)+\theta_2(t)h_2(t),x'(t)+\theta_2(t)h_2'(t)\big) - \frac{\partial g_2}{\partial u}(t,x(t),x'(t))\right| \mathrm{d}t$$

$$+\int_0^1 \left|\frac{\partial g_2}{\partial v}\big(t,x(t)+\theta_2(t)h_2(t),x'(t)+\theta_2(t)h_2'(t)\big) - \frac{\partial g_2}{\partial v}(t,x(t),x'(t))\right| \mathrm{d}t \Bigg),$$

其中 $0 < \theta_2(t) < 1$. 因为 $\dfrac{\partial g_2}{\partial u}(t,u,v)$, $\dfrac{\partial g_2}{\partial v}(t,u,v)$ 在

$$[0,1] \times \big[-\|x\|-1, \|x\|+1\big] \times \big[-\|x\|-1, \|x\|+1\big]$$

上一致连续, 所以 $\forall \varepsilon > 0$, 存在 $\delta_2 \in (0,1)$, 使得当 $\|h_2\| < \delta_2$ 时, $\forall t \in [0,1]$,

$$\left|\frac{\partial g_2}{\partial u}\big(t,x(t)+\theta_2(t)h_2(t),x'(t)+\theta_2(t)h_2'(t)\big) - \frac{\partial g_2}{\partial u}(t,x(t),x'(t))\right| < \frac{\varepsilon}{2},$$

$$\left|\frac{\partial g_2}{\partial v}\big(t,x(t)+\theta_2(t)h_2(t),x'(t)+\theta_2(t)h_2'(t)\big) - \frac{\partial g_2}{\partial v}(t,x(t),x'(t))\right| < \frac{\varepsilon}{2}.$$

从而 $\left|\mathrm{D}\varphi(x+h_2)h_1 - \mathrm{D}\varphi(x)h_1 - (A_2 x)h_2\right| < \varepsilon \|h_2\|$, 即 $\mathrm{D}\varphi(x)h_1$ 是 F 可微分的, 且

$$D^2\varphi(x)(h_1,h_2)=\int_0^1\Big(6x(t)h_1(t)h_2(t)+12\big(x'(t)\big)^2\,h_1'(t)h_2'(t)\Big)\mathrm{d}t\,.$$

设

$$g_3(t,u,v)=\frac{\partial g_2}{\partial u}(t,u,v)h_2(t)+\frac{\partial g_2}{\partial v}(t,u,v)h_2'(t)=6uh_1(t)h_2(t)+12v^2h_1'(t)h_2'(t)\,,$$

则

$$\frac{\partial g_3}{\partial u}(t,u,v)=6h_1(t)h_2(t),\quad \frac{\partial g_3}{\partial v}(t,u,v)=24vh_1'(t)h_2'(t)$$

在 $[0,1]\times\mathbf{R}^2$ 上连续. 令 $x\in C^1[0,1]$, 定义 $\forall h_3\in C^1[a,b]$,

$$(A_3x)h_3=\int_0^1\bigg(\frac{\partial g_3}{\partial u}(t,x(t),x'(t))h_3(t)+\frac{\partial g_3}{\partial v}(t,x(t),x'(t))h_3'(t)\bigg)\mathrm{d}t\,,$$

类似于前面可知 A_3x 是 $C^1[0,1]$ 上的有界线性泛函, 并且

$$\Big|D^2\varphi(x+h_3)(h_1,h_2)-D^2\varphi(x)(h_1,h_2)-(A_3x)h_3\Big|$$

$$\leqslant\int_0^1\Big|g_3(t,x(t)+h_3(t),x'(t)+h_3'(t))-g_3(t,x(t),x'(t))$$

$$-\frac{\partial g_3}{\partial u}(t,x(t),x'(t))h_3(t)-\frac{\partial g_3}{\partial v}(t,x(t),x'(t))h_3'(t)\Big|\mathrm{d}t$$

$$\leqslant\|h_3\|\bigg(\int_0^1\Big|\frac{\partial g_3}{\partial u}\big(t,x(t)+\theta_3(t)h_3(t),x'(t)+\theta_3(t)h_3'(t)\big)-\frac{\partial g_3}{\partial u}(t,x(t),x'(t))\Big|\mathrm{d}t$$

$$+\int_0^1\Big|\frac{\partial g_3}{\partial v}\big(t,x(t)+\theta_3(t)h_3(t),x'(t)+\theta_3(t)h_3'(t)\big)-\frac{\partial g_3}{\partial v}(t,x(t),x'(t))\Big|\mathrm{d}t\bigg),$$

其中 $0<\theta_3(t)<1$. 同理可得 $\forall\varepsilon>0$, 存在 $\delta_3\in(0,1)$, 使得当 $\|h_3\|<\delta_3$ 时,

$$\Big|D^2\varphi(x+h_3)(h_1,h_2)-D^2\varphi(x)(h_1,h_2)-(A_3x)h_3\Big|<\varepsilon\|h_3\|,$$

即 $D^2\varphi(x)(h_1,h_2)$ 是 F 可微分的, 且

$$D^3\varphi(x)(h_1,h_2,h_3)=\int_0^1\big(6h_1(t)h_2(t)h_3(t)+24x'(t)h_1'(t)h_2'(t)h_3'(t)\big)\mathrm{d}t\,.$$

设

$$g_4(t,u,v)=\frac{\partial g_3}{\partial u}(t,u,v)h_3(t)+\frac{\partial g_3}{\partial v}(t,u,v)h_3'(t)$$

$$=6h_1(t)h_2(t)h_3(t)+24vh_1'(t)h_2'(t)h_3'(t),$$

则

$$\frac{\partial g_4}{\partial u}(t,u,v)=0, \quad \frac{\partial g_4}{\partial v}(t,u,v)=24h_1'(t)h_2'(t)h_3'(t)$$

在 $[0,1]\times \mathbf{R}^2$ 上连续. 令 $x\in C^1[0,1]$, 定义 $\forall h_4\in C^1[a,b]$,

$$(A_4x)h_4=\int_0^1\frac{\partial g_4}{\partial v}(t,x(t),x'(t))h_4'(t)\mathrm{d}t,$$

则 A_4x 是 $C^1[0,1]$ 上的线性泛函, 并且

$$\left|(A_4x)h_4\right|\leqslant \int_0^1\left|\frac{\partial g_4}{\partial v}(t,x(t),x'(t))\right|\left|h_4'(t)\right|\mathrm{d}t\leqslant \|h_4\|\int_0^1\left|\frac{\partial g_4}{\partial v}(t,x(t),x'(t))\right|\mathrm{d}t,$$

故 A_4x 是 $C^1[0,1]$ 上的有界线性泛函. 类似于前面可得

$$\left|\mathrm{D}^3\varphi(x+h_4)(h_1,h_2,h_3)-\mathrm{D}^3\varphi(x)(h_1,h_2,h_3)-(A_4x)h_4\right|$$

$$\leqslant \int_0^1\left|g_4(t,x(t)+h_4(t),x'(t)+h_4'(t))-g_4(t,x(t),x'(t))-\frac{\partial g_4}{\partial v}(t,x(t),x'(t))h_4'(t)\right|\mathrm{d}t$$

$$\leqslant \|h_4\|\int_0^1\left|\frac{\partial g_4}{\partial v}(t,x(t)+\theta_4(t)h_4(t),x'(t)+\theta_4(t)h_4'(t))-\frac{\partial g_4}{\partial v}(t,x(t),x'(t))\right|\mathrm{d}t,$$

其中 $0<\theta_4(t)<1$. 同理可知 $\forall \varepsilon>0$, 存在 $\delta_4\in(0,1)$, 使得当 $\|h_4\|<\delta_4$ 时,

$$\left|\mathrm{D}^3\varphi(x+h_4)(h_1,h_2,h_3)-\mathrm{D}^3\varphi(x)(h_1,h_2,h_3)-(A_4x)h_4\right|<\varepsilon\|h_4\|,$$

即 $\mathrm{D}^3\varphi(x)(h_1,h_2,h_3)$ 是 F 可微分的, 且

$$\mathrm{D}^4\varphi(x)(h_1,h_2,h_3,h_4)=24\int_0^1 h_1'(t)h_2'(t)h_3'(t)h_4'(t)\mathrm{d}t.$$

这是 $C^1[0,1]$ 上的常值泛函, φ 的更高阶 F 微分都是 0.

7. 设 X,Y 和 Z 皆为实线性赋范空间, U 是 $X\times Y$ 中的开集, 算子 $T:U\rightarrow Z$ 在 $(x_0,y_0)\in U$ 处 F 可微分. 证明 T 在 (x_0,y_0) 处对 x 和 y 的 F 偏导算子都存在且

$$\mathrm{D}T(x_0,y_0)(x,y)=\mathrm{D}_xT(x_0,y_0)x+\mathrm{D}_yT(x_0,y_0)y.$$

证明　因为 $T:U\rightarrow Z$ 在 $(x_0,y_0)\in U$ 处 F 可微分, 根据本章的问题 18, 存在 $\mathrm{D}T(x_0,x_0)\in \mathscr{B}(X\times Y,Z)$, 使得

$$\lim_{\max\{\|h\|,\|k\|\}\rightarrow 0}\frac{\left\|T(x_0+h,y_0+k)-T(x_0,y_0)-\mathrm{D}T(x_0,x_0)(h,k)\right\|}{\max\{\|h\|,\|k\|\}}=0,$$

其中 $(h,k)\in X\times Y$. 令 $A_1:X\rightarrow Z$ 为 $A_1x=\mathrm{D}T(x_0,y_0)(x,\theta)$, $\forall x\in X$; $A_2:Y\rightarrow Z$ 为 $A_2y=\mathrm{D}T(x_0,y_0)(\theta,y)$, $\forall y\in X$. 于是 $A_1\in \mathscr{B}(X,Z)$, $A_2\in \mathscr{B}(X,Z)$, 并且

$$\lim_{\|h\| \to 0} \frac{\left\| T(x_0 + h, y_0) - T(x_0, y_0) - \mathrm{D}T(x_0, x_0)(h, \theta) \right\|}{\|h\|} = 0,$$

$$\lim_{\|k\| \to 0} \frac{\left\| T(x_0, y_0 + k) - T(x_0, y_0) - \mathrm{D}T(x_0, x_0)(\theta, k) \right\|}{\|k\|} = 0,$$

所以 T 在 (x_0, y_0) 处对 x 和 y 的 F 偏导算子都存在, 并且

$$\mathrm{D}_x T(x_0, y_0) = A_1, \quad \mathrm{D}_y T(x_0, y_0) = A_2,$$

从而

$$\mathrm{D}_x T(x_0, y_0) x + \mathrm{D}_y T(x_0, y_0) y = A_1 x + A_2 y$$
$$= \mathrm{D}T(x_0, y_0)(x, \theta) + \mathrm{D}T(x_0, y_0)(\theta, y) = \mathrm{D}T(x_0, y_0)(x, y).$$

注　如果 T 在 (x_0, y_0) 的一个邻域 U 内对 x 和 y 的 F 偏导算子都存在, 并且 $\mathrm{D}_x T$ 和 $\mathrm{D}_y T$ 在 (x_0, y_0) 处都连续, 则 $T : U \to Z$ 在 $(x_0, y_0) \in U$ 处 F 可微分. 事实上, 取 (x_0, y_0) 为球心, $r > 0$ 为半径的开球 $\Omega \subset U$, 当 $\|h\| < r$, $\|k\| < r$ 时, 根据本章的问题 12, 存在 $\tau_1, \tau_2 \in (0, 1)$, 使得

$$\left\| T(x_0 + h, y_0 + k) - T(x_0, y_0) - \mathrm{D}_x T(x_0, y_0) h - \mathrm{D}_y T(x_0, y_0) k \right\|$$
$$\leqslant \left\| T(x_0 + h, y_0 + k) - T(x_0, y_0 + k) - \mathrm{D}_x T(x_0, y_0 + k) h \right\|$$
$$\quad + \left\| T(x_0, y_0 + k) - T(x_0, y_0) - \mathrm{D}_y T(x_0, y_0) k \right\|$$
$$\quad + \left\| \mathrm{D}_x T(x_0, y_0 + k) h - \mathrm{D}_x T(x_0, y_0) h \right\|$$
$$\leqslant \left\| \mathrm{D}_x T(x_0 + \tau_1 h, y_0 + k) - \mathrm{D}_x T(x_0, y_0 + k) \right\| \|h\|$$
$$\quad + \left\| \mathrm{D}_y T(x_0, y_0 + \tau_2 k) - \mathrm{D}_y T(x_0, y_0) \right\| \|k\|$$
$$\quad + \left\| \mathrm{D}_x T(x_0, y_0 + k) - \mathrm{D}_x T(x_0, y_0) \right\| \|h\|.$$

因为 $\mathrm{D}_x T$ 和 $\mathrm{D}_y T$ 在 (x_0, y_0) 处都连续, 所以 $\forall \varepsilon > 0$, 存在 $\delta \in (0, r)$ 使得当 $\|h\| < \delta$, $\|k\| < \delta$ 时,

$$\left\| \mathrm{D}_x T(x_0 + \tau_1 h, y_0 + k) - \mathrm{D}_x T(x_0, y_0 + k) \right\| \|h\| \leqslant \frac{\varepsilon}{2} \max \{ \|h\|, \|k\| \},$$

$$\left\| \mathrm{D}_y T(x_0, y_0 + \tau_2 k) - \mathrm{D}_y T(x_0, y_0) \right\| \|k\| \leqslant \frac{\varepsilon}{4} \max \{ \|h\|, \|k\| \},$$

$$\left\| \mathrm{D}_x T(x_0, y_0 + k) - \mathrm{D}_x T(x_0, y_0) \right\| \|h\| \leqslant \frac{\varepsilon}{4} \max \{ \|h\|, \|k\| \}.$$

从而

$$\left\| T(x_0+h,y_0+k)-T(x_0,y_0)-\mathrm{D}_x T(x_0,y_0)h-\mathrm{D}_y T(x_0,y_0)k \right\| \leqslant \varepsilon \left\|(h,k)\right\|,$$

即

$$\lim_{\|(h,k)\| \to 0} \frac{\left\| T(x_0+h,y_0+k)-T(x_0,y_0)-\mathrm{D}_x T(x_0,y_0)h-\mathrm{D}_y T(x_0,y_0)k \right\|}{\|(h,k)\|}=0.$$

故 $T:U \to Z$ 在 $(x_0,y_0) \in U$ 处 F 可微分, 并且

$$\mathrm{D}T(x_0,y_0)(x,y)=\mathrm{D}_x T(x_0,y_0)x+\mathrm{D}_y T(x_0,y_0)y.$$

8. 证明 Taylor 公式可写成下列形式:

$$T(x_0+h)=Tx_0+\mathrm{D}T(x_0)h+\cdots+\frac{1}{n!}\mathrm{D}^n T(x_0)h^n+R(h),$$

其中, 余项有估计式

$$\|R(h)\| \leqslant \sup_{0 \leqslant t \leqslant 1} \frac{1}{n!} \left\| \mathrm{D}^n T(x_0+th)-\mathrm{D}^n T(x_0) \right\| \|h\|^n,$$

并且 $R(h)=o\left(\|h\|^n\right)$.

证明　由于

$$\frac{1}{(n-1)!} \int_0^1 (1-t)^{n-1} \mathrm{D}^n T(x_0)h^n \mathrm{d}t = \frac{1}{n!} \mathrm{D}^n T(x_0)h^n,$$

根据 Taylor 公式(定理 7.13),

$$\begin{aligned}
\|R(h)\| &= \left\| T(x_0+h)-Tx_0-\mathrm{D}T(x_0)h-\cdots-\frac{1}{n!}\mathrm{D}^n T(x_0)h^n \right\| \\
&= \left\| \frac{1}{(n-1)!} \int_0^1 (1-t)^{n-1} \mathrm{D}^n T(x_0+th)h^n \mathrm{d}t - \frac{1}{n!}\mathrm{D}^n T(x_0)h^n \right\| \\
&= \left\| \frac{1}{(n-1)!} \int_0^1 (1-t)^{n-1} \left(\mathrm{D}^n T(x_0+th)-\mathrm{D}^n T(x_0)\right)h^n \mathrm{d}t \right\| \\
&\leqslant \frac{1}{(n-1)!} \left(\int_0^1 (1-t)^{n-1} \mathrm{d}t \right) \sup_{0 \leqslant t \leqslant 1} \left\| \left(\mathrm{D}^n T(x_0+th)-\mathrm{D}^n T(x_0)\right)h^n \right\| \\
&\leqslant \sup_{0 \leqslant t \leqslant 1} \frac{1}{n!} \left\| \mathrm{D}^n T(x_0+th)-\mathrm{D}^n T(x_0) \right\| \|h\|^n.
\end{aligned}$$

因为 $T \in C^{n+1}(\Omega,Y)$, 所以 $\forall \varepsilon > 0$, 存在 $\delta > 0$ 使得当 $\|h\| < \delta$ 时,

$$\frac{1}{n!} \left\| \mathrm{D}^n T(x_0+h)-\mathrm{D}^n T(x_0) \right\| < \varepsilon,$$

而 $t \in [0,1]$, 故 $\|th\| < \delta$,

$$\sup_{0 \leqslant t \leqslant 1} \frac{1}{n!} \left\| \mathrm{D}^n T(x_0 + th) - \mathrm{D}^n T(x_0) \right\| < \varepsilon,$$

故 $R(h) = o\left(\|h\|^n \right)$.

注　从证明中可以看出, 本题只需要 $T \in C^n(\Omega, Y)$ 的条件. 另外可与数学分析中相应的结论比较.

参 考 文 献

陈文塬. 1982. 非线性泛函分析. 兰州：甘肃人民出版社

程其襄, 张奠宙, 胡善文, 等. 2019. 实变函数与泛函分析基础. 4 版. 北京：高等教育出版社

郭大钧, 黄春朝, 梁方豪, 等. 2005. 实变函数与泛函分析. 2 版. 济南：山东大学出版社

郭大钧. 2015. 非线性泛函分析. 3 版. 北京：高等教育出版社

胡适耕, 刘金山. 2003. 实变函数与泛函分析：定理·方法·问题. 北京：高等教育出版社

胡适耕. 2001. 泛函分析. 北京：高等教育出版社

胡适耕. 2014. 实变函数. 2 版. 北京：高等教育出版社

江泽坚, 孙善利. 1994. 泛函分析. 2 版. 北京：高等教育出版社

江泽坚, 吴智泉, 纪友清. 2019. 实变函数论. 4 版. 北京：高等教育出版社

那汤松. 2010. 实变函数论. 5 版. 徐瑞云, 译. 北京：高等教育出版社

宋叔尼, 张国伟, 王晓敏. 2019. 实变函数与泛函分析. 2 版. 北京：科学出版社

宋叔尼, 张国伟. 2018. 变分方法的理论及应用. 2 版. 北京：科学出版社

孙清华, 侯谦民, 孙昊. 2005. 泛函分析：内容、方法与技巧. 武汉：华中科技大学出版社

孙清华, 孙昊. 2004. 实变函数：内容、方法与技巧. 武汉：华中科技大学出版社

汪林. 2014. 泛函分析中的反例. 北京：高等教育出版社

汪林. 2014. 实分析中的反例. 北京：高等教育出版社

夏道行, 吴卓人, 严绍宗, 等. 2010. 实变函数论与泛函分析. 2 版(修订本). 北京：高等教育出
   版社

徐森林, 胡自胜, 金亚东, 等. 2011. 实变函数习题精选. 北京：清华大学出版社

徐森林, 薛春华. 2009. 实变函数论. 北京：清华大学出版社

游兆永, 龚怀云, 徐宗本. 1991. 非线性分析. 西安：西安交通大学出版社

张恭庆, 林源渠. 1987. 泛函分析讲义：上册. 北京：北京大学出版社

张喜堂. 2000. 实变函数论的典型问题与方法. 武汉：华中师范大学出版社

赵义纯. 1989. 非线性泛函分析及其应用. 北京：高等教育出版社

郑维行, 王声望. 2010. 实变函数与泛函分析概要. 4 版. 北京：高等教育出版社

周民强. 2016. 实变函数论. 3 版. 北京：北京大学出版社

周民强. 2018. 实变函数解题指南. 2 版. 北京：北京大学出版社

周性伟, 孙文昌. 2017. 实变函数. 3 版. 北京：科学出版社

Brezis H. 2009. 泛函分析：理论和应用. 叶东, 周风, 译. 北京：清华大学出版社

Dieudonné J. 1969. Foundations of Modern Analysis. New York: Academic Press

Kreyszig E. 1978. Introductory Functional Analysis with Applications. New York: John Wiley & Sons.
   Inc.